KB236265

해양 천연물학

시료채취에서 구조해석까지

이종수 · 임치원 공저

도서출판 효일
www.hyoilbooks.com

머 리 말

　이 책을 쓰게 된 배경은 식품, 육상, 해양 동식물 및 생체 등과 같은 모든 생물 중에 존재하는 생리활성을 나타내는 미량성분을 어떻게 효과적으로 분리, 정제하고, 또 분리한 물질의 분자구조를 어떻게 해석할 수 있는가 하는 것에 대해 쉽게 알 수 있도록 설명하고자 하는 데 그 목적이 있다. 최근에 와서 천연물의 연구에 대한 관심이 늘게 된 것은 고도의 경제성장과 식생활 등의 개선으로 인간의 양적인 삶보다도 질적인 문제에 대해서 관심을 많이 가지게 되었고, 의학의 발달과 더불어 인간의 수명도 나날이 연장되고 있기 때문이다. 아직도 인류 최악의 질병으로 알려져 있는 AIDS나 현대인들 사망원인의 대부분을 차지하고 있는 암 등과 같이 수많은 질병에 대해서 확실한 치료제가 개발되고 있지 않는 것은 이미 알고 있는 일이고, 또한 최근에 다시 나타나기 시작하는 열대성 질병인 말라리아나 기존 항생제로 쉽게 치료가능한 질병도 약제에 대한 내성이 나타나기 시작하여 현재 알려져 있는 항생제로는 치료가 불가능한 경우도 나타나고 있다. 따라서 이러한 질병 치료제의 개발이나 새로운 기능성을 가진 물질을 개발하고자 천연물 유래의 물질을 탐색하는 데 많은 관심을 가지고 있다. 그러나 천연물에 관한 연구를 위해서는 다양한 분야에서 접근해야만 약리활성이 있는 물질을 개발할 가능성이 높은데도 불구하고 이러한 연구에 반드시 필요한 물질의 분리, 정제 과정이나 화합물의 구조규명과 같은 분야에 대해서 화학자들만이 할 수 있는 분야로 인식하여 다른 분야에서 천연물 연구에 접근해보고자 하는 연구자들은 어려움을 느끼는 경향이 있다. 이 책을 쓰게 된 필자들도 순수한 화학전공자가 아니어서 초기에 이 분야에 관심을 가지고 접근하는 데 상당한 어려움을 겪은 경험이 있기에 여기에서는 전문적인 지식의 전달이나 비중 있는 내용의 수록보다는 물질의 분리, 정제 및 구조를 해석하는 과정의 전체적인 흐름이나 윤곽을 파악하기 위해서 실험과정 중 각각의 단계에서 얻을 수 있는 정보에 대해서만 중점적으로 다루고자 하였다. 현재 시판되는 관련서적의 대부분은 각각 해당되는 기기의 단편적인 지식과 복잡한 도해나 수식에 대한 설명 및 정제의 기본적인 원리에 대한 설명이 주류를 이루고 있어 정작 이러한 기기를 처음으로 다루는 연구자들에게는 상당히 난해하고 이해하기가 힘들거라 생각된다. 일반적으로 연구자들이 알고 싶은 것은 특정의 생물시료를 가지고 어떤 방법으로 추출하고, 순수하게 단일물질로 분리, 정제하며, 분리된 물질의 구조를 규명해 가는가 하는 것이었다. 그러나 이에 대한 전반적이고 체계적인 자료를 구하기가 어려웠다. 물론 하나의 시료에서부터 구조해석을 할 경우 특별히 정해져 있는 방법이 있는 것은 아니지만, 각 단계에서 사용되는 기기에 대한 예를 들어가면서 간단한 원리 및 얻을 수 있는 정보에 대해서 가급적 쉽게 설명하여 천연물의 연구에 관심을 가지는 모든 사람들에게 조금이나마 도움이 되고자 노력하였다.

이 책을 통하여 습득한 지식을 토대로 보다 전문적인 서적을 이해하는 데 밑거름이 되었으면 할 뿐이고, 부족한 점이나 미흡한 점이 있다면 주저하지 말고 조언을 해 주기 바라며, 출판을 주선하여 주신 도서출판 효일 김홍용 사장님께 깊은 감사의 뜻을 표합니다.

저자 씀

차 례

제 Ⅱ 부   해양 천연물의 구조 해석

제 1 장 천연 유기화합물 구조해석 방법과 정성분석 / 201

제 7 장　X선 결정 해석 / 297

부 록　해양 생물로부터 물질의 분리, 정제의 예 / 303

참고문헌 / 308

찾아보기 / 309

제1부
해양 천연물의 분리와 정제

제 1 장 해양 천연물학의 개요

1. 천연물학과 해양 천연물학

    일반적으로 천연물(Natural products, pharmacognosy)이라고 하는 것은 인공적으로 만든 것이 아닌 자연 상태의 동식물을 포함한 모든 생명체들에 의하여 만들어지거나 체내에 존재하는 유기물을 의미한다. 천연물은 단백질, 탄수화물, 지질 등과 같이 생물에 비교적 다량 함유되어 생체 구성성분을 이루고 있는 물질을 비롯하여 비타민, 호르몬과 같이 생체 중에 극히 미량 존재하여 생물의 기능을 미묘하게 제어하고 있는 물질에 이르기까지 그 종류가 매우 다양하다. 천연물에서 당, 지방산 및 아미노산과 같이 모든 생물에 존재하며 생체 내 대사에 직접 관여하는 물질을 1차 대사산물이라 하고, 알카로이드, 테르펜, 플라보노이드, 항생물질 등과 같이 특정 생물에만 존재하며 대사에 직접 관여하지 않는 물질이나 1차 대사산물을 전구체로 하여 만들어진 화합물을 2차 대사산물이라 한다.

　　따라서 천연물학은 이들 천연물을 대상으로 하는 복합 학문으로서 천연물의 탐색과 분리정제, 구조 해명, 생합성과 인공 합성, 활성 등 광범위한 연구를 통한 생명 현상의 해명과 인류에의 이용에 필요한 학문이라고 할 수 있으며, 화학, 생물학, 의학, 약학, 식품학 등 여러 분야에서 접근할 수 있다. 이러한 천연물의 범주에서 이미 널리 알려진 많은 부분들, 즉 식품의 일반 성분들이나 핵산 관련 물질 등은 식품과학이나 다른 학문 분야에서도 다루고 있으며, 좁은 의미에서 천연물학은 주로 이제까지 알려지지 않았던 새로운 기능이나 구조를 가지는 물질들, 즉 생리활성 물질들을 추구하고 있는 것이 현실이다.

　　한편 생물들이 서식하는 장소를 육지와 해양으로 구분할 때, 해양생물들에 존재하는 해양 천연물(Marine natural products)을 주 대상으로 하는 것이 해양 천연물학이다. 해양의 넓이는 지구 표면적의 70% 이상을 차지하고 있으며, 지구 전체 동물의 80%에 달하는 수십만 종이 서식하는 것으로 알려져 있어 생물 원료의 보고라 할 수 있으나 현재까지 1% 미만만이 연구되고 있다고 한다. 이제까지 천연물학은 육상생물들을 대상으로 이루어져 왔으며, 해양 천연물은 바다라는 특수한 환경으로 인하여 해양생물 시료를 쉽게 채집하기 어려워 등한시하여 왔던 것이 사실이다.

　　그러나 최근 다양한 채집기술과 잠수정의 이용 등으로 심해에서도 원료를 비교적 쉽게 확보할 수 있게 되었으며, 새로운 종류의 육상 생물을 점차로 구하기 힘들게 됨에 따라 해양생물로 연구의 눈을 돌리고 있다.

2. 해양 천연물학의 역사

　　초기의 천연물 연구는 1930년대 이후 곤충의 호르몬에 관한 연구를 시작으로 미량 생리활성 물질에 관한 연구가 분리, 분석 및 구조 해석 방법의 발달과 함께 비약적인 발전을 하여 왔다. 그러나 해양 천연물에 대한 연구는 복어독이나 해인초의 구충 성분인 kainic acid 등에 관한 연구가 단편적으로 이루어져 왔으나, 1969년 미국 Oklahoma 대학의 Weinheimer 교수가 카리브해에 서식하는 강장동물인 *Plexaura homomalla*로부터 프로스타그란딘을 대량으로 분리하면서부터 전 세계 연구자들이 해양 천연물에 주목하게 되었으며, 이후 소위 "Foods and Drugs from the Sea"라는 슬로건 하에 미국을 비롯한 선진 여러 나라에서 해양생물로부터 생리활성 물질을 얻으려는 연구가 대학이나 민간뿐 아니라 국가적인 차원에서도 활발하게 이루어지게 되었다.

천연물에 관한 연구는 전통적으로 고등식물, 토양 미생물, 진균류 등 육상 생물을 주된 대상으로 하여 산업적인 측면과 학술적인 측면 모두에 있어 지대한 기여를 하여 왔다. 처음에는 다량으로 존재하여 분리와 화학적 취급이 용이한 생체 구성성분과 같은 물질에 대한 연구가 먼저 활발히 행해져서 비타민류나 스테로이드류의 발견, 분리, 구조연구 등에 대한 연구가 많았으나, 그 후 분리기술이나 구조해석 방법론의 발전과 더불어 초미량 생리활성 물질에 대한 연구가 점차 활발해지는 추세이며, 육상생물로부터 연구자원이 고갈됨에 따라 해양 천연물의 중요성이 한층 부각되어 새로운 원천으로서 해양생물에 주목하게 되었다. 특히 최근에는 천연 유기화합물에서 생리활성 물질이 점하는 비율이 현저히 높은 것에 주목할 만하다.

3. 해양 천연물학의 연구 내용

이제까지 연구되어 온 해양 천연물학은 여러 학문 분야에서 방대한 양에 이르지만 생화학, 유기화학 등 화학을 토대로 한 해양 천연물 화학이 주를 이루어 왔으며, 다음과 같은 3가지로 크게 나누어 볼 수 있다.

1) 미이용 또는 폐자원의 이용

해양 생물 중 실제로 이용되고 있는 종은 불과 1%도 되지 않는다. 예를 들면, 우리나라 연근해에 많은 해조류는 총 600여 종에 이르고 있으나, 실제로 식품이나 산업적으로 이용되는 것은 10여 종에 불과하다. 나머지 이용되지 않는 해조류 중에서 갈조류나 홍조류에서 얻어지는 알긴산이나 각종 산성 다당류들은 산업적으로나 의약용, 건강보조 식품 등으로 매우 유용하게 이용되고 있다. 또 갑각류인 게나 새우의 껍질에 많이 들어 있는 아미노당인 키틴은 수산 폐기물로부터 회수 할 수 있으며, 그 이용가치는 놀라울 정도로 매우 크다. 이러한 연구가 활발해질수록 이용되고 있지 않거나 버려지는 폐기물로부터 유효 이용 기술이 생겨날 것으로 보인다.

2) 생리활성 물질의 탐색과 개발

미량으로 생물의 어떠한 기능이나 역할을 증가시키거나 저해하는 물질은 다양한 분야에서 연구되어지고 있다. 그 중 의약품의 새로운 생물소재나 리드 화합물을 탐색하거나 개발하려는 노력은 막대한 비용, 시간과 인력이 소요됨에도 불구하고 계속되고 있으며, 육상생물에서는 볼 수 없었던 ether환 화합물이라든지 독특한 화학구조와 활성을 가지는 물질들이 밝혀지고 있다.

이전에는 항균성 물질에 많은 연구가 되었으나, 최근에 항암, 항AIDS 작용이 있는 것으로 밝혀진 halichondrin, didemnin, eudistomin 등은 부작용이 적고 효과가 뛰어나 장래 의약품으로서 이용이 기대되고 있다. 곤충류의 페로몬이나 알로몬 등은 생태 조절물질로서도 중요하며, 어떤 방법으로 어떤 활성을 검색하는가에 따라 지금까지 알려지지 않았던 새로운 생리활성 물질이 발견될 가능성은 무한하다.

3) 해양생물 독소의 해명

생물이 직접 만들거나 보유하고 있는 자연 독소가 식품 위생을 포함한 인간과 해양생물의 관계에서 중요하다는 것은 말할 필요가 없다. 맹독성을 가진 독소의 구조 해명은 유기화학의 측면에서 그 자체로서도 의미가 있을 뿐 아니라, 새로운 합성 물질의 대상으로서도 큰 가치가 있다. 또 독성 발현 등은 생리학이나 약리학의 도구로서 매우 유용하게 이용되고 있다.

한 예로, 복어에 함유된 독소인 tetrodotoxin은 그 특이한 구조 때문에도 주목을 받고 있는데, 이는 세포의 Na channel 해명에 결정적인 역할을 하였으며, 자연 생태계에서의 독소가 가진 역할이 매우 중요하다는 사실을 알게 하였다.

더구나 생화학 무기로 분류되기도 하지만 최근에는 통증 완화제라는 새로운 기능이 발견되어 의약품으로의 이용이 기대되기도 한다. 이와 같이 전에는 해로운 물질로만 생각하여 기피하거나 연구 대상에서 제외되었던 것들이 새로운 자원으로서 다시 주목을 받고 있기도 하다.

4. 해양 천연물 연구 방법

어떤 해양생물로부터 물질을 순수하게 분리정제하는 일련의 과정을 순서대로 간단히 나타내면 다음과 같다. 물론 이러한 과정의 예가 모든 경우에 일률적으로 적용되는 것은 아니나 대부분의 경우 이러한 메커니즘을 조합하여 분리정제를 하기 때문에 실제로 실험자들이 가지고 있는 실험 여건을 적절히 응용하여 적용하는 것이 좋을 것이다. 다음은 실제로 연구하는 데 있어서 연구자가 진행해야 하는 과정의 순서이다.

1) 문헌 정보의 조사

실험에 임하기에 앞서 먼저 행해야 할 일은 어떠한 해양생물로부터 어떠한 물질들이 얻어졌는가를 관련 문헌이나 자료를 검색하여 수집하는 것이다. 요즈음에는 이러한 정보들이 들어 있는 인터넷 사이트들이 하루가 다르게 늘어나고 있어 관심만 있다면 검색어만 가지고도 각종 데이터베이스에서 쉽게 검색이 가능하다.

한편 천연물이나 천연물과 관련한 내용이 많이 게재되는 국제적인 대표적 잡지로서는 미국 화학회(American Chemical Society)가 발행하는 영문 잡지인 Journal of Natural Products, Journal of American Chemical Society와 영국 왕립학회(Royal Society)에서 발행하는 총설 형태의 Natural Products Reports가 있다. 독소에 관한 전문 잡지에는 Toxicon이란 전문 잡지가 있으며, ASFA (Aquatic Sciences & Fisheries Abstracts)는 수산과 관련한 연구 요지만을 모아 놓은 것이다. 국내에서는 천연물에 관하여 한국 생약학회지, 대한약학잡지,

대한화학회지 등과 수산에 관하여는 한국 수산학회지가 있다.

2) 대상 생물종의 수집

3) 조추출물의 활성 검정

4) 물질의 대량 추출

5) 유용 물질의 분리정제

6) TLC 및 크로마토그래피에 의한 분석

7) 기기분석에 의한 구조 해석

8) 생합성 및 유기합성

9) 의약품, 농약, 화장품 및 기능성 식품 등에 이용

실제의 실험에 있어서는 대상 생물종을 먼저 수집하는 것이 어려울 수도 있으므로 실험자가 무작위로 해안가나 다이버 등을 통하여 직접 채집하거나 혹은 수산시장에서 시료를 구득하여 일차적으로 용매로 추출하여 활성을 조사하고, 여기서 활성이 있는 시료 중 대상종을 선정하여 대량 채집 또는 구입하여 실험을 행하게 된다. 간혹 시료량이 부족하여 다시 시료를 채집하거나 구입하기도 하는데 해양생물은 육상생물과는 달리 계절에 따른 활성도의 차이가 현저하게 달리지기도 하므로 실험을 시작할 때 가급적 대량의 시료를 확보하는 것이 무엇보다도 중요하다. 이렇게 하여 위와 같은 일련의 과정을 거쳐 천연물을 얻게 된다.

5. 해양 천연물의 전망

2차 대사산물 중 특히 유용한 물질을 개발하여 고부가가치의 제품으로 만드는 것사각을 천연물산업이라 하는데, 선진 각국에서는 오래전부터 이 분야의

연구개발에 역점을 두고 각종 천연물의 유용성분 개발과 산업화에 대해 많은 연구를 진행하고 있다.

천연물을 이용하는 사업으로는 건강보조식품 및 기능성식품, 천연약물, 천연색소, 천연향료, 기능성화장품 및 천연농약 등과 같은 제품으로 생물자원으로써 육상동식물, 해양생물, 곤충 및 고등동물로부터 2차 대사산물을 활용하여 제품화 할 수 있는 것으로 해양바이오 산업의 주된 분야로 대두되고 있다. 천연물은 고도의 기술력으로 소량 다품종의 제품개발을 할 수 있고, 지적 재산권으로 신물질, 신용도의 산업재산권 등과 같은 특허를 얻을 수 있으며 고부가가치를 창출할 수 있다.

해양생물의 생화학적 대사작용에 의해서 생성된 유기화합물은 독특한 구조와 강력한 생리활성을 가지고 있어 그 가치가 높다. 지금까지 보고된 해양 천연물의 수는 약 20,000개 정도로 이끼벌레에서 분리된 항암물질인 bryostatin이나 해면에서 분리된 halichondrin B 등과 같은 물질이 상용화될 가능성이 높으며, 해양 미생물, 해조류, 플랑크톤 등에서도 새로운 활성을 가진 물질들이 속속 밝혀지고 있다.

고도로 산업화된 사회에서 살고 있는 인간은 과거에 존재하지 않았던 새로운 질병을 앓기 시작하면서 보다 더 건강한 삶을 위해서 이들 병에 대한 치료제의 개발을 위해 미개척 분야인 해양에 대해서 개발하는 것이 무엇보다도 중요하게 되었다. 그러나 해양 천연물 연구에서 대두되는 가장 큰 문제점은 천연물의 함량이 매우 적다는 것이다.

이러한 문제점을 해결하기 위한 방법으로 해양생물의 대량 양식, 유전공학 및 공생 미생물 배양 등의 방법을 도입하고 있으며 실제로 이들의 양식에 성공한 바 있다. 한편, 항암제 시약으로서 판매되고 있는 bryostatin과 swinholide 의 경우 μg당 100달러 이상을 하고 있어서 만약 이러한 생물의 대량 양식이 성공한다면 막대한 부가가치를 창출할 수 있을 것으로 기대된다.

최근에 개발된 의약품의 약 60%가 천연물 또는 천연물 유래물질이다. 그러나 천연물이 의약품으로 개발되는 확률은 대략 천연물 1만 개 중 하나라는 데에 문제가 있다. 뿐만 아니라 제품을 개발하기 위해서는 생물학, 생화학, 유기화학, 약물학, 분석화학, 독성학, 및 합성화학 등과 같은 여러 가지 학문분야의 공동연구가 필요하고, 한 개의 신약을 개발하는 데 평균 1억 달러 이상의 천문학적인 비용이 소요되며, 개발에 요하는 시간도 10년에서 15년 정도로 길다.

그러나 일단 한 번 개발하게 되면 엄청난 이윤이 증대되므로 천연물의 개발을 위해서는 기술력을 높이는 것이 가장 중요하고, 다음으로 지속적인 관심과 인력의 양성이 뒤따라야 할 것이다. 현재 이 분야의 연구개발은 외국에 비해서 상당히 낙후되어 있으나 우리나라가 가지고 있는 지정학적인 이점과 생명공학을 접목하고, 과감한 투자와 뛰어난 두뇌력을 집중한다면 미래에는 선도적인 분야가 될 것으로 생각된다.

제 2 장 생리활성의 검정

1. 검정의 중요성

생물의 체내에는 아직도 우리가 알지 못하는 무수한 성분들이 혼합하여 존재하는데 그 함량도 일정하지 않고 조건에 따라 변하며 존재 부위도 다르다. 일반적인 영양 성분 이외에 그 생물이 필요로 하는 여러 가지 물질들이 만들어지기도 하고, 음식물로부터 체내에 들어오기도 하며, 또 체내에서 배설되기까지 각종 대사산물로서 들어 있는 중에서 어떠한 생리활성도 없는 물질이 있는 경우 미량 물질을 복잡한 혼합물계로부터 분리하는 것은 전혀 불가능하다고 해도 과언이 아니며, 분리하여도 큰 의미가 없다. 이것이 성공한 것은 여러 가지 검정법에 의해 활성물질의 정제과정에 있어서 거동을 추적하는 것이 가능해졌기 때문이다.

예를 들어, 복어독의 경우 독이 있는 복어인지 아닌지 식별하는 것이 육안으로는 불가하지만 실험용 쥐에게 복어의 추출물을 투여하여 치사 여부를 보면 금방 알 수가 있다. 이와 같은 생물 검정법을 독의 정제과정 중에 이용하면 독소의 분리정제가 가능하게 되는 것이다. 이미 알고 있는 물질의 경우는 기기분석을 통한 분석법을 개발하여 이용할 수도 있겠으나 조추출물의 경우는 방해물질이 많으므로 완벽한 방법이라고는 말할 수 없다.

수많은 생물에 대하여 다양한 생리활성을 간단하게 측정한다는 것이 그렇게 쉽지는 않다. 미량으로써 재현성과 특이성이 있으며, 조작이 간단하고 단시간에 저렴한 비용으로 활성을 알아낸다는 것은 물질 분리를 하는 천연물학에서 무엇보다도 중요한 것이다. 다른 분야에서 쓰이고 있는 방법을 응용하거나 독창적인 검정법을 생각해 낸다면 그 자체만 가지고도 많은 종류의 시료에 대하여 적용함으로써 동일한 활성을 가지는 여러 가지 새로운 물질을 발견하는 데 크게 도움이 될 것이다.

아직까지 적당한 검정 방법이 없어서 발견하지 못하는 물질 또한 많을 것이며, 심지어 물질을 분석하여도 실제로 효과가 있는지 생물 검정을 해보지 않으면 믿을 수 없다고 이야기 하는 사람들도 있다. 그러나 실험용 쥐나 원숭이 등 고등동물을 이용하는 경우 동물 관리나 개체 차이, 장시간의 소요, 심지어는 동물보호단체에서 제기하는 생명 윤리의 문제 등 여러 가지 문제들이 있어 이러한 여러 가지 사정을 고려하여야 한다.

여기서 논하는 검정이라고 하는 것은 어디까지나 분리정제를 하기 위한 1차적인 검정법으로서 이러한 활성이 있다고 해서 직접 치료제로 쓰이는 것은 아니다. 즉, 활성이 있는 물질이라도 사람에게 치료약으로 쓰이기까지는 급성 및 만성 독성시험, 안전성시험이나 임상시험을 통한 부작용 유무 등 여러 단계의 시험을 장기간에 걸쳐 객관적으로 평가하여야 한다. 최근 일부 매스컴 등에서 어떤 생물에서 항암 효과가 뛰어난 신물질을 발견하였다는 등의 소식을 접할 때가 가끔 있는데 이러한 것들을 액면 그대로 받아들여 당장 사용하는 것으로 생각해서는 곤란하다.

이러한 검정은 자체 실험실에서 간단히 할 수 있는 것도 있지만, 전문성을 요하거나 특수 장비나 동물이 필요한 경우는 공동 연구를 행하거나 전문 기관에 측정을 의뢰하면 시간은 다소 걸리더라도 신뢰할 수 있는 결과를 얻을 수 있다.

2. 세포를 이용한 검정

요즈음 생물의 세포를 이용한 검정에 많이 쓰이고 있는 것은 항종양 활성이다. 암세포를 가지고 있는 전문기관(미국의 경우 국립 암 연구소, National Cancer Institute, NCI)으로부터 종양세포를 분양받아 초저온에 보관하여 두거나 배양기 내에서 계속 계대배양을 하면서 관리하다가 필요 시에는 인공배지에서 일정량을 배양한 것에 추출액이나 분리물질을 첨가하였을 경우 세포의 분열 증식 저해 정도를 가지고 활성을 알아내는 것이다. 참고로 NCI에서 암 치료용 검정에 사용 중인 종양세포들은 다음과 같다(표 2-1).

표 2-1. 미국 NCI에서 보유하고 있는 Tumor cell panel

Non small cell lung	H23, H226, H322M, H460, H522, A549, EKVX, HOP-18, HOP-62, HOP-92/02
Small cell lung	DMS 114, DMS 273
Colon	HT 29, HCC 2998, HCT 116, SW 620, Colon-205, DLD-1, HCT-15, KM12, KM20L2
Ovarian	OVCAR-1, 3, 4, 5, 8, SKOV-3
Renal	UO-31, SN12C, SN12K1, A498, CAKI-1, RXF-393
Melanoma	LOX, MALME-3M, SK-MEL 2, 5, 28, M19MEL, UACC-62, UACC-257
CNS	SNB 19, 75, 78, U251, SF 268, 295, 539, XF-498
MISC	CCRF-CFM, K562, MOLT 4, HL-60, RPMI 8226, P388, P388 ADR RE, MCF-7, MCF-7 ADR RE

L5178Y 마우스 백혈병 세포는 RPMI 1600 배지에 10% 혈청을 가하여 5×10^4 cell수/ $m\ell$를 37℃의 CO_2 배양기에서 2일간 배양하면 10^6까지 증식을 한다. 여기에 시료 일정량(1 mg)을 생리식염수에 녹여 세포 배양액으로 10배 희석하여 0.1 $m\ell$를 세포 배양액 0.9 $m\ell$에 첨가하면 10 μg / $m\ell$ 농도로 된다. 이와 같이 시료

를 단계적으로 일정 농도가 되도록 희석하여 세포를 대조구와 함께 배양기에서 3일간 배양하여 분열 증식한 세포 수를 계산한다. 증식억제 효과는 대조구와 비교하여 T/C%로 나타낸다. 만약 물에 잘 녹지 않는 물질이라면 수%의 알코올 또는 DMSO(Dimethyl sulfoxide)에 녹이거나 현탁액을 만들어 사용한다.

세포는 이외에도 virus에 대한 활성이나 섬유아세포를 이용한 노화 억제 활성 등에 쓰인다. 일반 실험실에서 이러한 실험이 곤란한 경우는 전술한 바와 같이 전문 기관에 의뢰하는 것이 편리하다.

3. 미생물을 이용한 검정

물질의 미생물에 대한 작용은 성장 촉진과 생육 저해의 두 가지로 대별할 수 있는데 최근에는 촉진보다 저해가 많이 이용되고 있다. 미생물이 증식할 수 있는 조건 하에서 어떤 물질에 의하여 분열 증식이 되지 않을 때 그 물질은 항균성이 있다고 한다. 세포벽을 분해한다든지 분열을 방해한다든지 여러 가지 이유가 있을 수 있으나 미생물의 분열 증식을 저지하는 항균 활성은 오래전부터 확립되어 사용된 간단한 *in vitro* 검정 방법 중의 하나이다.

여러 가지 병의 원인이 되는 유해 병원성 미생물, 식품에서는 식중독이나 부패 미생물 등 세균, 효모, 곰팡이들의 종류도 다양할 뿐더러 미생물에 대한 항균성이 있다는 것은 그 외에도 많은 활성이 있음을 의미하기도 한다. 일반적으로 항균성이라고 하면 모든 세균을 다 사멸시키거나 증식을 억제하는 것만 생각하기 쉬우나 살균 소독에는 이러한 물질이 효과가 있을지는 몰라도 특정한 균을 대상으로 하는 경우는 유용한 균은 살리고 문제가 되는 악성 균만을 선택적으로 골라서 죽이는 특이성이 있는 물질이 더 중요하고 가치가 있다.

따라서 어떤 균주를 검정 대상으로 할 것인가도 잘 생각하여 선택하여야 하는데, 일반적으로는 그람음성, 그람양성, 효모, 곰팡이 등에서 각각의 균주를 골라 동시에 비교하면서 항균성을 검정한다. 이렇게 하면 동일 시료의 경우에도 균주에 따라 선택적으로 항균성이 있는지 모든 균에 효과가 있는지를 간단히 알 수 있으며, 동일한 배지로서도 여러 가지 균주를 사용할 수 있다.

3-1. 확산법

실험실에서 항균성을 시험하는 방법은 여러 가지가 있으나, 주로 쓰이는 것이 확산법이다. 즉, 어떤 미생물 배양액을 그 균이 증식할 수 있는 한천배지에 넣어 평판배지를 만들어 굳힌 다음, 그 위의 한 곳에다 시료를 두게 되면 시간이 지남에 따라 물질은 동심원 상으로 점차 주변의 배지로 확산되어 간다. 이 때 만약 항균성이 있는 성분이 있다면 그 성분이 확산되어 있는 부분은 균이 증식하지 못하는 소위 생육 저지원(clear zone)이 생기게 된다.

일반적인 그람음성이나 양성균은 24시간 동안 배양하였을 때 생육 저지원 직경의 크기로서 항균성을 확인하지만, 곰팡이와 같은 사상균이나 성장 속도가 느린 균은 48시간이 걸리기도 한다. 따라서 균주의 특성에 따라 온도나 시간, 혐기배양 등 배양 조건은 다를 수도 있으므로 실험 전에 예비시험을 할 필요도 있다. 이와 같은 방법을 확산법이라고 하는데 시료를 배지 표면에 놓을 때 paper disk를 이용하거나 컵을 사용한다.

Paper disk는 보통 직경 0.8 mm의 원형 여과지를 쓰는데 용액 상태의 시료를 흡습시키고 용매를 증발시킨 후 미리 만들어 둔 한천배지 위에 가볍게 부착시켜 배양한다.

이때 유독성 용매가 남아있게 되면 용매의 독성에 의해 항균성을 나타낼 수도 있으며, 수분이 너무 많아도 좋지 않으므로 주의하여야 한다. 이 방법은 조작이 간단하여 물질분리에 많이 쓰이는 방법이기는 하지만 비극성 물질일수록 배지에 확산되기 어려워 항균성의 검정이 곤란할 경우가 있다. 그림 2-1에 paper disk법에 의하여 나타난 생육 저지원의 사진을 나타내었다.

컵을 사용할 경우는 내경 0.6 cm, 높이 1 cm의 스테인리스로 만든 원통을 멸균하여 한천배지 위에 놓고 여기에 시료 용액을 넣어 배양하여 시간이 지남에 따라 원통 밖으로 시료액이 스며 나오도록 하는 방법이다. 시료의 점도가 높을수록 원통 내에 기포가 생기기 쉬우므로 주의하여야 한다.

어느 경우이든 시료 중의 항균성 물질이 한천배지 상에서 물리적인 확산 속도와 배지에서의 시험균의 생물적 증식이라는 몇 가지 요인들에 의하여 만들어지는 생육 저지원의 크기는 시료 농도와 균의 감수성을 완벽하게 정량적으로 나타내지는 못한다. 정량적으로 나타내려면 표준농도용액이 필요하며 반드시 시료 중의 항균 물질과 동일 성분이라야 한다.

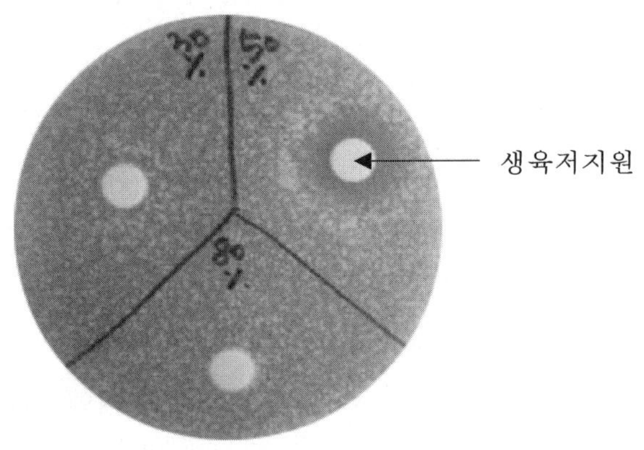

그림 2-1. *Bacillus subtilis*에 대한 **paper disk**법에 의한 한천평판배지에서의 **항균성** (50% 획분에서 paper disk 주변에 생육저지원이 형성)

확산의 원리를 이용한 것으로 또 하나는 autobiography라고 하는 방법이 있다. 이것은 종이 크로마토그래피나 박층 크로마토그래피 또는 전기영동을 한 다음에 항균성을 검정하는 것으로서 경우에 따라서는 매우 유용한 방법이다. 이것은 크로마토그래피에서 사용한 종이나 박층이 들어갈 수 있는 크기의 한천배지가 필요하다.

따라서 보통 사용하는 petri dish보다 조금 큰 것이 필요한데 손쉽게 구할 수 있는 것은 알루미늄으로 만든 간이 도시락 상자 등이다. 여기에 균주가 함유된 한천배지를 만들어 크로마토그래피에서 전개한 전개판을 풍건하여 용매를 날려 보내고 전개면이 한천배지에 닿도록 엎어놓고 30분 정도 두어 분리된 물질이 한천배지에 이행하도록 하고 전개판을 떼어낸 다음 배양한다.

이렇게 하면 생육 저지원이 형성된 크로마토그램을 얻을 수 있다. 다른 균이

오염되는 것을 방지하기 위해서는 이행되는 동안에 항생제를 약간 분무하면 전개판 이외의 부분에서는 균이 자라지 않게 된다. 또 박층의 실리카겔이나 셀룰로오스, Sephadex 등이 배지에 부착하는 것을 막으려면 멸균된 얇은 종이를 배지와 전개판 사이에 두고 물질이 배지에 이행되도록 하면 된다.

3-2. 희석법

희석법은 시료 용액을 배지 중에서 단계적으로 희석하고 여기에 시험균을 접종하여 일정온도에서 일정시간 배양하였을 때, 생육을 저지하는 최저 농도(Minimum Inhibition Concentration, MIC)를 구하는 방법이다. 따라서 분리정제 단계에서보다는 정제된 물질의 항균력을 양적으로 수치화하는 평가의 중요한 방법으로 한천배지를 쓰는 방법과 액체배지를 사용하는 방법이 있다.

한천배지 희석법은 정확히 평량한 시료를 물이나 완충액으로 단계 희석하여 각 농도의 희석액 1 ㎖씩을 petri dish에 넣고 한천배지 용액 9 ㎖를 넣어 잘 혼합하고 균주를 접종하여 일정 조건에서 배양 후 발육이 완전히 저지되는 농도(MIC)를 구한다. 결과 판정은 발육했는가 또는 전혀 하지 않았는가로 판단하기 때문에 숙련이 필요하며, 희석을 단계적으로 하기 때문에 50% 정도의 오차는 있을 수 있다고 보아야 한다. 또 배양 조건에 따라서도 차이가 있을 수 있으므로 배양 조건을 명시하여야 한다. 성장이 빠른 곰팡이의 경우는 균총의 직경을 재어 균사 성장 저지율로 나타내기도 한다.

액체배지 희석법은 한천이 들어있지 않은 액체배지를 사용하는 것으로 한천배지의 경우처럼 주관적인 오차는 거의 없다. 이 경우는 시료 농도를 단계 희석하여 0.5 ㎖씩을 액체배지 4.5 ㎖에 넣고 배양하여 육안으로 MIC를 결정한다. 종점은 한천배지에서와 같이 애매한 경우가 있다. 따라서 정밀한 실험에서는 동일한 균주의 대조시료를 만들어 표준곡선을 만들어 두고 탁도를 비교한다. 보통 비색계로 660 nm에서 흡광도를 측정하며 연속적인 수치로 나타내는 것이 가능하다. 그러나 이것은 한 개의 희석계열에 대하여 한 개의 시험균주밖에 쓸 수 없어 항균 스펙트럼에는 적합하지 않다.

4. 효소를 이용한 검정

생명체 내에서 일어나는 대사작용이나 물질 분해와 합성 등 대부분의 생명 활동이 온화한 조건의 효소 작용에 의하여 일어나며, 각종 효소가 정상적으로 작용하지 않거나 과도하게 작용할 경우 여러 가지 질병의 원인이 되기도 하고 부작용이 생기기도 한다.

이러한 효소 작용 조절은 촉진과 저해의 두 가지로 구분되는데, 일반적으로 작용을 억제하는 물질의 검정에 많이 이용되며, 생물을 이용하는 것보다는 비교적 단시간에 *in vitro* 실험에 의해 간단하게 결과를 알 수 있다. 생물체 내에서의 반응과 직접 연관되어지므로 효과적인 검정 방법의 하나이며, 현재 당뇨, 에이즈, 심부전증, 유방암, 감염증, 염증 질환, 우울증, 고혈압 등 많은 질병 치료에 쓰이고 있는 의약품의 상당수가 효소 작용의 저해에 의하여 효과를 나타내고 있다.

효소 작용의 저해에는 물질이 직접 효소나 기질과 결합하여 저해하는 가역적 저해와 효소에 의하여 1차적으로 물질이 활성화되고 이어서 효소를 공격하는 비가역적 저해가 있으며, 물질분리 과정에서 단순히 검정을 위한 경우는 반응이 간단하고 결과 판정이 쉬운 것이 좋다. 그러나 효소의 가격이 고가인 것이 많고 오래 보존하면 역가가 떨어지는 등이 문제라고 할 수 있다. 표 2-2에 효소반응에 의한 질병의 발병 기구가 밝혀져 효소 반응을 저해하는 검정이 가능한 대표적인 효소들을 열거하였다.

성인병인 고혈압의 원인 중 하나가 Angiotensin Converting Enzyme(ACE)에 의한 것으로 밝혀졌으며, 그동안 ACE 작용을 저해하는 물질로서 단백질 가수분해물인 일부의 peptide들이 알려져 있다. 해양생물의 ACE 저해 활성을 가진 물질의 검정에 효소를 이용한 예를 들면 다음과 같다.

토끼 심장의 아세톤 추출물(Rabbit Lung acetone Powder, RLP, Sigma에서 상품으로 판매) 1 g을 인산칼륨 완충액(pH 8.3) 10 ㎖로 3∼4회로 나누어 빙냉하에서 homogenizer로 ACE를 용출시켜 4℃, 20,000 rpm에서 30분간 원심분리

한 상등액을 ACE 효소 원액으로 한다.

여기에 기질로서 HHL(Hippuril-L-Histidine-L-Leucine) 용액을 인산 칼륨 완충액에 넣고 시료 일정량과 추출한 ACE 용액을 넣어 37℃에서 30분간 반응시킨다.

반응액에는 1 N 염산과 초산에틸을 넣어 반응을 종결시키고 3,000 rpm에서 10분간 원심분리하여 초산에틸층을 분취하여 농축 후 물에 녹여 자외 분광분석기나 HPLC로 230 nm에서 남아 있는 hippuric acid 양을 측정하여 대조구와 비교함으로써 저해율을 측정한다.

표 2-2. 효소 저해 검정이 가능한 대표적인 효소

효 소	대 상 질 병
Acetylcholineesterase	노인성 치매
ACE	고혈압, 심부전증
Renin	고혈압
Eukephalinase	통증
Leucine-aminopeptidase	면역조절
Phospholipase A2	염증 질환
α-Glucosidase	당뇨
Lyso-PAF-acetyltransferase	염증, 천식
Prolyl-endopeptidase	노인성 치매
Thymidylate synthesase	암
Xanthine oxidase	통풍
Lactamase	감염증
HIV protease	에이즈
Dihydrofolate reductase	암, 말라리아, 감염증
Monoamine oxidase	우울증

5. 조직이나 기관을 이용한 검정

생물체의 조직이나 기관을 이용한 검정은 식물체의 경우는 조직을 분리하기가 쉬워 비교적 간단하게 이용할 수 있으나, 동물은 조직이나 기관을 분리하는 데에도 숙련을 요한다. 몇 가지 예를 들면, 동물의 혈액을 채취하여 용혈성이나 혈액 응고 활성을 조사하거나 동물의 평활근을 분리하여 수축 활성을 검정할 수 있다. 또 실험용 쥐의 장관을 적출하여 설사원성이나 장관 수축 활성 등의 검정도 가능하다.

이 중 비교적 간단히 할 수 있는 것은 적혈구의 파괴여부를 검정하는 용혈성 시험이다. 이것은 먼저, 실험용 쥐를 마취시켜 가슴부위를 절개한 다음 주사기를 이용하여 심장에서 혈액을 채취한다. 숙달이 되어 심장의 위치를 알 수 있으면 절개하지 않고 직접 주사기의 바늘을 삽입할 수도 있다.

이렇게 채취한 혈액은 적당히 멸균생리식염수(0.85%)로 희석하여 원심분리(1,000 rpm, 5분)함으로써 침전된 적혈구만 모아 새로운 생리식염수에 넣어 희석액을 만든다. 너무 강하게 원심분리하여 적혈구가 파괴되지 않도록 하고, 혈구 분리가 잘 안되면 상등액을 버리고 수 회 반복한다. 이렇게 모은 혈구 희석액에 시료 일정량을 넣고 37℃에서 30분 정도 두었다가 원심분리 하거나 그대로 현미경 하에서 혈구의 파괴 여부를 확인한다.

6. 동·식물을 이용한 검정

식물의 성장, 환경조절, 대사 등 식물과 관련된 물질의 검정에는 대상 식물을 키워 가면서 직접 검정에 시용할 수 있으나, 동물의 경우는 그렇게 간단하지 않다. 실험동물로 사용되는 것은 포유류, 조류, 양서류, 곤충, 어류 등 다양하며, 기술의 발달과 더불어 인체와 유사한 특징을 지닌 고등동물에게 특정 질병을 유발시키거나 장기를 이용하여 실험에 사용하기도 하지만, 영장류와 같은 고등동물일수록 동물 생명의 윤리와 같은 문제들도 수반된다. 따라서 1차적인 물질의 검색을 위한 단계에서는 하등한 생물을 통하여 검정을 하는 것이 적당하다.

일반적으로 독성 시험에는 흰쥐가 주로 사용되며, 그 외 *in vivo* 실험이 요구되는 여러 가지 목적에 따라 적당한 동물을 선택한다. 그러나 이 경우에도 동물에 따라 물질에 대한 감수성이나 특이성에 차이가 있음을 알아야 한다. 동물

실험을 하려면 동물로 인한 감염 예방, 위생 등을 고려하여 최소한 사육과 관리가 가능한 별도의 시설과 기술이 있어야 하며, 개체별, 성별, 연령별 차이 등 특성을 충분히 파악하여야 한다. 표 2-3에 동물을 이용한 활성검정의 예를 나타내었다.

표 2-3. 동물 개체를 이용한 검정

목　적	방　법
항종양	종양을 유발시킨 동물에 시료를 주사하거나 경구 투여
혈압 강하	정상쥐의 정맥 투여 또는 고혈압 유발 쥐의 정맥이나 복강 주사 또는 경구 투여
지혈	마우스 꼬리 부위의 정맥을 절단하여 측정
스트레스성 궤양	마우스를 물에 빠뜨려 스트레스 유발
항알레르기	실험동물의 피부에 발라서 피부염 유발
간장보호	사염화탄소 투여 후 간 기능을 SGOT, SGPT성으로 측정
항염증	실험동물의 관절염 유발
독성	마우스 복강 또는 경구 투여
어독성	실험 중에 시료 용해 후 치사 여부 및 시간 확인

7. 기 타

　전복 등 패류나 새우류의 먹이 유인 활성은 간단하면서도 마땅한 활성 검정 방법이 없으나 일부 연구자들은 특별히 고안한 방법에 의해 좋은 연구 성과를 얻고 있다. 즉, 전복의 경우에는 아비셀이라는 셀룰로오스판에 추출물을 흡착시킨 판을 수중에 하룻밤 두어 전복이 섭이를 했는지를 확인하는 방법을 개발하였으며, 새우류는 먹이 유입관을 이용하거나 전기 생리적 방법으로 센서를 동물의 뇌에 부착하여 반응을 알아보는 방법을 쓰기도 한다.

　이와 같은 활성의 검정은 효능과 직접적인 관계가 있는 것만을 써야 하는 것은 아니다. 전혀 관련이 없는 방법이라도 물질의 분리정제에는 사용할 수가 있으며, 유사한 방법의 응용도 얼마든지 가능하다. 최소한의 노력으로 신속하게 결과를 알 수 있는 방법이라면 어떠한 방법도 적용이 가능하다. 실험실의 여건과 상황을 고려한 다각적인 노력과 종전부터 해오던 방법을 그대로 답습만 하기보다는 실험을 하는 과정 중에도 부단한 아이디어를 개발하면서 효과적인 방법을 찾는 것이 필요하다.

제 3 장 해양생물 시료의 채집과 물질의 추출

1. 해양생물 시료의 종류와 특징

해양생물은 3% 정도의 염분을 가진 해수 중에서 서식을 하기 때문에 공기호흡을 주로 하는 육상 생물과는 환경 조건도 다를 뿐더러 대사산물도 여러 가지 다른 것들이 있다. 특히, 천연물을 분리정제하는 과정에서 종종 경험하는 것이지만 하등 생물일수록 식염을 포함한 각종 무기물이 많아 활성의 검정이나 분리에 많은 어려움이 따른다. 그러나 종의 다양성이나 풍부한 biomass로 다종 다양한 천연물의 생산이 가능한 것은 분명하다.

해양생물을 진화의 정도나 계통에 따라 나누면 다음과 같이 나눌 수가 있다 (그림 3-1).

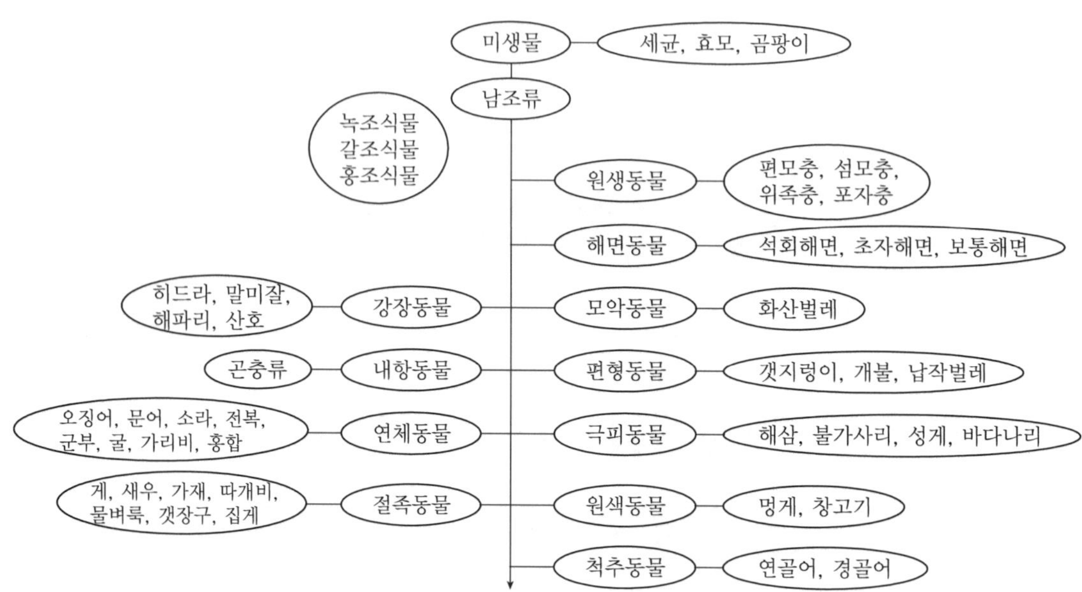

그림 3-1. 해양생물의 분류

　해양생물들을 생활 방식에 따라 구분할 때 바다 밑바닥에 서식하는 생물을 저서생물(benthos)이라고 한다. 같은 저서생물이라 하더라도 저질 위에 서식하는 생물과 저질 속에서 사는 생물로 구분되며, 열대, 온대, 한대에 따라, 또한 연안성인지 심해성인지에 따라서 나누기도 한다.

　또 저질에 따라 현저하게 종류가 다르며 독특한 생물군을 형성하고 있다. 암초지대에는 각종 해조류를 비롯한 나뭇가지 모양으로 발달한 산호, 불가사리, 성게, 말미잘류, 권패류, 게류 등의 생물군이 풍부하지만, 굵은 자갈지대에는 생물의 종류와 양이 급격히 감소한다. 모래지대에는 암초지대 다음으로 생물상이 풍부하며, 주로 소형 생물들이 기어 다니거나 모래속에 숨어산다. 천해 갯벌지대에는 패류나 해삼 등 유용종들이 서식하지만 심해가 되면 종류나 양이 현저히 줄어든다.

　활발한 운동력을 가지며 능동적으로 수중을 헤엄쳐 다니는 동물을 유영동물(nekton)이라 하며, 여기에는 해수류(海獸類)와 같은 대형종에서부터 파충류, 어류, 갑각류, 연체동물 등 다양한 종이 있다. 유영동물은 산란이나 먹이를 찾

아 광범위하게 회유하며, 어떤 것들은 밤과 낮, 수온의 차 등으로 수직운동을 하기도 한다.

이에 비하여 운동력이 약하거나 전혀 없으며, 수중에 부유하는 미소생물들을 부유생물(plankton)이라고 한다. 여기에는 동물성 또는 식물성 부유생물들이 있으며, 모양, 크기, 출현시기 또는 습성에 따라 여러 가지로 분류되기도 한다. 이와 같은 생활습성에 따른 분류는 편의상 나눈 것이며 절대적인 것은 아니다. 즉, 조개류 등은 어릴적에는 부유생활을 하다가 성장하면서 고착생활을 하거나 저서생활을 하는 것도 있고, 해파리류는 부유와 유영의 중간 정도의 생활을 한다.

한편, 바다의 수심 200 m 이내의 지역으로 경사도가 비교적 완만한 대륙붕 지역을 연안대라 하며, 연안대 외측을 외양대라 한다. 연안대에는 조석에 따라 물이 나갈 때는 육지가 되었다가 물이 들어오면 바다가 되는 조간대가 포함되며, 대부분의 생물들은 이곳에 서식한다. 외양대에는 유영동물과 부유생물이 주를 이루며, 최근 심해잠수정을 이용하여 조사해 본 결과수심 400 m 이하 또는 수천 미터 이하에서도 수많은 종류의 생물들이 심해대에서 빛이 없는 곳에 적응되어 살고 있다고 보고되어 금후에는 그 이용가치가 높게 될 가능성이 있다. 여기에서는 이러한 해양생물의 종류나 특징을 하나하나 열거하기는 곤란하므로 동물, 식물, 미생물로 나누어 간단히 요약하여 보기로 한다.

1-1. 해양동물

생활습성이나 서식장소에 따른 인위적 분류 이외에 구조적인 공통점이나 생리, 생태, 유전, 발생 등을 기초로 하여 구분하는 것을 자연분류법이라고 한다. 이 방법은 학명(scientific name)을 사용하며, 기본 단위를 종(species)으로 하는 과학적인 분류이다. 해양생물들을 자연분류법으로 나눌 경우, 학자에 따라 차이가 있기는 하지만 다음과 같이 큰 군으로 나눈다.

1) 원생동물문(Protozoa)

원생동물은 단일 세포로 구성되어 있으며 하나 또는 그 이상의 핵을 가진 원

형질 덩어리로 되어 있으나, 후생동물을 구성하는 세포와 다른 것은 한 세포 안에서 여러 가지 생활작용을 하는 독립적인 생활을 하는 것이다.

따라서 원형질에 국부적인 분화가 일어나 기관지 또는 세포기관을 가지기도 하며, 원생동물의 몸은 그대로 노출되거나 얇은 피막, 외각을 가지기도 한다. 원형질은 내질과 외질로 분화되어 있고, 운동기관으로는 종에 따라 위족, 편모, 섬모 등을 가진다.

먹이는 위족 또는 세포구로 섭취하여 원형질 내에 식포를 만들며, 이것은 원형질에서 분비된 효소에 의해 분해되어 흡수되고, 소화되지 않는 것은 몸 밖으로 배출된다. 생식은 무성생식이나 출아법이 보통이지만, 섬모충에서는 주기적으로 유성생식을 하는 것도 있다. 원생동물은 편모충강, 섬모충강, 위족충강, 포자충강, 흡관충강으로 나눈다.

2) 해면동물문(Polyfera)

갯솜(sea sponge)이라고도 불리는 해면은 해양 천연물에서 가장 많이 이용되고 있는 생물 재료 중 하나로 지구상에서 가장 오래된 생물의 하나로 알려져 있으며, 종류는 1만여 종에 이르고, 담수나 조간대에서 심해에 이르기까지 또한 열대에서 극지에 이르기까지 분포도 다양하다. 색깔이나 모양은 얕은 바다에 있는 것일수록 일정하지 않으며, 체내에 여러 가지 소동물들이 공생하기도 한다.

유생은 헤엄을 치지만 성체가 되면 고착생활을 하며, 상피세포로 된 피층과 금세포(collar cell)로 이루어진 위층 그리고 중간에 한천질과 같은 중교가 있다. 중교에는 변형세포, 감각세포, 신경세포와 조골세포 등이 있으며, 침골(spicule)이라고 하는 뼈도 존재한다. 몸 표면에 있는 입수공을 통하여 물과 함께 위강속으로 들어온 먹이는 위층의 금세포에 의하여 잡혀 중교에 있는 변형세포로 이동하여 소화 흡수되며, 노폐물은 위강을 통해 출수공으로 배출된다. 생식은 무성생식과 유성생식이 있으며, 출아 후 모체에서 분리되지 않고 군체를 이루기도 한다. 해면동물은 침골의 성분이나 모양에 따라 보통해면강, 석회해면강, 초자해면강으로 나눈다.

3) 강장동물문(Coelentarata)

해파리, 말미잘, 히드라, 산호, 빗해파리 등으로 대표되는 강장동물은 형태나 생활양식이 전혀 달라 별개의 동물로 취급되기 쉬우나 다음과 같은 공통점이 있다. 즉, 몸은 3층의 세포벽으로 된 주머니 모양으로 중앙에 속이 빈 위강이 있고, 위강의 입구(입) 주위에는 촉수가 있다. 위강은 소화를 하는 이외에 방사상칭형으로 연장되어 영양이나 산소의 공급을 하는 혈관의 역할도 하고, 불소화물이나 노폐물, 알과 정자는 입을 통해 배출된다.

이들은 육식성 동물로서 체벽세포 군데군데에 자사세포가 있으며, 그 안에 자포라는 침이 있어 먹이 포획 시 자사를 발사하기 때문에 자포동물이라고도 한다. 근육, 신경, 감각기는 있으나 혈관계, 호흡기, 배출기는 없다. 구조적 특징으로 볼 때 강장동물은 한쪽이 고착되어 있고, 원통형으로 된 산호나 말미잘과 같은 히드라형과 디스크 모양의 자유유영을 하는 해파리형이 있다. 이들은 유성생식 이외에 출아, 분열로도 증식하며 세계적으로 9,000여 종이 존재한다.

4) 편형동물문(Planthelminthes)

몸통은 배쪽으로 편평하고 좌우가 동일한 대칭이며, 전단에는 머리, 후단에는 꼬리가 있고, 입은 복면의 중앙에 있다. 이들은 체절이 유연하여 파괴되기 쉽고, 소화기관은 인두와 장관으로 구분되며, 신경계는 원시적인 중추신경을 가진다. 또 자웅동체이지만 교호생식을 하며, 편형동물은 유익한 것은 없고 기생성의 촌충류, 흡충류 그리고 자유생활을 하는 납작벌레류가 있다.

5) 환형동물문(Annelida)

몸은 많은 체절로 되어있고, 좌우동형이며, 진정체강을 가지고 있다. 환형동물은 원시환충강, 다모강, 빈모강, 거머리강, 개불강, 흡충구강의 6개 강으로 나누는데, 이 중 해산의 다모강과 개불강이 대표적으로, 특히 다모강은 최대의 강이며 10,000여 종이 넘는다. 생태에 따라 체형의 변화가 다양하고, 조간대에서 수심 6,000 m의 심해에도 서식하며, 해저를 포복하는 종, 암석이나 식물사이에 숨어사는 종, 일시적 갱도를 만들어 사는 종, 영구적 서식관을 만들어 사는 종,

대양을 부유하는 종 그리고 담수에 서식하는 종도 있다. 자유생활을 하는 것은 육식성이며, 서식관에 사는 것은 플랑크톤을 주식으로 하며 흔히 볼 수 있는 갯지렁이와 털갯지렁이류 들이다.

한편, 개불은 유생시 에는 체절이 보이나 성체가 되면 소실하며, 몸은 유연한 소시지형이고, 체벽은 두터운 육질이다. 호흡은 직장호흡을 하며, 자웅이체로서 생식선은 몸의 뒤쪽 정중선에 위치한다. 해저의 사니질 중의 구멍속에 서식하며 겨울철에 산란한다. 우리나라에서는 통영, 삼천포, 하동에 많이 서식하며 식용한다.

6) 내항동물문(Entoprocta)

해조나 암석 등의 표면에 고착하여 단독생활을 하거나 군체생활을 하는 몇 안 되는 생물이다. 이 동물의 몸체는 술잔 모양으로 기다란 자루 끝에 붙어 있고, 윗면의 오목한 주변에 여러 가닥의 촉수가 늘어서 있다.

촉수는 안쪽으로 향하여 굴절하고 안쪽으로 섬모가 나와 있으며, 입과 항문이 이 촉수환열의 내측에 열려 있다. 몸의 내부는 거의 소화관으로 채워져 있고, 외피와의 사이를 채우는 간충조직 중에서 위의 조금 위쪽에 1개의 신경절과 그 좌우에 각 1개의 배설관을 볼 수 있다. 자웅동체인 것과 자웅이체인 것이 있으며, 알은 수정 후 섬모기를 가진 특수한 담륜자로 되어 모체로부터 분리되어 나간다.

7) 연체동물문(Mollusca)

연체동물은 무척추동물 중에서 절족동물 다음으로 많은 수를 차지한다. 원래 좌우 상칭형이나 변해서 불규칙적인 것이 많다. 체절은 볼 수 없고, 몸통은 머리, 발, 내장낭의 3부분으로 되어있으며 대부분 체벽에 외투막을 가진다. 내장낭을 둘러싸는 체벽의 확장물을 외투막이라고 하는데, 외투막과 내장낭 사이를 외투강이라고 하며, 보통 몸의 뒷부분은 깊이 들어가 있어 이곳에 아가미와 항문과 배설공이 있다. 패각은 외투막의 표면에서 분비되며, 3층으로 구성되어 있다. 가장 바깥쪽을 각피, 중간을 능주층, 안쪽을 진주층이라고 한다.

내장낭 속에는 체강이 있고, 근육이 발달하여 생식강, 위심강, 혈강이 있으며, 소화관에는 타액선과 중장선이 있다. 호흡기는 외투강 안에 아가미를 갖는 것이 많으며, 외투강 이외에 2차적으로 생긴 아가미도 있다. 배설기로는 신관이 발달하여 있고, 신관의 선단은 위심강에 연결되어 있으며, 배설공인 신구는 외투강에 열린다. 많은 종의 신경계는 신경세포가 접합해서 신경절을 이루고, 감각기로는 눈, 후각기, 평형기를 갖는 종류가 많다. 혈관계는 모세혈관이 없는 개방 혈관계이고, 위심강 안에 심실과 심방을 갖춘 심장이 있으며 동맥과 정맥이 있다. 성은 자웅동체 또는 자웅이체이며, 이체의 것 중에는 성전환을 하는 것도 있다. 두족강 이외의 연체동물은 발생 도중에 담윤자를 거쳐 피면자 단계를 거치고 성체가 되는 것이 많다.

연체동물의 대부분이 자유 생활을 하지만 바위나 목재 등에 부착해 사는 것도 있고, 형태가 상이하여 외관상 공통성이 별로 없어 보이지만 엄밀하게 따져 보면 모든 종류에 공통된 기관인 발을 가지고 있다. 대부분의 연체동물의 발은 기어 다니거나 구멍을 파는 데 잘 적응되어 있다. 즉, 고둥, 군부류는 기어 다니는 데, 조개류는 모래나 뻘을 파는 데, 오징어류는 포복과 먹이를 잡는 데 쓰인다. 대표적인 연체동물의 종류를 들면 다음과 같다.

쌍경강 : 군부류
복족강 : 고둥, 소라, 전복, 다슬기, 수랑, 삿갓조개, 달팽이, 군소
부족강 : 굴, 홍합, 키조개, 대합, 가리비, 피조개, 바지락, 맛조개, 우럭
굴족강 : 뿔조개
두족강 : 오징어, 문어, 낙지, 꼴뚜기, 앵무조개

8) 절족동물문(Arthropoda)

몸은 원칙적으로 많은 체절로 되어 있으나 환형동물과 달리 규칙적이 아니다. 일반적으로 머리쪽 체절은 융합하여 두부 또는 두흉부를 형성하며, 여기에는 신경계가 집중되어 있어 대형 신경절이나 뇌를 형성하여 복잡한 행동이나 습성이 가능하다. 표피 외측은 견고한 키틴(chitin)질로 되어 있어 개체의 성장은 연속적이 아니고 탈피할 때마다 단계적으로 성장하며, 절지란 말과 같이 반

드시 마디로 된 부속지를 가지는데, 원래는 체절마다 동일한 모양이 한 쌍씩이지만 모양과 수가 변화된 것이 많다. 두부의 부속지는 촉각으로 되어 감각작용을 하고, 대악으로 되어 먹이를 씹으며, 흉부의 부속지는 보행용 또는 집게발로 되어 입으로 먹이를 운반하는 역할을 한다. 또 복부의 부속지는 유영호흡, 포란의 기능을 가지기도 하나 완전 퇴화된 것도 많다. 현존 동물의 75% 이상을 차지하며 80만 종에 이른다. 해산종으로서 대표적인 것은 갑각강에 속하는 게, 새우류가 있으며, 일부는 자기 몸의 일부, 특히 부속지나 눈 등이 손실되었을 때 재생하는 힘을 가진다. 그 외 요각류, 만각류, 등각류 등이 있다.

9) 모악동물문(Chaetognatha)

모악동물은 입의 측면에서 복면에 이르기까지 악모로 되어 있는 소형동물로서, 몸은 좌우대칭의 가늘고 긴 체형이며, 거의 무색 투명하고, 등과 복부가 편평하며, 측부에 1~2쌍의 지느러미와 삼각형의 꼬리 지느러미가 있다. 몸은 머리, 몸통, 꼬리로 구분되고, 체내의 넓은 체강은 머리와 몸통 사이, 또 몸통과 꼬리 사이의 넓은 격벽인데, 앞, 중간, 뒤의 3개의 강으로 되어 있고, 중간은 다시 2개의 강으로 나누어져 있다.

소화관은 구조가 간단하며 몸통 중앙에 세로로 뻗어 있고, 후단의 배쪽 중앙에는 항문이 있다. 자웅동체로서 난소는 몸통 후방의 좌우에 한 개씩 있으며, 꼬리부와 격벽의 바로 앞에서 외부로 열려있다. 정소는 꼬리부의 체강 내에 있으며, 동물 분류학상 근연의 종을 찾기 어려운 고립된 종으로서 30여 종이 있으나 대부분 해산으로 부유생활을 한다. 식성은 소형 부유생물인 규조류와 원생동물을 주로 먹는다.

10) 극피동물문(Echinodermata)

극피동물은 성게, 불가사리, 해삼 등이 포함된 동물군으로서 유영을 하는 자유형과 고착생활을 하는 형이 있다. 몸은 방사상칭이고, 석회질의 내골격과 관족계라고 하는 특별한 운동기관을 가진 체강동물이다. 성체의 상칭면은 5개로 강장동물과 다르지만, 유충은 전부 좌우 상칭이고, 성체도 아공판을 중심으로

보면 좌우상칭이다. 내골격은 피하조직 내에 생기는 중배엽에서 기원된 소골격으로 되어 있고, 이 소골격은 성게에서는 밀착되어 움직이지 않으며, 불가사리류는 움직일 수 있게 접착되어 있고, 해삼류에서는 여러 가지 모양의 골편으로 체벽 내에 묻혀있다. 이들은 모두 해산이며, 유생시대에는 부유생활을 하지만 성장하면서 저서생활이나 부착생활로 들어간다. 해저의 암초에 부착하는 것, 모래 뻘속에 매몰되어 사는 것, 착생생활을 하는 것 등이 있으며, 조간대에서부터 심해에까지 분포하고, 화석으로 발견되기도 한다. 식성은 육식성 또는 조식성이고 여름철 온도가 높으면 하면을 하기도 하며 불가사리는 특히 강한 재생력을 가진다.

극피동물은 식물처럼 보이는 바다나리류를 포함하여 불가사리류, 거미불가시리류, 해삼류, 성게류 등 5개의 강으로 나누며 약 4,000종이 알려져 있다.

11) 원색동물문(Protochordata)

일평생 또는 유생시에만 몸의 지지기관 역할을 하는 척색이 발달하는데, 이 척색이 척추로는 되지 않는다. 척색은 중추신경계와 소화기관 사이에 있는 발생 초기에 내배엽에서 분화한 특수한 기관이다. 또 중추신경계는 외배엽에서 분화한 것으로 관모양인데 소화관의 등쪽에 위치한다. 소화관의 시작부는 아가미로 관통되어 직간접으로 외부와 통하여 호흡을 한다. 이들은 유영생활을 하거나 부착생활을 하며 약 1,600종이 있고, 척색이 있는 위치에 따라 두색강, 미색강, 장색강 등 3개의 강으로 나눈다. 이 중 천연물과 관련이 있는 것은 미색강으로서 멍게류가 여기에 포함된다.

이것은 몸 전체가 두꺼운 외투막으로 둘러싸여있어 피낭류라고도 한다. 이 각피는 껍질에서 분비하여 형성된 것으로 결체조직에 유사하고 섬유질이 함유되어 있으나, 각피를 갖지 않는 어떤 종은 피막이 한천질과 같은 투명한 막으로 되어 있다. 이들은 개체가 독립적으로 생활하거나 군체생활을 한다. 개체생활을 하는 것은 몸이 크고 계란 모양이며, 하단에 있는 뿌리 모양의 부속물로써 다른 물체에 고착한다. 몸의 상단에는 입수공과 출수공 등 2개의 구멍이 있어 외계와 통하고 있는데, 입수공에서는 해수와 먹이의 유입이, 출수공에서는

배설이 이루어진다. 피낭의 하부 조직에는 근육층이 있고, 그 내부에는 내장이 들어있으며, 입수공에 연결된 인두는 아가미를 관통하여 새강을 형성한다. 입수공을 통하여 들어온 물은 아가미를 통하여 새강에서 모였다가 다시 출수공으로 배출되는 사이에 호흡이 이루어지며 먹이도 여과하여 섭취한다. 혈관은 조직 사이에 개방되어 있고, 심장은 독특하여 자동력이 없고 위심강의 수축으로 수동적으로 고동하며, 혈류 방향도 일정치 않아 주기적으로 변경한다. 유생은 올챙이 모양이며, 등쪽 신경관의 아래 부분은 확대되어 뇌를 형성하고, 꼬리부에 미색이 명확하게 관찰되나 성장하면서 소실되어 버린다. 한편, 군체를 이루어 사는 것은 개체의 크기가 작고, 무성생식에 의해 출아법으로 군체로서 성장한다.

12) 척추동물문(Vertebrata)

해산 척추동물은 어류에 해당되는 것으로서 이에 관하여는 다른 서적을 참고하기 바란다.

1-2. 해양식물

광합성을 하며 바다에 서식하는 식물을 통틀어 해조(seaweeds, marine algae)라 하는데, 여기에는 현미경적으로 보이는 부유생물의 미세조류와 해산 현화식물, 즉 해초(sea grass)가 포함되고 일부의 남조류도 포함된다. 일반적으로 해조라 하면 육안으로도 볼 수 있는 고착성의 은화식물을 의미한다. 해조류는 염분을 함유한 해수 중에서 서식을 하기 때문에 광합성을 하는 것은 육상식물과 같으나, 그 외 몸 전체에서 영양분을 흡수하며, 대사산물 등도 여러 가지 다른 것들이 있어 천연물에서 중요한 재료가 된다. 특히 식물성 플랑크톤은 여러 가지 생리활성 물질의 1차 생산자이기도 하며, 실험실 내에서도 배양이 가능하기 때문에 다루기가 쉬운 장점도 가지고 있다.

해조류는 그 모양도 중요하지만 체색도 매우 중요하다. 즉 체색에 따라 함유하는 광합성 색소가 달라지고, 이에 따른 광합성 산물이나 체성분 조성도

달라지며, 생식에도 큰 영향을 미치게 된다. 일반적으로 해조류는 체색을 중심으로 한 생태, 생식 방법으로부터 녹조류, 갈조류, 홍조류로 구분하고 있다. 미세조류의 경우는 편모의 유무와 수에 따라 구분하기도 한다(표 3-1).

수심을 기준으로 해조류의 생육대를 나누면 조간대와 조하대, 심해대로 나누어진다. 밀물과 썰물이 들어왔다 나가는 조간대는 광합성을 하는 데 필요한 태양광을 직접적으로 가장 많이 받는 곳으로, 지역에 따라 수심 5 m 이내로 건조나 고염에도 강한 해조류들이 생육한다.

일반적으로 태양광이 도달하는 수심 10 m 이내가 녹조, 갈조, 홍조 등이 혼합하여 서식하는 해조류가 가장 풍부한 곳이다. 일부 갈조류는 거대한 군락을 이루어 해중림을 형성하기도 하며, 이후 수심이 점점 깊어지는 약 40 m 정도까지의 조하대에는 빛이 점차 도달하기 어렵게 되어 해조의 수는 급감한다. 해조의 생육이 가능한 수심을 200 m라고도 하지만 빛이 전혀 도달하지 않는 곳에서 실제로 해조가 서식하기는 불가능하다.

표 3-1. 해산식물의 종류

문 또는 군	종의 수	서식 형태
녹조류	7,000	저서
차축조류	76	저서(기수)
유글레나류	400	저서(뻘로 된 천해)
황색편모조류	650	부유
코콜리토포라	200	부유
규조류	6,000~10,000	부유, 저서
Vaucheria	60	저서
와편모조류	1,100	부유
갈조류	1,500	저서
홍조류	4,000	저서
남조류	7,500	저서

전 세계적으로 해조류는 약 25,000종이 있으며, 우리나라 연안에 서식하는 해조류는 총 1,000종 이상으로 그 중 녹조류 80종, 갈조류 135종, 홍조류 355종, 남

조류 48종이 알려져 있다. 이들의 수온과 위도에 따른 수평적 분포를 보면 한류의 영향을 많이 받는 동해안은 다시마와 같은 북방계의 해조가 많으며, 삼나무말이나 곰피는 동해안 고유의 종이다. 울릉도, 독도는 동해안에 있으나 쓰시마 난류의 영향을 많이 받아 대황과 같은 난류성 해조가 서식한다. 남해안은 섬이 많고 굴곡이 심하여 김, 파래, 지충이, 톳, 서실과 같은 남방계의 홍조류와 녹조류 등 각종 해조가 풍부하다. 서해안은 동해안과 같은 위도이지만 한류의 영향이 없으며, 외해에 일부의 해조류가 서식한다. 한편, 제주도 해역은 다른 지방과 달리 아열대성 해조들이 많으며, 감태의 군락을 볼 수 있다.

1-3. 해양 미생물

해양 환경에 적응하여 서식하는 미생물들은 염분 요구나 내염성, 저온성, 내수압성 혹은 호압성에 관하여 육상 미생물과 전혀 다른 특성을 가지고 있으며, 이러한 것들은 해양 미생물을 탐색, 분리하려는 경우에 특별히 주의해야 할 사항들이다.

다른 해양생물 시료들은 채취하여 바로 이용하지만 미생물은 우선 순수 분리하여 어느 정도 대량 배양을 한 다음, 활성이 있는지 또는 활성 물질을 분리 정제 하여야 하기 때문에 별도의 미생물 분리나 배양기술이 필요하다. 또한, 분리한 미생물들이 진정한 해양세균인지 여부도 애매한 부분이 많으며, 생육 형태도 해수 중에 부유하여 사는 것도 있지만 대부분은 해저 토양이나 다른 생물과 공생 또는 기생하면서 살고 있다. 미생물의 큰 장점은 균체 내의 불순물이 적어 물질 분리정제가 비교적 간단하다는 것이지만, 배양이 안 되는 경우는 더 이상 실험이 곤란하게 된다. 미생물을 일반적으로 구분하면 세균, 효모, 곰팡이와 방선균류로 나누어진다.

1) 세 균

해양 세균중에서 양적으로 많은 것은 호기성, 통성 혐기성 균군으로서, 일반적으로 영양 요구 면에서는 저영양성이며, 종속 영양세균에 속한다. 이들의 수는 저영양역의 심해에서는 ㎖당 10^{-2}에서 부영양화역에서는 ㎖당 10^6까지 변화가 크다. 세균은 해수뿐 아니라 해저 퇴적물, 해양생물의 체표 내외, 이들의 사체나 배설물에 이르기까지 폭 넓게 분포한다.

종속영양 세균의 동정에는 그람양성균의 경우 당 발효성, oxydase 활성, 균체색소 유무, 운동성, 편모 유무, 염분 요구도 등에 따라, *Aeromonas*, *Vibrio*, *Cytopaga*, *Flavobacterium*, *Pseudomonas*, *Alteromonas*, *Chromobacterium*, *Caulobactor*, *Acinetobactor*, *Moraxella* group 등으로 나누며, 그람음성균은 간균과 구균의 구분, 운동성 유무, catalase 활성, 당 발효성, 균사체 형성 등에 따라 *Clostridium*, *Bacillus*, *Lactobacillus*, *Streptomyces*, *Nocardia*, *Athrobactor*, *Corynebacterium*, *Staphylococcus*, *Micrococcus*, Yeast 등으로 구분이 가능하다. 또 동정을 위한 시험에는 해수 75%와 증류수 25%를 혼합하여 쓰면 좋다.

독립영양 세균이라고 할 수 있는 광합성 세균은 산소를 발생하지 않는 광합성 세균군으로서, 이미 알려진 유황 세균 이외에 *Heliobacterium* 등 새로운 종이나 속이 발견되고 있으며, 10℃ 이하에서 생육하는 저온 세균들도 다수 존재한다.

2) 방선균

육상에서는 여러 가지 유용한 항생물질의 다수가 토양 방선균에서 분리되어 생리활성 물질의 탐색원으로서 가장 주목을 받고 있는 미생물이 방선균이라고 할 수 있으나, 해양 방선균에 대하여는 아직도 미개척 분야이다. 연안역에 존재하는 방선균은 육상에서 흘러 들어온 것이 많을 것으로 추정되나 이들 중에는 바다라는 환경에 적응하여 새로운 2차 대사산물을 생산하는 균주도 있을 것으로 생각된다.

해양에서 방선균을 최초로 분리한 것은 1943년 미국 캘리포니아의 해저토양에서 *Streptomyces* 속과 *Nocardia* 속, *Micromonospora* 속이 분리된 이래 *Actinoplanes*, *Geodermatophilus*, *Streptoverticillium*, *Chinia*, *Streptosporangium*, *Dactylosporangium*, *Microbispora*, *Saccharomonospora*, *Saccharopolyspora*,

Actinomadula, Oerscovia, Thermomonospora 속 등 이제까지 보고된 주요 속의 대부분이 분리되었다. 이들이 육지에서 유래되어 흘러 들어온 것인지는 명확하지 않지만 해양에서 분리되고 있는 중요한 방선균의 일종임에는 틀림없다. 일반적으로 방선균의 검색에는 ISP 배지가 1차적으로 쓰이고 있으나, 실험실에 따라서 특별히 고안한 배지를 사용하여 좋은 결과를 얻기도 한다. 다만, 방선균의 분리에는 세균과 달리 적어도 1주일 이상 한달이 소요되기도 한다.

3) 효모(Yeast)

효모가 육상에서 뿐아니라 해수, 해저의 토양이나 침적물, 플랑크톤, 해조, 고등 동식물, 심지어 오염된 석유에까지도 존재한다는 것은 이미 오래전에 알려졌으나, 실제로 광범위한 연구가 시작된 것은 오래되지 않았다. 그러나 이제까지의 결과, 분류학적으로나 생태학적으로 육상 효모와는 다른 균총이 생육하고 있는 것으로 밝혀지고 있다. 이것은 단순히 계통진화에서 흥미 있는 것만이 아니라 새로운 생물자원으로서도 주목되어야 할 생물군이라고 생각되어 진다.

현재까지 알려진 총 180여 종의 효모의 대부분은 육상과 해양 모두에서 분리되었으며, 해양에서만 존재하는 것으로 보고된 것은 약 20종 정도이다. 해양에서만 분리된 효모의 분류군으로서는 자낭 효모(*Kluyveromyces, Metschnikowia, Pichia* 속), 담자 효모(*Leucosporidium, Rhodosporidium* 속), 불완전 효모(*Candida, Ste- rigmatomyces, Sympodiomyces* 속) 등이 있다.

해양 효모의 생리적 특성은 일반적으로 내염성이 높고, 저온성으로 25℃를 넘으면 죽는 것도 있으며 최적 pH는 중성부근이고, 영양 요구 면에서는 외양의 빈영양 상태에서도 효율 좋게 생육한다. 탄소원으로서는 여러 가지가 다양하게 이용 가능하며, 산화적 대사를 한다.

4) 해생균

균류는 하등식물의 범주에 포함되어 조류와 비교할 때 원칙적으로 광합성을 하지 않는 생물을 지칭하여 왔으며, 여기에는 곰팡이, 버섯, 효모가 포함된다. 이들 대부분은 인간 생활과 밀접한 관계를 가진 것들로서 대부분이 육상에 존

재한다. 그러나 해양에도 이러한 곰팡이류(사상균류, 미세균류)가 생육한다는 것이 오래 전부터 알려져 왔으며, 소위 물곰팡이로 알려진 해수에 서식하는 균은 어류의 질병을 유발하는 균으로 수산업에서는 잘 알려진 곰팡이다. 해생균은 분류학적으로 어느 특정한 목이나 과의 균이 아니라 바다를 기반으로 생육하는 균류를 의미한다.

이들은 모두 산소를 필요로 하는 호기성 균류이기 때문에 깊은 해저에는 없고 바다에 떠다니는 나뭇가지나 해조 등에 부착하거나 기생하며 살아간다. 영양분도 거기에서 섭취하기 때문에 용존산소가 비교적 많은 바다의 표면이나 해안의 파도가 부서지는 곳에 많다.

균류는 균사를 생성하여 실처럼 늘어나면서 성장하여 자실체라는 특수한 생식기관을 만들며, 이곳을 통하여 포자를 방출하는 생활양식을 가진다. 따라서 토양 세균을 분리하듯이 희석평판 배양법으로는 안 되고 별도의 분리 배양이 필요하다.

즉 보통의 한천 배지에 해수를 넣어 배양하면 푸른곰팡이 등이 성장하는데 이를 해생균이라 할 수는 없다. 해수 중에서 반드시 자실체가 형성되는지를 확인하여야 하고, 해수 배지에서 성장이 되어야만 해생균이라 할 수 있다.

해생균에는 편모를 가지고 유영하는 기관인 유주자를 가진 것이 있는데, 이를 편모균류(Mastigomycotina)라 하며 물곰팡이가 대표적이다. 또 유성생식의 결과 4개나 8개의 자낭 포자를 가진 자낭균류(Ascomycotina)가 최근 많이 발견되고 있는데, 자낭과의 모양에 따라, 부정자낭균류, 핵균류, 소방자낭균류, 핵균류의 4종류로 나누어진다.

이 중 해생균에는 핵균류가 압도적으로 많으며, 자낭과는 흑색이나 어두운 색을 띠는 것이 많다. 한편, 유성생식의 기관이 특별히 발달되지 않거나 없는 것을 불완전균류(Deuteromycotica)라고 한다. 이것은 유성생식을 하지 않는 것을 의미하며, 번식은 성의 구별이 없는 무성의 분생자라는 포자에 의하여 이루어진다. 바다에는 불완전균류도 많이 존재하며 분생자의 형태도 각양각색이다. 지금까지 알려진 해생균의 수는 편모균류 100종, 불완전균류 60종, 자낭균류 160종, 담자균류가 6종 정도이다.

2. 해양생물 시료의 채취

대부분의 천연물은 2차 대사산물로 생물 중에 존재량이 0.01%도 안 되는 적은 양이다. 따라서 분리 과정 중의 회수율, 활성 측정에 사용하는 양, 손실등을 감안한다면 불과 수 mg을 얻기 위하여 경우에 따라서는 수십 kg 이상의 시료가 필요한 경우도 있다. 예비 실험을 통하여 필요한 시료량이 얼마인지 미리 예측하거나 가능하면 충분한 양의 시료를 확보할 필요가 있다. 간혹 실험을 하는 데 있어서 분리된 물질의 양이 적어 구조를 해석하거나 활성을 측정하는 데 어려움을 겪는 경우를 종종 경험하기도 한다.

시료에 따라서는 언제나 얼마든지 구할 수 있는 것도 있으나 시기와 장소에 따라 소량밖에 얻을 수 없는 것도 있고, 심해저나 극지방의 시료는 두 번 다시 채취할 수 없는 경우도 있다. 일반적으로 자연에서 얻는 생물 시료는 생명을 가진 지연 생태계를 이루는 한 부분이며, 동일한 것은 하나도 없다고 해도 과언이 아니다. 적든 많든 모든 시료는 채취 단계에서부터 항상 소중하게 다루려는 생각을 가져야 하며, 실제로 귀하게 다루어야 한다.

해양에서 서식하는 생물들은 미세한 플랑크톤에서부터 대형의 동식물, 극지에서부터 열대지방, 간석지에서부터 심해저에 이르기까지 채집 장소나 종류와 모양이 매우 다양할 뿐 아니라 크기와 양, 시료의 성질 등이 매우 다양하다. 이러한 생물 시료의 채취에는 잠수정과 같은 특수 장비나 전문가의 도움이 필요하기도 하며, 막대한 비용과 인력, 시간이 요구되는 경우도 있다.

바다 속에서 수집하는 경우는 먼저 현장의 해양 기상 상황을 파악하여 바다에 나가는 것이 가능한지 확인하고, 필요한 선박이나 채취 허가가 필요한지 현지 사정도 알아 두어야 한다. 또 자료 등을 통하여 장소와 시료의 종류, 존재량 등을 미리 알아 두면 편리하고, 수심이 깊거나 조류가 센 곳에서는 수중 카메라 등으로 미리 촬영하여 본다.

직접 채취 시에는 수중 잠수 장비와 채취 도구, 간이 현미경, 드라이아이스나 얼음 등 냉매, 밀봉 가능한 포장지나 천, 시료 보관 상자, 카메라, 메모장 등을

준비한다. 안전을 위하여 실험실과 연락할 수 있는 휴대폰 등의 통신장비를 보유하고, 육지와 바다의 기후 변화에 적응 할 수 있는 의복도 준비하며, 잠수 시나 작업 시에는 2명 이상이 함께 작업을 하도록 한다.

채집 시 가능한 한 다른 시료와 섞이지 않도록 세심한 주의를 기울여야 한다. 생물 시료는 정확한 분류를 통해서 동정을 해야 한다. 간혹 어떤 생물종에서 새로운 물질이 발견되었다고 보고하여 분리해 보면 다른 부착 또는 혼입되어 있는 다른 생물에 의한 결과로 밝혀지기도 하며, 또 생물종의 정확한 분류는 분리하고자 하는 물질에 대한 중요한 정보의 제공과 실험과정에서의 실수니 시간적으로도 절약할 수도 있으므로 해양생물을 채집하기 위해서는 여러 가지 방법이 있는데 대상으로 하는 생물종, 서식장소 등에 따라 다음과 같이 나눌 수 있다.

2-1. 생물종에 따른 채집방법

1) 해조류

가. 채집시기

해조류는 일반적으로 해조가 가장 번무하는 시기에 채집하는 것이 효과적이며, 대체로 3월에서 6월 전후가 번성하는 시기이다. 여름은 대개 포자를 방출한 뒤로 몸체가 녹아서 없어진다. 여름에는 수온이 높아서 직접 잠수를 하여 채집하기에는 좋으나 해조의 생육상태로 볼 때는 좋은 시기라고 볼 수 없다.

나. 채집방법

채집하기에 앞서 가장 먼저 고려해야 할 사항은 조석인데, 간만의 차는 지방에 따라 차이가 많아서 동해안은 30 cm, 남해안은 2~3 m, 서해안은 3 m 이상이다. 하루 중에 조석이 두 번씩 변하기 때문에 채집 시에는 미리 간조시간을 알고 가는 것이 좋다. 가장 손쉬운 채집방법으로는 조간대에서 갈고리 형태로 만든 긴 장대를 이용하거나 직접 손으로 채취하는 것이다. 해조류를 채집할 때에는 뿌리(부착기)까지 완전히 채집해야 하고, 같은 종류라도 모양과

색에 차이가 많이 나므로 동일종이라고 생각되는 종은 가능한 한 많이 채집하여야 한다. 또한 태풍이나 강한 바람에 의해 해조류가 바닷가에 떠밀려 오면 다양한 종류의 해조류를 구할 수는 있지만 시료의 완전한 구분이 어렵고 파손되어 있는 경우가 대부분이며 시료의 채취 장소 및 깊이를 알 수 없는 단점이 있다. 최근에는 다이버장비를 이용하여 채취하는 방법을 주로 하는데 다양한 시료와 비교적 깊은 수심($20 \sim 30\,\mathrm{m}$)에 서식하는 해조류를 채취할 수 있는 이점이 있다.

다. 시료의 운반과 보관

채집된 시료는 채집통에 넣어 얼음주머니나 얼음을 채워 저온상태에서 가능한 한 즉시 운반하는 것이 좋다. 어떤 해조류는 공기 중에 두면 색택이 변하거나 다른 해조류의 색택도 변하게 한다. 간혹 홍조류 중에는 공기 중에 나오면 녹는 종류도 있으며, 시료의 장기간 보존을 위해서는 건조하거나 동결을 하게 되는데, 동결 후 시료로 사용하기 위해서 해동하면 형체를 알아볼 수 없을 정도로 부서지는 경우도 많아 실험하고자 하는 조건에 따라서 주의하지 않으면 안 된다.

라. 표본 제작

시료의 정확한 동정을 위해서는 반드시 표본을 만들어 두어야 한다. 일반적으로 해조류는 고르게 펼친 시료를 신문지나 흡수지 사이에 넣어 압착하여 건조하는 방법과 포르말린이나 70% 정도의 알코올에 침지하는 액침방법이 있는데, 압착 건조하는 경우에는 외형이나 색의 보존상태가 양호하나 내부구조가 파괴되는 단점이 있고, 액침의 경우에는 내부구조는 잘 보존되지만 변색되기 쉬운 등 두 가지 방법 모두 장단점이 있어 실험자가 잘 선택하거나 병행할 필요가 있다.

2) 어류 및 무척추동물

어류의 경우, 대상 어종에 따라 저인망, 트롤, 기선권현망, 채낚기, 안강망 등 어획방법이 있고, 오징어, 문어, 낙지 등과 같은 두족류는 자망, 주낙, 채낚기

등의 방법을 사용하며, 갑각류 중 게와 같은 경우에는 통발을 사용하여 주로 잡고, 새우류 등은 조망과 같은 방법으로 채집한다. 또한 패류의 경우에는 형망이나 채취기를 통해서 채집한다. 이들 생물들은 대부분이 무리를 이루고 있기 때문에 이미 다양한 어획방법이 개발되어 있어 별도의 채집방법을 이용하기보다는 기존의 개발되어 있는 여러 가지 어획방법을 통해 어획된 시료를 현지에서 구입하거나 어민들에게 직접 부탁하는 방법이 가장 손쉬운 방법이다.

그러나 이러한 시료들은 어획방법에 따라 시료의 상태가 좋지 않거나 어획 후 상당한 시간이 경과된 것도 있으므로 세심한 주의가 필요하다. 시료는 구입 즉시 동결보관하거나 드라이아이스 혹은 얼음주머니 등으로 보관하여 운반하여야 하고, 시료의 동정을 위한 표본의 제작에는 10% 정도의 포르말린 해수에 넣어 보관한다. 개체의 크기가 클 경우에는 포르말린 원액을 육질 안쪽에 주사하여 부패를 방지하여야 한다.

3) 플랑크톤

플랑크톤 시료의 경우는 망목 크기가 다른 여러 종류의 플랑크톤 그물을 이용하여 선상이나 현장에서 해수를 여과하여 채집한다. 동물 플랑크톤은 보통 100 메쉬 이상을, 식물 플랑크톤은 20 메쉬 정도를 이용한다. 다량의 시료를 채집하기 위해서는 망목이 큰 것에서부터 적은 것에 이르기까지 순차적으로 연결하여 해수를 통과시키면 각 크기별로 시료를 모을 수가 있다. 20 µm보다 작은 크기의 플랑크톤은 여과 시 해수 중의 흙과 같은 이물질이 먼저 망목을 막아 여과가 잘 되지 않으므로 해수를 그대로 실험실로 가져와 연속 원심분리기로 분리하던지 하는 것이 좋다.

4) 미생물

미생물이라도 종류나 채취원에 따라 여러 가지 방법을 쓰고 있다. 일반적으로 해수나 저질로부터 채취 시는 여러 가지 채수기나 채니기로 멸균된 통에 담아 실험실로 운반한 후, 그대로 희석하여 멸균 해수가 함유된 평판에서 또는 3일 정도 증균하여 평판 배지에서 분리한다. 곰팡이 등은 해수 중에 떠 있는 나무판이나 야자 열매, 해조 등에서 자실체를 확인하여 채취하거나, 해양에서 채취한 저질이나 모래 등에 멸균된 나무판을 넣어 두어 곰팡이가 접착면에 자라게 하여 분리하기도 한다. 방선균의 경우는 세균보다 증식 속도가 늦어 분리하는 데 시간이 많이 걸린다. 몇 가지 방선균 분리에 쓰이는 배지를 보면 다음과 같다(표 3-2).

표 3-2. 해양 시료로부터 방선균의 분리

방 선 균	분 리 배 지	배양 조건
Streptomycetes	전분, 카제인, 해수, 한천	25℃, 3주간
Actinoplanetes	콜로이드상 키틴, 해수, 한천	25℃, 4주간
Actinomadurae	글루코오스, 효모엑기스, 한천, 리팜피신	30℃, 3주간
Micromonosporas	cellulose, asparagin, 해수, 한천, novobicin	18℃, 10주간
Nocardiae	DST한천, mesacyclin	25℃, 4주간
Rhodococci	해수, 한천	18℃, 10주간
Thermoactinomycetes	Zapek, 효모엑기스, 한천, casamino acid, tyrosine, novobiocin	55℃, 3일간

이와 같이 분리한 미생물들은 각각의 생육 조건에 맞는 배지에서 대량 배양하여 시료를 얻게 된다. 분리한 미생물은 플라스크에서 소규모로 배양하여 활성을 조사하거나 증균하여 둔 다음 1ℓ 이상의 전용 배양 플라스크 여러 개를 이용하거나 10ℓ 이상 대형의 경우는 플라스틱 용기를 사용한다. 산소를 필요로 하는 경우는 별도의 산소 발생기나 순환 장치를 하고, 무균 공기가 들어가도록 micro filter를 부착한다. 한꺼번에 대용량을 하는 것 보다는 여러 개로 나누어 하는 것이 오염의 위험 부담도 적고 다루기도 편리하다. 최근에는 자동으로 온도, pH, 영양분이 공급되어 배양되는 대용량의 자동 배양장치를 많이 이용한다.그러나 이 경우에는 예기치 않은 이유로 배지 전체가 오염될 위험성도 있음을 감안하여야 한다.

한편 대량으로 배양하여 원심분리 등으로 수확을 할 경우, 균체나 조체만을 쓰는 경우도 있으나 의외로 배양액 중에 활성 물질을 배출하는 것도 많으므로 배양액도 반드시 활성을 조사해 보아야 한다.

2-2. 서식장소에 따른 채집방법

1) 조간대에 서식하는 생물

통상 조간대는 물이 들어와 있을 때에는 수면 하에 있어 보이지 않다가 물이 빠지면 보이게 되는 곳으로 예기치 않은 많은 위험 요소들이 존재한다. 미끄러운 바닥과 울퉁불퉁한 바위, 날카로운 조개껍질이나 웅덩이, 해조류에 덮여 있어 바닥이 보이지 않는 점과 갑작스런 큰 파도의 위험 등 개인의 안전을 위하여 위험에 대비한 행동이 필요하며, 미끄러지지 않는 신발과 장갑을 착용한다. 또 물이 빠지는 시간과 들어오는 시간을 확인하여 최대로 물이 빠지기 1시간 전후에 신속하게 채집을 한다.

암반 조간대 채집 시에는 채집 대상생물에 따라 준비하여야 하는 장비가 다르므로 채집하고자 하는 지역의 지형과 종류를 확인한다. 해조류와 암반에 붙어 있는 생물들을 채집하고자 할 때는 끌칼 종류를 준비하여야 하며, 유영하는 생물들을 채집하고자 하면 물웅덩이가 발달되어 있는 곳을 중심으로 채집하는 것이 유리하다. 물웅덩이 채집 시는 작은 뜰채를 이용하거나 낚시를 이용하는 것이 편리하다. 모래와 자갈로 덮인 조간대는 긴 장화를 준비하여 물이 들어왔을 때를 대비하여야 하며, 돋보기, 투명한 플라스틱 병이나 상자를 이용하거나, 물이 빠졌을 경우는 핀셋을 이용하여 채집하는 것이 편리하다.

2) 조하대에 서식하는 생물

일반적으로 해녀들이나 스킨 장비로써 바닷물 속에 들어갈 수 있는 수심은 30 m 이내이다. 바위에 부착되어 있는 생물들은 그물과 같은 장비로 채집하기 힘들기 때문에 이곳에 서식하는 생물을 채집하기 위해서는 반드시 공기통을 등에 메고 들어가는 스쿠버 장비를 이용하지 않으면 안 된다. 바위에 부착하여 생육하는 해양생물로는 해조류를 비롯하여 해면(sponge), 말미잘, 히드라, 이끼벌레, 고둥류, 불가사리, 바다맨드라미, 군소, 멍게 등의 다양한 생물종이 분포하고 있다. 이들의 채집을 위해서는 채집용 칼이나 채취기, 시료를 담을 주머니, 메모장, 수중카메라 등이 필요하다. 시료를 채집하기 전에 사진으로 찍어

두고, 채취수심, 장소, 날짜 등을 메모하여 두며, 물 밖으로 나왔을 때의 시료의 외관, 색택, 조직감, 냄새 등의 상태를 자세히 적어 두어야 시료를 분류하는 데 편리하다. 해면의 경우 외관의 형태로 종 분류를 할 수 없고 반드시 골편분석이나 종 분류 전문가의 도움을 얻어야 된다. 일반적으로 이와 같은 장비를 이용하여 채집할 수 있는 수심은 대략 70 m 부근으로 그 이상의 수심에서 시료를 채취하는 것은 고도로 숙련된 전문가만이 가능하다.

3) 깊은 바다에 서식하는 생물

인간이 직접 잠수하여 채취할 수 없는 곳에서의 시료를 채취할 때에는 형망이나 저층트롤 등을 이용하여 바닥을 끌면 저질에서 서식하는 해삼, 후새류, 연산호, 해면뿐만 아니라 해변 가까이에서 볼 수 없는 특이한 생물을 간혹 구할 수가 있다. 동해안의 경우 수심이 300 m에서 1,000 m 이상이 되는 곳이 많은데, 이러한 곳에서 게 통발이나 트롤에 의해서 채집되는 생물 중에는 독특한 종류가 있다. 이러한 곳에서 생물을 채집하는 것은 상당히 어려우며 수산과학원, 해양연구원 및 수산계 대학교의 조사선을 통해서 간혹 시료를 구하는 것이 가능하며, 통발어업을 하는 어민들에게 부탁하는 방법도 있다.

그러나 심해에서 채집되는 생물들 중에는 생물분류 전문가들에 의해서는 분류가 안 되는 종류가 많다. 플랑크톤과 같은 작은 생물이나 심층미생물 등과 같은 시료를 채취하기 위해서는 미세한 현미경적인 크기를 가진 생물을 채취하기 위한 네트나 채니기를 이용하기도 한다.

4) 갯벌에 서식하는 생물

우리나라 서해안 및 남해안 일부에는 광활한 갯벌이 있는데 여기에 서식하는 생물종으로는 패류, 갯지렁이와 같은 환형동물, 말미잘, 바다선인장, 쏙과 같은 갑각류 등이 있다. 갯벌에서 서식하는 생물 중 바지락, 동죽 등과 같은 패류는 갯벌에 비교적 얕은 구멍을 파고 살아 호미, 갈고리 또는 채취기 등을 통해서 비교적 쉽게 채집이 가능하지만, 게나 쏙과 같은 갑각류들은 30 cm에서 1 m 정도의 깊이에서 구멍을 파고 살고 있어 특별히 고안된 채취용 막대를 이용하거나 소금을 입구에 넣어서 구멍 입구로 나오게 유도하여 잡는 방법이 있다. 한편 낙지 등은 비교적 깊은 곳에서 구멍을 파고 있기 때문에 삽이나 별도로 고안된 도구를 이용하여 잡기도 한다.

3. 물질의 추출

해양에서 어렵게 채취한 귀중한 시료들로부터 물질을 분리하는 최초의 단계가 추출이다. 어떠한 용매나 방법으로 경제적이고 효율좋게 물질을 추출하느냐에 따라 이후 물질의 분리정제에도 큰 영향을 주게 된다. 불필요하게 많은 용매를 쓰거나 장시간 추출하는 것은 추출은 잘 될 수 있으나 불필요한 물질까지 추출되어 분리정제를 오히려 어렵게 하며, 반대로 적은 양의 용매로 단시간 추출하게 되면 물질이 충분히 추출되지 않게 된다. 또 처음부터 수분이 많은 생시료에 비극성 용매를 넣어 추출하게 되면 세포 내까지 용매가 침투하지 않아 추출이 잘 되지 않는다.

생체 내에서 물질의 이동이나 반응은 물에 어느 정도 이상 친화력을 가진 성분이라야 가능하므로 일반적으로 활성을 가지는 물질들은 활성을 나타낼 만한 관능기가 전혀 없는 것으로서 극단적으로 비극성이거나 극단적으로 수용성인 것은 거의 없다. 따라서 추출 용매의 경우도 너무 극성이거나 비극성일 필요는 없으며, 이러한 물질들은 분리정제 과정에서 제거하게 된다.

이미 시료 중에 들어있는 목적하는 성분이나 물질을 알고 있는 경우는 쉽게 어떤 용매를 쓸 것인가를 결정 할 수 있으나, 물질의 구조나 성질을 알지 못할 경우에는 여러 가지 용매를 써보는 시행착오법을 통하여야 적당한 용매의 선택이 가능하다.

3-1. 추출을 위한 시료의 전처리

실험에 사용하는 시료는 가급적 신선한 상태에서 사용하는 것이 가장 이상적이나 현실적으로 채집 장소, 시료의 운반에 따른 성분의 분해 등과 같은 화학성분의 변화가 일어날 수 있다. 따라서 시료는 채취 즉시 드라이아이스나 얼음 등으로 냉동 또는 냉장하던가 하여 신속히 실험실로 운반하여 동결고에 보관하거나 실험에 사용하여야 한다. 식물 시료는 가능한 한 빨리 건조하여야 장기간 보존이 가능하다. 때에 따라서는 시료를 뜨거운 알코올에 집어넣는 방법도 행해지고 있다. 또한 연구재료에 대해서는 반드시 정확한 채집 장소, 시간, 시료의 외관(색택, 냄새, 촉감, 형태), 시료의 촬영 등을 행하고 일지를 반드시 적어 두어야 한다. 이것은 나중에 목적으로 하는 물질을 분리하는 데 중요한 정보를 얻을 수도 있으며, 다른 시료와 섞이지 않도록 주의를 하여야 한다. 채취된 시료는 반드시 표본으로 만들던지 혹은 소량의 시료를 건조, 동결 또는 알코올 등에 보관하여 두고, 정확한 감정을 하여야 한다.

　시료의 분류를 위해서 전문가에게 의뢰하여 정확한 분류를 행해야만 오판의 소지를 없앨 수 있고, 분리하고자 하는 물질의 정보제공과 함께 분리한 물질이 새로운 물질이거나 분리한 물질이 알려져 있더라도 새로운 종에서 얻어졌다면 중요한 자료가 될 수 있는 것이다.

3-2. 용매에 의한 물질의 추출

　물질의 추출, 분획과 분리정제는 시료에서 천연물을 추출하는 일련의 과정으로서 별도의 과정이라고 구분하기는 어렵다. 추출이나 분획도 분리정제의 일부라고 볼 수 있으나, 여기서는 별도로 나누어 설명하도록 한다. 일반적으로 많이 쓰이는 방법은 각종 고체 시료에서 액체 용매를 이용한 추출을 이용한다.

　시료에서 특정성분을 추출하고자 할 때 가능하면 시료를 잘게 자르거나 동결건조하여 분쇄하는 것이 가장 좋은데, 이는 추출에 소요되는 용매량을 줄일 수 있을 뿐만 아니라 추출 수율도 향상될 수 있고, 극성용매의 추출 후 농축할 때 수분함량이 적어 농축하기에 훨씬 수월해지는 이점이 있다.

　냉동하여 둔 시료는 꺼내어 해동한 후, 협잡물을 제거하고 마쇄하거나 필요한 부분만을 절취하여 마쇄한다. 시료에 따라서는 완전히 해동하면 육질이 질겨서 마쇄가 잘 안 되기도 하는데, 이 경우는 해동하지 않고 약간 얼은 상태에서 마쇄하는 것이 더 효과적이다.

마쇄한 습시료의 경우는 보통 시료량의 3배 정도의 용매를 넣어 마쇄하거나 흔들어 30분 이상 방치하여 시료로부터 물질이 충분히 용출되어 나오도록 하며, 용출된 것은 적당한 여과장치나 원심분리기로 여과한다. 아세톤이나 메탄올 등으로 최초 추출한 추출물을 여과할 경우, 용매량이 2배 이하인 경우는 점성이 높아 일반적인 수류 펌프에 의한 감압 여과 시 여과지가 금방 막혀 버려 여과하는 데 많은 시간이 소요되며, 진공이 너무 강하면 여과지에 구멍이 생겨 여과가 되지 않는다. 이런 경우에는 용매를 충분히 추가하거나 여과 조제를 사용하기도 한다.

건조 시료의 경우는 수분함량이 적고 세포가 수축하여 5배 이상의 용매를 넣고 세포 내에까지 용매가 충분히 스며들어 추출 될 때까지는 수 시간 이상 소요되며 하루 이상 방치하기도 한다. 용매량은 무조건 많다고 좋은 것이 아니라 경제적인 면과 시간을 감안하면 시료가 충분히 잠길 정도에서 추출되어 나오는 상태를 보아 적당히 용매량을 조절하고, 한 번만 할 것이 아니라 3회 정도 반복 추출하는 것이 좋다.

추출에 사용되는 용매로서는 극성이 다른 여러 가지 용매들이 있으며, 경우에 따라서는 두 가지 이상을 혼합하여 쓰기도 한다. 계통적인 추출 순서는 비극성용매부터 극성용매로 순차 추출에 의해서 추출하는데, 이것은 비극성 용매로 우선 추출하면 시료 중에 있는 불필요한 지방, 납, 수지, 정유등과 같은 지용성 성분을 분리 제거하거나 이용할 수 있으며, 어떤 특정 성분이 어떤 용매 획분에 들어 있는가를 확인함으로써 그 성분의 화학적 특성의 추정이 가능하고, 다음에 행해질 정제 및 구조해석에 많은 정보를 제공할 수 있다. 극성의 순서를 보면 석유에테르 < 헥산 < 벤젠 < 클로로포름 < 메틸렌클로라이드 < 에테르 < 에틸아세테이트 < 아세톤 < 부탄올 < 이소프로판올 < 에탄올 < 메탄올 < 물 등의 순으로 극성이 강하고, 추출 시 가온하고자 할 때는 추출효과와 성분의 변화 가능성을 고려하여 결정하여야 한다. 그러나 수분함량이 많은 습시료의 경우는 처음부터 물과 섞이지 않는 비극성 용매로 추출하려면 추출이 잘 되지 않는다. 이 경우에는 먼저 물과 친화력이 큰 아세톤이나 알코올로 추출하여 용매를 제거한 후 액-액 분배 과정에서 분리하는 것이 더 효과적이다.

고체시료를 용매에 대한 용해성을 이용하여 추출하는 것으로, 추출을 가장 효율 좋게 행하기 위해서 주의해야 할 사항들을 다음에 정리하였다.

① 추출된 물질에 대한 용해성이 높은 용매를 선택한다. 즉 대상 생물로부터 모든 성분을 추출할 수 있는 용매 또는 원하는 성분만을 추출할 수 있는 용매를 선정한다. 추출하고 싶은 물질이 비극성 유기용매에 녹기 쉬운 지용성물질이면 석유에테르 등의 탄화수소, 헥산, 클로로포름, 에테르 등과 같은 유기용매를, 당류나 아미노산과 같이 물에 녹기 쉬운 물질이면 물과 같은 극성용매를 사용한다. 메탄올이나 아세톤 등의 비교적 극성이 높은 유기용매는 폭 넓은 물질군에 대하여 높은 용해성을 나타내기 때문에 고체추출 용매로 특히 많이 이용되고 있다. 클로로포름은 알카로이드와 반응성이 있기 때문에 용매를 선정할 때 고려해서 반응성이 낮은 용매를 결정하는 것도 중요하다.

② 추출할 때 고체와 용매를 잘 접촉시키는 것도 중요한 조건이다. 먼저 추출하고자 하는 시료를 잘 건조할 필요가 있다. 건조가 되지 않는 시료는 그 속에 존재하는 수분으로 인하여 유기용매 추출이 어렵고, 부피가 커지면 유기용매 사용량이 많아지게 되는 단점이 있다. 그러나 일반적인 건조방법, 즉 열풍건조, 천일건조 등과 같은 방법을 사용하면 시료 내 특정성분의 소실 또는 변화를 일으킬 수도 있기 때문에 동결 건조나 진공동결건조를 하는 것이 가장 좋다. 이렇게 건조한 시료를 분쇄하여 작은 입자로 만들어 표면적을 크게 하여 용매와의 접촉을 원활하게 할 필요가 있고, 추출 시 잘 교반하는 것이 좋다. 천연물을 시료로부터 추출할 때에 동결 전 시료를 적당량의 용매와 섞은 후 강력한 블렌더를 사용하여 시료를 분쇄하는 동시에 교반하여 용매 추출하는 방법도 자주 사용된다.

③ 용매추출 시 극성이 낮은 용매에서부터 극성이 높은 용매 순으로 추출하는 것이 좋다. 일반적으로 비극성용매로 추출하면 지방이나 지용성색소와 같은 세포막 외부에 존재하는 천유성 물질이 추출되고, 극성용매는 세포막을 파괴할 수 있으므로 세포막 내의 물질도 추출할 수 있다.

④ 일반적으로 물질의 용해도는 온도에 비례하여 상승하는 것이 보통이다. 따라서 고온의 용매추출은 추출효율을 높이게 된다. 물에 의한 추출은 개방상태에서 가열하는 것이 가능하지만 유기용매의 경우에는 환류냉각기를 붙인 플라스크 등을 사용하여 열추출한다. 다만 열추출을 행하는 경우에는 추출하는 물질의 열에 대한 안정성을 충분히 고려할 필요가 있다.

⑤ 이상의 추출조작을 반복하여 행한다. 1회의 추출조작 중 용매에 물질이 포화하여 버린다든지, 물질이 용매 중에의 용해가 불충분한 경우가 많아 한 번의 추출 조작으로 시료 내 모든 성분의 추출이 불가능하다. 따라서 1회의 추출에서 얻어진 용매와 고체의 혼합물로부터 여과 혹은 경사법에 의해 용매와 고체를 분리한 후 남은 고체시료에 새로운 용매를 가하여 재추출을 반복할 필요가 있다. 또한 추출 시 같은 용매를 사용하더라도 일시에 1회 추출하는 것보다 2~3회 나누어 추출하는 것이 효율 면에서 양호하다.

일반적으로 많이 사용하는 용매들의 극성도를 순서대로 표 3-3에 나타내었다. 어떤 물질을 추출하는 데 있어서 어떠한 용매가 적당한지는 극성도와 비교하면 많은 도움이 된다. 극성도가 0에 가까우면 물과 잘 섞이지 않는 비극성이 큰 것을 의미하며, 극성도의 수치가 클수록 극성이 강한 물에 가까운 성질이 되는 것을 의미한다. 혼합 용매를 만들 경우에도 극성도가 4 이내의 유사한 것이 아니면 두 층으로 분리되어 버린다.

물은 극성이 가장 큰 특수한 용매이고 또한 메탄올, 에탄올, 아세톤, tetrahydrofuran, dioxane 등도 극성이 높은 용매이며 물과 어떠한 비율에서도 잘 섞인다. 에테르, 초산에틸, 클로로포름 등은 극성이 그다지 높지 않고 물과 혼합했을 경우에 두 층으로 나뉘며, 다소 낮은 온도에서 끓기 때문에 증발하기 쉬운 등의 이점으로 추출용매로 가장 많이 사용된다. 사염화탄소, 벤젠, 석유에테르 등은 극성이 상당히 낮아 물과는 혼합되지 않고 탄화수소나 유지와 같이 극성이 낮은 물질의 추출에 사용된다. 또 특수하게 혼합하지 않는 용매계로서 함수메탄올-벤젠 혹은 함수메탄올-클로로포름(혹은 사염화탄소)의 계를 사용하는 경우도 있다. 아세톤은 물과 혼합되지만 무기염류를 가하면 물층과 아세톤층이 분리하기 때문에 이 계도 물질의 추출에 사용되는 것이 가능하다. 함수메탄올-

벤젠(클로로포름, 사염화탄소)을 사용하는 경우 메탄올 중 물의 함량을 증감
시킴으로써 분배계수를 적당히 변화하는 것도 가능하다. 물과 유기용매의 조
합에 있어서도 물에 다량의 무기염을 녹여 물의 극성을 높여서 분배계수를 변
화시키는 방법도 있다.

표 3-3. 용매의 종류에 따른 극성도 및 끓는점

극성도	용　매	끓는점($^\circ$C)	극성도	용　매	끓는점($^\circ$C)
0.0	Heptane	98.4	3.9	Iso-propanol	80~82
0.0	헥산	68~69	4.0	n-부탄올	116~118
0.0	Pentane	35~36	4.0	Tetrahydrofuran	66.0
0.2	Cyclohexane	80.7	4.0	n-Propanol	96~98
1.0	Trichloroethylene	86.7	4.1	클로로포름	60~61
1.6	Carbontetrachloride	76.7	4.4	에틸아세테이트	77~78
2.2	Diisopropylether	-	4.7	2-Butanone	-
2.4	톨루엔	109~111	5.1	아세톤	56~57
2.5	Methyl-t-buthylether	55.2	5.1	메탄올	64.7
2.5	Xylene	139.3~144	5.2	에탄올	78.5
2.7	벤젠	80.1	5.8	아세토니트릴	81~83
2.8	Diethylether	34.6	6.2	초산	118
3.1	Dichloromethane	-	6.4	N,N-Dimethylformamide	153
3.5	1,2-Dichloroethane	-	7.2	Dimethyl sulfoxide	189
3.9	n-Butyl acetate	125~126	9.0	물	100

한편 추출액의 농축에는 진공 회전농축기를 주로 사용하는데, 농축 수기에
추출액을 수기 용량의 반 이하로 넣어 40°C 이하의 가능한 낮은 온도에서 용매
를 제거해야만 시료 중의 성분변화가 적게 일어난다. 농축 속도는 수기 표면적,
회전 농축 시 회전 속도와 진공도, 수조의 온도 등 여러 가지 요인에 영향을 받
는데, 농축을 얼마나 신속하게 잘 하는가는 농축기의 종류나 실험실 여건에 따
라 경험에 의한 기술이 필요하다.

특히 농축 시 가장 문제가 되는 것은 기포의 발생이다. 어떤 시료나 용매에
따라서는 진공이 걸리기 시작하면서 농축 수기에 기포가 발생하기도 하며, 어

떤 경우는 용매가 거의 다 증발되어 버리는 시기에 기포가 발생하여 힘들여 농축한 액이 용매 수기에 넘쳐버려 다시 농축해야 하는 문제가 발생하기도 한다.

일반적으로 농축 초기와 용매가 거의 다 증발되는 시기에 기포가 많이 발생하므로 이 시기를 잘 보아서 진공을 조절하거나 부탄올 또는 적당한 소포제를 소량 첨가하면 효과가 있으며, 용매가 먼저 증발하고 물만 남게 되면 증발 속도가 떨어져 시간이 많이 소요된다. 이럴 경우에는 부탄올이나 에탄올 등을 적당히 첨가하여 공비현상을 이용하면 시간을 절약할 수 있으며, 수증기 등에 의한 비산과 승화성 물질의 휘산에도 주의를 해야 한다.

3-3. 초임계 가스 추출

물질은 기체와 액체가 공존할 수 없고 고유의 임계점이 존재하는데, 이 영역의 유체를 초임계 가스 또는 초임계 유체(Super Critical Fluid)라고 한다. 최근에 개발된 추출 방법 중의 하나가 이 초임계 가스를 이용한 추출 방법이다.

일반적으로 액체와 기체의 두 상태가 서로 분간할 수 없게 되는 임계상태에서의 온도와 이때의 증기압을 임계점이라고 한다. 기체는 임계온도 이하로 온도를 내리지 않는 한 아무리 압력을 가하여도 액화되지 않는다.

따라서 초임계 유체란 "임계온도와 압력 이상에 있는 유체"로 정의되며 기존의 용매에서는 나타나지 않는 독특한 특징을 갖고 있다(그림 3-2). 용매의 물성은 분자의 종류와 분자 사이의 거리에 따라 결정되는 분자간 상호작용에 의해 결정된다. 따라서 액체 용매는 비압축성이기 때문에 분자간 거리는 거의 변화하지 않아 단일 용매로서는 커다란 물성의 변화를 기대하기 어렵다.

이에 비해 초임계 유체는 밀도를 이상기체에 가까운 희박상태에서부터 액체 밀도에 가까운 고밀도 상태까지 연속적으로 변화시킬 수 있기 때문에 유체의 평형 물성(용해도), 전달 물성(점도, 확산계수, 열전도도)뿐만 아니라 용매화 및 분자 clustering 상태를 조절할 수 있다. 따라서 이러한 물성 조절의 용이성을 반응과 분리 등의 공정에 이용하면 단일 용매로 여러 종류의 액체용매에 상응하는 용매 특성을 얻을 수 있다. 즉 압력과 온도를 변화시킴으로써 물성을 원하는 상태로 조율할 수 있다.

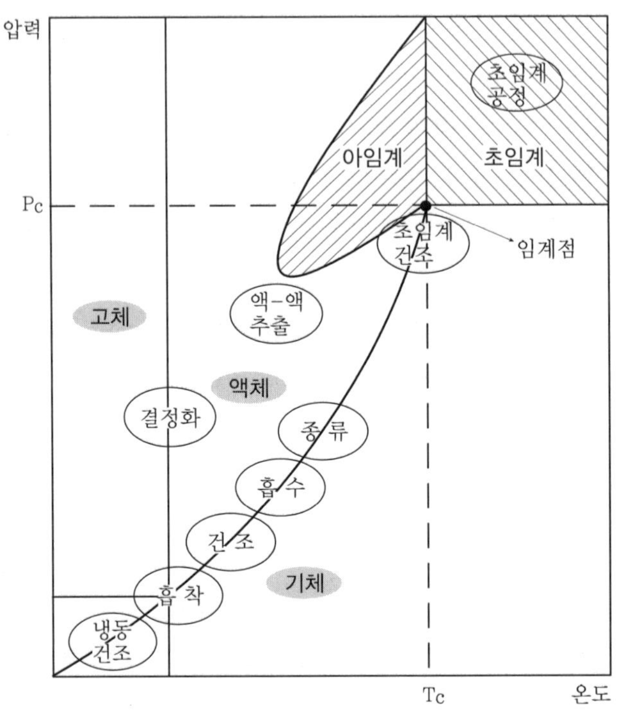

그림 3-2. 초임계 가스의 온도와 압력

　초임계 가스의 밀도는 거의 액체와 같고, 점도는 거의 기체와 같다. 또 확산계수는 액체의 약 100배 정도나 크고 액체와 기체의 중간에 위치하고 있다. 밀도가 크면 물질에 대한 용해력이 증대되기 때문에 초임계 가스는 액체에 가까운 용해력을 나타내고, 또 액체에 비해서 점도가 적고 확산계수가 크기 때문에 용매의 침투성이 좋다. 물질의 이동속도가 빠르기 때문에 단시간에 효율적으로 추출 할 수 있는 방법이라 할 수 있다.

　동·식물 등의 천연물 중에, 특히 향기 성분은 저분자로부터 수지상의 고분자까지 폭 넓은 분자량을 가지고 있으며, 화학적으로, 열적으로 약간 불안정하고 상당히 복잡한 다성분 혼합물을 형성하고 있다. 천연물로부터 향료 소재를 추출하는 경우 어떤 성분은 열에 의해서 변화하기 쉽고, 또 저비점의 방향 성분이 소실될 우려도 많다. 또한 추출하여 얻은 성분 중의 잔존 용매취를 완전히 제거할 필요가 있다. 이때는 상온 부근에서 무독성의 이산화탄소를 사용한 초임계 가스 추출법을 사용하면 아주 효과적인 수단이 될 수 있다.

초임계 가스 중 천연물 분리에 주로 사용되는 것은 이산화탄소로서, 무색, 무취, 무독성으로 임계 온도가 31.1℃로 초임계 압력 73.8 atm이다(표 3-4).

표 3-4. 여러 가지 용매들의 임계온도와 임계압력

용　　매	임계온도(℃)	임계압력(atm)
이산화탄소	31.1	72.8
Ethane	32.3	48.2
Ethylene	9.3	49.7
Propane	96.7	41.9
Propylene	91.9	45.6
Cyclohexane	280.3	40.2
Isopropanol	235.2	47.0
벤젠	289.0	48.3
톨루엔	318.6	40.6
p-Xylene	343.1	34.7
Chlorotrifluoromethane	28.9	38.7
Trichlorofluoromethane	198.1	43.5
암모니아	132.5	111.3
물	374.2	217.6

비교적 상온에 가깝기 때문에 상온 또는 저온의 압축 상태의 초임계 이산화탄소를 용매로 사용하여 유용 성분을 추출함에 따라 원료 물질 특유의 향과 열에 약한 유용 성분의 손실을 원천적으로 봉쇄하는 장점이 있으며, 유기 용매를 사용하지 않음에 따라 추출물 내에 인체에 유해한 유기 용매의 잔존량이 전혀 없는 인체 친화적인 공정이고, 폐기되는 유기 용매가 없는 환경 친화적인 공정이라는 장점도 가지고 있다. 또 초임계 상태의 이산화탄소는 온도 및 압력의 미세 변화에 따라 용해력과 같은 물리적인 성질을 급격하게 변화시킬 수 있으므로, 원료 천연물 내의 유용 성분 중에서도 특정한 성분의 함량을 증가시키거나 감소시키는 선택적인 추출이 가능하다는 특징도 가지고 있다.

액체 추출법은 용매의 화학적 친화성에 따른 용해력의 차이를 이용한 분리

법이고, 수증기 증류법은 증기압차를, 초임계 가스 추출법은 이들 양자의 작용 원리를 병용한 추출 방법이라고 할 수 있다.

　추출 공정은 가스 또는 액체 상태 이산화탄소의 압축 → 추출 → 감압 팽창 → 분리 → 압축 순환의 공정으로 이루어진다. 먼저 추출 장치에 천연물 원료를 투입한 후 시스템 내부를 완전 밀폐시키고, 가스 또는 액체 상태의 이산화탄소를 주입하여 가압한다. 가압 과정에서의 이산화탄소는 특정 성분에 대한 용해도를 최대화 할 수 있는 조건의 온도 및 압력을 유지하게 되며, 추출기 내부에서 원료 물질과의 접촉에 의하여 유용한 성분을 추출하게 된다. 추출된 유용한 성분을 함유하고 있는 이산화탄소는 감압 밸브를 통하여 감압 팽창되어 유용 성분에 대한 용해도가 급격히 저하됨에 따라 유용 성분과 이산화탄소로 분리되며, 이때 분리된 이산화탄소는 다시 압축, 재순환하게 된다.

3-4. 액-액 분배

　해양생물 시료에서 용매로 추출한 용액을 농축하여 얻은 조추출액은 심하게 착색되어 있을 뿐 아니라 용매에 녹지 않는 일부의 성분들이 여과에서 제거되었다 하여도 수용성인 각종 염류에서부터 비극성의 지질, 탄화수소에 이르기까지 생체 성분을 구성하는 온갖 성분들이 혼합하여 존재한다. 이러한 조추출액에서 극히 미량인 활성물질만을 분리하려면 추출액을 그대로 크로마토그래피에서 분리해서는 안 된다. 적어도 크로마토그래피에서 정제하기 위해서는 여러 단계를 거쳐 어느 정도 불순물들을 제거한 다음에 사용해야 효과적인 분리가 가능하다. 조추출물 단계에서는 제일 먼저 활성 물질이 수용성인가 아니면 지용성인가로 나누는 방법이 쓰이는데, 여기에 적용하는 방법이 액-액 분배를 통한 분리이다.

　비중 차이가 큰 두 용매를 섞어 두면 용매는 비중의 차에 따라 두 층으로 나뉘게 된다. 이 두 가지의 용매에 추출물을 녹이면 이들은 각각 용매에 대한 친화성에 따라서 녹지만, 일정 조건 하에 있는 각 물질의 두 액상에 대한 용해성의 비율,즉 분배는 각각 다르다. 그 차를 이용하여 분리를 행하는 방법이 다상

간의 분배에 토대로 하는 분리법으로서, 액상의 수는 두 가지 종류가 아니어도 되지만 보통 사용되는 것은 분액여두를 사용한 간단한 분획법이다.

이들을 좀 더 발전시킨 것이 향류분배법, 분배 크로마토그래피법이며, 두 액상간의 분배를 근거로 하여 분리를 행하는 가스 크로마토그래피이다. 다상간의 분배를 토대로 한 분리법은 취급이 간단하고 미량의 물질로부터 상당히 대량의 물질에까지 적용이 가능하며 광범위한 유기화합물에 대해서 적용될 수 있는 것으로 저분자 유기화합물의 분리법으로서 가장 많이 사용되는 기본적인 방법이다.

이 단계에서 우선 사용하는 것이 수용싱 물질과 비수용성 물질의 분리를 위한 분배이다. 헥산과 함수메탄올, 할로겐 계통의 용매와 40% 이하의 함수메탄올, 에틸아세테이트와 물, 에테르와 물 및 부탄올과 물은 이들을 분리하기 위한 분배용 혼합 용매계이다. 용매로서 에테르와 물을 사용한 경우 유지류는 일반적으로 상층에, 당류는 하층에 분배한다.

간단한 용매 추출 조작만으로도 이러한 방법을 적당히 조합시킴으로써 물질의 분리, 정제를 효과적으로 진행하는 것이 가능하다. 용질로서 두 종류 이상의 물질이 존재할 경우 적당한 용매계를 선택하면 용질의 상, 하층의 분리가 가능하다. 예를 들면, 고급지방산, 저급지방산의 혼합물의 경우 이것을 헥산에 현탁 내지 용해시킨 경우 헥산용액을 물로 추출하면 고급지방산은 헥산층에 녹고 저급지방산은 물층으로 이행한다. 이어서 물층을 초산에틸로 추출하면 저급지방산은 유기용매에 이행하므로 고급지방산과 저급지방산은 분리가 가능하게 된다.

이와 같이 두 종류 이상의 용매로 순차추출을 행하는 조작은 불순물이나 협잡물의 제거에 자주 사용된다. 예를 들면, 식물체의 메탄올 추출물에서 메탄올을 제거하고 남은 추출물을 석유에테르나 벤젠 등의 비극성용매로 추출하여 유지나 클로로필 등을 제거할 수 있고, 이어서 클로로포름, 초산에틸 등을 사용하여 추출, 분획하는 방법이 행해지고 있다.

저자들의 실험실에서 사용하는 계통적 분배의 예를 들면 다음과 같다. 먼저, 조추출물은 충분한 양의 80% 메탄올에 녹여 분액여두에 넣고, 여기에 동량의

헥산을 가하여 격렬하게 흔들어 방치하면 불과 수 분 이내에 위에는 헥산, 아래는 80% 메탄올층으로 분리되는데, 완전히 분리하기 위해서는 1시간 정도 방치하여 둔다. 분리된 헥산 층은 따로 받아두고 80% 메탄올 층에 다시 헥산을 넣어 분배를 반복한다. 2회째도 역시 분리된 헥산 층을 받아 두고 80% 메탄올 층에 헥산을 넣어 분배한다. 이와 같이 3회에 거쳐 분리한 헥산 층은 합하여 농축한다. 이때 색깔이 너무 진하여 층의 구분이 어려운 경우도 있는데, 이 경우는 회중전등을 비추어 자세히 보면 분리된 경계면을 확인할 수 있으며, 사용한 헥산량을 알아두면 편리하다. 또, 침전물이 생기거나 에멀견층이 생기는 경우는 그 층만을 모아 원심분리하면 두 층으로 명확하게 구분된다.

한편, 80% 메탄올층은 농축하여 30% 정도의 메탄올 용액으로 만들어 이번에는 클로로포름으로 분배를 한다. 클로로포름은 비중이 무거워 이번에는 클로로포름층이 아래에 형성되며, 30% 메탄올층은 윗부분이 된다. 클로로포름층은 분리하여 두고 동일한 방법으로 2번 더 반복하여 클로로포름획분으로 한다. 클로로포름은 헥산보다 분리에 시간이 더 걸리는데 시간을 단축하려면 처음 용매를 넣고 온화하게 흔드는 것이 좋다. 에멀견이 많이 생겨 분리가 완전히 안 될 때는 메탄올을 조금씩 더하여 가면서 분리 상태를 확인한다.

이렇게 분리하고 난 30% 메탄올층은 농축하여 완전히 메탄올을 제거한 다음 부탄올과 물로 3회 분배한다. 이렇게 하면 극성이 낮은 순서대로 헥산, 클로로포름, 부탄올, 물층으로 각각 나눌 수 있으며, 극성별로 나누어진 각 획분의 활성을 조사하면 상당히 많은 불순물이 제거된다. 보통, 극성이 아주 낮은 헥산층이나 물층에는 활성이 잘 안 나타나며, 클로로포름층에 주로 나타난다. 물층에는 식염을 포함한 염이 많으므로 주의하여야 하며, 부탄올층은 물보다 비점이 높아 농축이 잘 안 되므로 물과 부탄올이 약 6 : 4의 비율이 되도록 물을 첨가하여 농축하면 농축도 빠르고, 부탄올이 남지 않아 활성 조사에도 문제가 없다.

실험실에서 분액여두를 사용하여 행하는 분배는 어떤 물질을 한쪽의 용매로 옮기는 조작에만 그치지 않고, 액-액 분배 시에는 분배율을 충분히 고려하여 행하는 것이 중요하다. 예를 들면, 100 ㎖의 에테르로 어떤 물질을 추출하고자 하는 경우 단 1회의 조작으로 행하는 것보다도 이것을 25 ㎖씩 4회로 나누어 추출을 행하는 쪽이 유리하다. 이것은 분배율의 원리를 토대로 한 것으로, 동시에 분배의 불완전을 보완한다든지, 에테르층이 물층과 에멀젼으로 되어 남은 물질의 추출 손실을 방지한다고 하는 의미도 포함되어 있다.

실험실 규모의 분배 추출에는 보통 분액여두가 사용되지만 그 용량은 $10\,m\ell$ 에서부터 $5\,\ell$ 정도까지 있다. 이것보다 많은 시료 용액을 다룰 경우에는 $10\sim20\,\ell$ 의 병을 사용하여 진탕기에서 섞어 적당한 방법으로 두 층으로 분리하는 방법도 있다. 분액 여두를 사용하여 물층과 유기용매에 의한 분배를 행할 때, 진탕한 후 우선 하층을 빼내고 용질을 모은 상층을 끄집어내는 수순으로 하기 때문에 이것을 반복하는 것이 바람직하다.

이 같은 경우 만약 용질이 물보다 비중이 큰 클로로포름이나 사염화딴소 등으로 분배되면 그것들을 사용하여 분배를 행하고 하층을 꺼내는 쪽이 유리하다. 비교적 소량의 시료용액의 분배에 있어서는 주사기 앞에 코크와 테프론 튜브를 붙인 것으로 상층, 하층을 주의하여 끄집어낸다. 물층으로부터 유기용매에 의한 분배를 행할 경우, 추출은 완전히 가능하지만 사용하는 유기용매의 양이 많아져 분배 조작과 용매의 농축에 시간이 많이 걸리는 단점이 있다. 유기용매에 대한 용해성이 적은 물질의 추출 시에는 한번에 다량의 용매를 필요로하게 된다. 이렇게 번잡한 추출조작을 생략하면 추출효과를 높일 수 있기 때문에 연속 추출장치가 사용된다.

3-5. 산성, 중성, 염기성, 양성물질의 용매에 의한 분획

액-액 분배 과정에 있어서 중요한 것의 하나는 특히 산성이나 염기성 물질의 경우 분배 계수가 pH에 의해서 변하는 것이다. 이 성질을 잘 이용하면 필요 없는 불순물을 의외로 손쉽게 제거할 수가 있고, 물층의 성분을 유기 용매층으로 이행시켜 농축도 쉽다. 그러나 불안정할 경우는 pH에 따라 성분이 변할 수도 있으므로 주의하여야 한다. 산성, 중성, 염기성 및 양성물질의 pH 조절에 의한 일반적인 분획 순서를 그림 3-3에 나타내었다.

이와 같은 분획법을 행하면 비교적 단순한 조작만으로도 물질을 분리하는 것이 가능하기 때문에 천연물의 분리, 정제과정에 널리 응용되고 있다. 실제로 천연물에서 얻어진 조추출물을 이 그림에 따라서 분획할 경우 유기용매로서는 에테르, 클로로포름, 초산에틸 등을 사용하는 경우가 많다. 이런 경우 에테르는 제거하기 쉬운 이점은 있지만 에테르로 추출하기 어려운 화합물도 많고, 용해성이 반드시 크다고도 말할 수는 없다. 클로로포름은 독성이 크고 고가이어서 대부분의 조추출물 분획에서는 보통 초산에틸이 사용된다. 초산에틸에 의해서도 추출되지 않는 극성이 높은 화합물에 대해서는 부탄올을 사용하는 경우도 있다. 다만 부탄올에 의해 처음 추출되는 물질은 해리기 외에 OH기와 같은 극성기가 많이 포함되기도 한다.

이와 같이 물질에 있어서 산, 염기 등 해리기의 상태변화에 따라서 나타나는 극성의 변화는 분자 전체의 극성에 비해서 그다지 크지 않다. 따라서 부탄올을 용매로써 사용하여 그림 3-3과 같은 분획조작을 행하여도 초산에틸 등을 사용한 경우와 같이 확실한 산, 염기, 중성물질의 분획이 얻어지지 않는 경우가 있다.

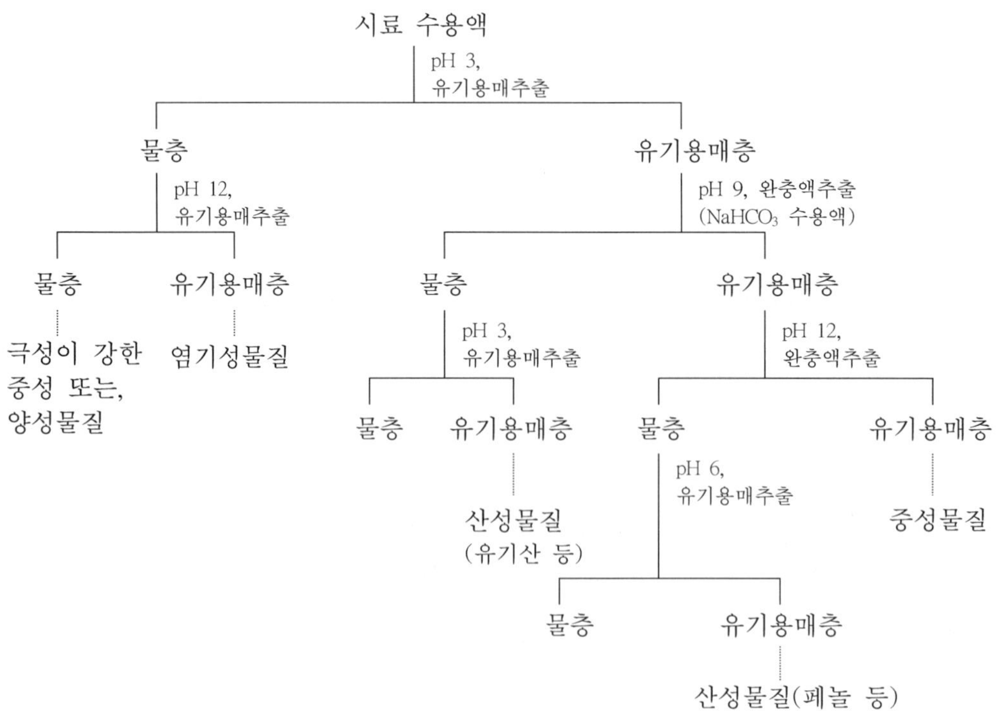

그림 3-3. pH 조절에 의한 물질의 분획

　　강산성물질을 추출할 때에 보통 포화 중조수가 사용되지만 추출 후 다시 유기용매에 이행되기 때문에 물층을 산성으로 만들면 탄산가스가 발생한다. 이 물층을 유기용매와 섞으면 발생한 탄산가스가 용기 내에 커다란 압력을 형성하게 되어 뚜껑을 날려 보내는 사고가 발생되기 때문에 특히 대량의 시료를 다룰 경우에는 주의를 요한다. 이 같은 탄산가스의 발생을 막기 위해서 pH 8~9 정도의 고농도 인산 완충용액을 사용하는 경우도 있다.

　　그림 3-3에서는 양성물질, 극성이 강한 중성물질의 경우를 제외하고 마지막에는 전부 유기용매로 추출하는데, 이것은 물층 중의 무기염과 분리하여 유리형의 산이나 염기를 얻는 데 물에 비해서 유기 용매쪽이 증발시키기 쉽기 때문이다. 그러나 분획에 사용한 유기용매 층에는 약간의 물이 녹아 있기 때문에 먼저 용매를 증발 제거하고 무수 황산나트륨 등을 가하여 탈수하여 둘 필요가 있다. 다만 부탄올과 같은 극성용매에는 대량의 물이 녹기 때문에 보통 탈수제를 사용하지 않는다. 이와 같은 용액은 대량의 물을 함유하고 있기 때문에 무기산이나 알칼리도 상당량 포함되고 있는 것이 있다. 산이나 알칼리를 농축하면 추출물은 변화를 받는 경우가 생긴다. 따라서 농축할 때에는 탄산수소나트륨, 암모니아, 염산 등을 포함하는 메탄올을 가하여 중화한 다음 감압 증류를 행하는 편이 좋다.

제 4 장 물질의 분리와 정제

　물질의 분리정제의 과정은 천연물 연구에서 가장 기본이 되며 중요한 부분을 차지하는 것으로서 종전까지는 밝혀진 물질의 대부분이 kg당 g 또는 mg 단위로 비교적 함량이 많고 분리정제가 쉬운 것이 대부분이었으나, 앞으로 밝혀질 물질들은 그 함량이 mg 혹은 μg 정도의 아주 적은 함량을 가진 물질을 찾는 것이라고 해도 과언이 아니다. 이러한 분리과정을 행하는 조작은 상당히 신중을 기해야만 하고, 용매 조건 등에 대한 세밀한 계획이 필요하다.

　앞장에서 언급한 추출 및 분배 과정을 거치면서 물질의 불순물이 상당 부분 제거되고 성질이 유사한 불순물들이 원하는 활성을 가진 물질과 혼합된 상태로 있게 된다. 분리정제는 보다 어렵게 되고 이에 따른 고도의 분리기술이 요구된다. 이 과정부터는 동일한 분리과정을 여러 번 반복하게 되는 일이 불가피하므로 대단한 끈기와 인내가 요구되는 작업이다.

　일반적으로 이 단계부터 천연물의 분리정제에 사용되는 방법으로 크로마토그래피법, 향류분배법, 재결정, 분별증류, 승화, 초원심분리, 전기영동 등이 있

는데 주로 사용하는 것은 크로마토그래피법이다. 크로마토그래피는 분리되는 원리에 따라 물질의 고정상과 이동 상간의 흡착과 탈착의 차이를 이용한 것을 흡착 크로마토그래피(adsorption chromatography), 분배를 이용하는 것을 분배 크로마토그래피(partition chromatography)라고 한다. 이온 교환기를 이용하는 것을 이온교환 크로마토그래피(ion exchange chromatography), 분자량 차이에 따라 분리하는 겔(여과, 침투) 크로마토그래피(gel permeation chromatography)와 분자간 친화력을 이용한 친화성 크로마토그래피(affinity chromatography) 등이 있다. 고정상이 고체인 경우는 대부분이 흡착형, 액체인 경우는 분배형이다. 분리가 일어나는 고정상의 형태에 따라 칼럼(관) 크로마토그래피(column chromatography), 얇은막(박층) 크로마토그래피(thin layer chromatography), 종이 크로마토그래피(paper chromatography) 등으로 나눈다. 칼럼 크로마토그래피는 크로마토그래피 기술이 발달하지 않았던 초기에 널리 이용하던 방법이다. 그러나 현재에도 분리정제의 초기 단계에서 분배 과정 이후에 아직도 시료의 양이나 불순물이 많아 마지막 단계의 분리정제를 하기 전에 주로 사용한다.

　여기서 말하는 칼럼 크로마토그래피는 원칙적으로 액체 크로마토그래피에서 사용하는 송액 펌프나 검출기를 사용하지 않고, 대부분 오픈칼럼은 시료의 양이나 성질에 따라 크기도 실험실에서 임의로 만들어 사용하므로 고가의 장비도 필요 없고 실험도 간단하다. 물질에 따라서는 칼럼 크로마토그래피만 가지고도 순수 분리가 가능한 것도 있으며, 이 단계에서 거의 대부분의 불순물이 제거되므로 칼럼과 용매를 잘 선택하여야 한다. 때때로 내압용 유리 칼럼을 이용하여 간단한 가압장치나 송액 펌프를 쓰기도 한다. 칼럼에 충진하는 충진제가 무엇인가에 따라 흡착, 분배, 이온교환, 겔여과 칼럼 크로마토그래피 등 여러 가지가 있다.

　칼럼 크로마토그래피를 조금 더 개량하여 분리능이 크고 고압에 견딜 수 있는 칼럼, 펌프 및 검출기 등을 이용한 것이 소위 고속 액체 크로마토그래피(high performance liquid chromatography, HPLC)로서 최근에는 새로운 고성능 칼럼과 검출기들이 속속 개발되어 널리 쓰이고 있다. 이동상을 기체로 할 경우 가스 크로마토그래피(gas chromatography, GC)라고 하는데, 이것은 물질을 기화시켜서 분리하기 때문에 분자량이 비교적 적고 휘발성인 화합물의 분석이나 분리에 주로 쓰이고 있다. 액체를 이동상으로 하는 경우를 액체 크로마토그래피(liquid chromatography, LC)라고 하며, 휘발이 잘 안 되는 극성이 높은 수용성 화합물의 분석에 효과적으로 천연물 분리정제에 많이 이용된다. 이와 같이 동일한 크로마토그래피라 하더라도 어떤 칼럼이나 방법을 쓰는가에 따라 부르는 명칭이 다양하다.

흡착 크로마토그래피에서는 극성이 작은 것부터 용출되는데 이것을 순상 크로마토그래피(normal phase chromatography, NP)라 하고, 반대로 많이 쓰는 분배 크로마토그래피에서는 극성이 큰 물질부터 용출되는데 이것을 역상 크로마토그래피(reverse phase chromatography, RP)라고 한다. 칼럼 크로마토그래피를 이용하여 천연물을 분리정제하는 일반적인 방법에 대해서 한 가지 예를 들면, 실리카겔을 이용한 오픈 칼럼 크로마토그래피로 용매추출 획분을 칼럼분획함으로 1차로 용매 획분별로 분획한 다음 얻어진 획분을 TLC 확인 검정을 거친 다음 겔여과 크로마토그래피를 사용하든가 또는 HPLC 등을 사용하여 분리정제한다. 또 앞의 조작을 반복 조합함으로써 보다 더 순수한 물질을 얻을 수도 있다. 앞에서도 말했지만 이러한 정제방법은 일정하게 어떠한 순서가 정해져 있는 것이 아니라 물질에 대한 사전 정보와 실험자의 경험이 많이 좌우되므로 관련 문헌이나 자료를 참조하여 실험을 행하는 것도 좋을 것이다.

1. 흡착 칼럼 크로마토그래피에 의한 분리, 정제

흡착은 기체나 액체상 용매에 녹아 있는 물질이 고체상에 물리적 또는 화학적으로 결합하는 현상으로서 흡착이 일어나는 고체상은 흡착제, 흡착된 용질은 피흡착물라 한다. 흡착은 흡착제 표면의 분자와 용액을 구성하는 분자간 힘의 상호작용에 의해서 생기는 것으로서, 물리적인 상호작용에 의해서 생기는 물리흡착과 화학적 힘에 의해서 생기는 화학 흡착으로 구별할 수 있다. 일반적으로 물리적 흡착의 특징은 흡착제가 가역적이고 비교적 빠르게 이루어지는 반면,

　　화학적 흡착은 물리적 흡착보다 더 강하고 경우에 따라서는 비가역적이다. 천연물의 분리정제에는 용매에 의하여 분리되기 어려운 강력한 화학 흡착보다는 단순한 물리적 흡착을 이용하는 경우가 많다. 칼럼상에서 일어나는 흡착과 탈착은 물질의 흡착 강도, 흡착제의 흡착 강도, 흡착제에 흡착된 물질을 분리하는 용매의 성질이 서로 작용을 하므로 이들의 특성을 알아야 한다.

　　흡착을 지배하는 요소로서 물질의 극성도 크기가 중요하고, 극성은 분자를 구성하는 원자의 성질, 배열, 배치에 의존하며, 분자 내에 OH기가 음양의 전하를 가지는 데 따라서 분자의 전기적 비대칭성을 개념적으로 표현한 것이다. 따라서 극성이라고 하는 말은 상당히 추상적인 의미로 사용되고 있어 반드시 특정의 물리항수를 나타내는 것은 아니다.

　　물질의 흡착성과 관계있는 극성에는 무엇보다도 관능기의 종류가 크게 영향을 준다. 유기화합물의 극성은 분자에 포함된 여러 가지 관능기의 종류, 결합위치, 관능기의 수 등에 따라서 결정된다고 할 수 있으며, 일반적인 관능기들의 상대적인 극성의 크기를 순서대로 나타낸 것이 표 4-1이다. 이 표에서 알 수 있다시피 카르복실기가 극성이 가장 커서 흡착이 강하고 잘되며, 탄화수소가 흡착력이 가장 작다.

　　아미노산과 같은 양성 화합물은 동일 분자 내에 양전하를 가진 관능기와 음전하를 가진 관능기를 동시에 가지고 있기 때문에 극성이 강한 화합물이다. 포도당과 같은 당류도 분자 내에 OH기와 같은 극성을 가진 관능기를 많이 가지고 있기 때문에 극성이 강한 화합물이다. 고급지방산은 관능기로서는 극성이 강한 카르복시기를 가지고 있지만 분자의 대부분은 극성이 약한 탄화수소로 되어 있고 전체적으로는 극성이 약한 화합물이다.

　　흡착제에 결합한 물질을 용출하려면 용매의 극성, 즉 탈착력이 흡착제의 흡착력보다 강해야 가능하며 물질을 녹일 수 있는 용해력도 있어야 한다. 용매의 극성을 보면 물은 강한 쌍극자를 가지고 수소결합을 하고 있는 극성이 아주 강한 용매이다. 알코올, 케톤, 에스테르, 에테르 등과 같은 함산소 화합물은 쌍극자가 물보다 약하므로 극성도 물보다 약하다. 실험실에서 사용하는 용매 중에서 극성이 가장 낮은 화합물은 n-헥산과 같은 포화 탄화수소가 있다.

표 4-1. 각종 관능기의 극성

카르복시기	R-COOH	
방향족 하이드록실기	Ar-OH	
물분자	H-O-H	대
지방족 하이드록실기	R-OH	
1,2,3급 아민	R-NH2'	
	R-NH-R',	
	R'	
	$\mid$	↑
	R-N-R"	극
펩타이드	R'	성
	$\mid$	↓
	R-CO-N-R"	
알데히드기	R-CHO	
케톤기	R-CO-R'	
에스테르기	R-CO-OR'	
에테르기	R-O-R'	소
할로겐 원소	R-X	
탄화수소	R-H	

벤젠 등과 같은 방향족 탄화수소는 쌍극자를 가지고 있지 않지만 분극화하는 전자구름을 가지고 있기 때문에 포화 탄화수소보다도 극성이 강하다. 용매의 극성을 조절하기 위해서는 극성이 다른 용매를 적당한 비율로 혼합하여 조절하기도 한다. 일반적으로 많이 쓰이는 용매들의 종류별 용출력을 순서대로 표 4-2에 나타내었다. 이것은 흡착제의 종류나 용질의 종류에 따라 다소 차이가 있기도 하다.

흡착제도 종류에 따라 극성이나 비극성을 가지고 있으며, 보통 실리카겔이나 알루미나는 극성의 흡착제로서 극성이 강한 용질에 강한 흡착성을 나타낸다. 그러나 활성탄은 약간 특수한 비극성 흡착제이고 방향족 화합물에 대해 특히 강한 친화성을 나타낸다.

만약 흡착제에 어떤 물질이 녹아있는 용액을 가할 경우를 가정하여 보면, 용매 분자와 용질 분자는 흡착제에 대한 친화성의 측면에서 서로 경쟁적인 관계라고 할 수 있다. 실리카겔이나 알루미나와 같은 극성 흡착제의 경우, 용질의 흡착은 극성이 약한 용매가 비교적 용이하다. 또 흡착된 물질을 용출하는 힘은 극성이 강한 용매의 쪽이 더 강력하다. 그러나 문제는 이것처럼 간단하지 않고 용매와 용질간의 친화성, 즉 용해성도 고려하지 않으면 안 된다. 일반적으로 용해성이 강한 용매에서는 용질을 흡착하기 쉽다. 흡착된 용질 분자에 대해서 생각해 보면 극성 흡착제에 대해서는 극성이 강한 화합물이 흡착되기 쉽다.

표 4-2. 용매별 용출력의 크기 비교

n - 헥산	
석유에테르	
Cyclohexane	소
사염화탄소	
벤젠	
클로로포름	↑
Diethylether	용
초산에틸	출
Pyridine	력
아세톤	↓
에탄올	
메탄올	대
물	
초산	

　이와 같이 흡착에 대한 흡착제, 용매, 용질의 효과는 각각 독립하지 않고 서로 상호 관계를 하고 있어 상당히 복잡하다. 흡착 곡선의 형태는 흡착제, 용질 및 용매의 관계로 결정된다. 따라서 효율 좋은 크로마토그래피를 행하기 위해서는 용질이 극성인지 비극성인지를 먼저 고려하여 이에 따른 흡착제와 용매 등 세 가지의 관계를 충분히 고려하여 선택해야 한다. 이러한 세 가지 요소 간의 관계를 그림 4-1에 나타내었다. 별표의 각 꼭지점은 피흡착물질이 가지는 각각의 세 가지 요소를 나타내는 것으로, 만약 분리하고자 하는 물질이 비극성 용매이고 점선의 별표에서 가리키는 것과 같이 피흡착물질의 흡착성이 적은

쪽으로 이동하면 나머지 두 가지 요소들도 같이 이동을 하여 흡착력의 경우 강한 흡착제를 선택하여야 하고, 용출용매는 용출력이 큰 비극성 용매를 선택해야 한다는 것을 나타낸 것이다. 천연물의 분리에 널리 사용되고 있는 각종 흡착제의 흡착력을 표 4-3에 비교하여 나타내었다.

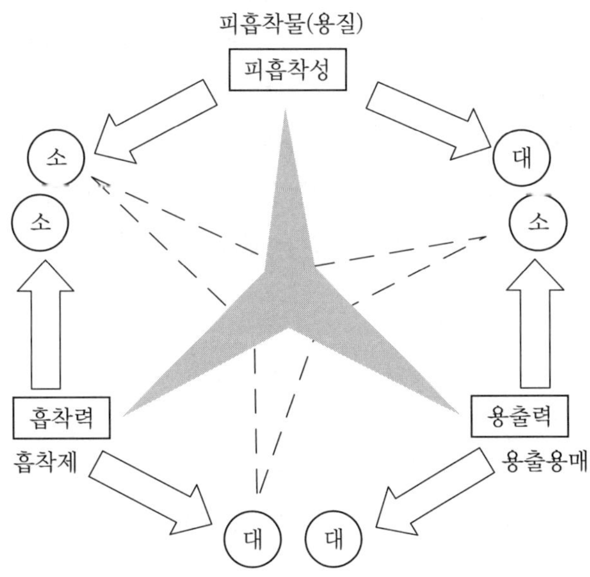

그림 4-1. 흡착제, 용질 및 용매와의 상호관계

표 4-3. 흡착제의 종류별 흡착력 비교

셀룰로스	
전분	소
인산칼슘	↑
실리카겔	흡
Florisil	착
알루미나	력 ↓
활성탄	대
활성마그네슘	

1-1. 흡착제의 종류

흡착제로서는 설탕, 셀룰로오스, 전분, 실리카겔, 알루미나, 활성탄, 규조토, 인산칼슘, 산화 마그네슘 등 여러 가지가 있으며, 이 중 활성탄 이외에는 물을 용매로 사용하면 흡착제가 흡습을 하여 성질이 달라지거나 아예 흡착제가 녹아 버리므로 사용하기 곤란하며, 한 번 사용하면 재생하여 사용하기가 어렵다.

실리카겔의 경우 고온에서 가열 건조하여 쓸 수도 있으나, 재현성에 문제가 있으므로 이들은 1회용으로 쓰는 것을 원칙으로 하는 것이 좋다. 보통 천연물의 분리에 이용되는 흡착제로는 활성탄, 알루미나, 실리카겔 등이 있으며, 다음은 천연물의 분리정제에 주로 사용되는 흡착제에 대해서 그 성질을 간단히 설명하였다.

1) 실리카겔(Silica gel)

실리카겔은 각종 건조식품의 흡습제로서 많이 사용되고 있는데 천연물의 분리에도 가장 널리 이용되고 있는 흡착제이고, 특히 비이온성의 유기화합물 분리에 사용된다. 실리카겔은 실리카(silica), 즉 규산(silicic acid)이라고 불리는 우수한 흡착제이며 다공질 유리나 석영도 거의 비슷한 흡착제로서 이용된다.

이 실리카 흡착제의 흡착력은 흡착제 표면의 규소원자에 결합한 OH기 때문으로서 이 OH기와 용질분자의 극성기 또는 불포화 결합 사이에서 흡착이 일어나는 것으로 추정된다. 입자 표면의 OH기는 기본적으로 규소에 결합한 OH가 이웃한 OH와 수소결합으로 연결되어 있는 결합형(Si-OH···OH-Si), 규소에 결합한 OH가 독립적으로 존재하는 독립형(Si-OH), 수소결합이 가능한 형태의 활성형(Si-OH···)이 있으며, 흡착력의 강도는 활성형이 가장 크고 그 다음이 독립형, 결합형의 순이다.

그러나 시판되고 있는 실리카겔은 이러한 구분보다는 표 4-4에 나타낸 바와 같이 활성도를 수분함량에 따라 I ~ V 등급으로 나누며, 수분함량이 0%인 것은 흡착력이 너무 강하여 물질이 일단 흡착된 후에는 용출이 잘 되지 않는 경우도 있다.

표 4-4. 실리카겔의 등급별 수분함량(%)

활성도	수분함량
I	0
II	5
III	15
IV	25
V	38

실리카겔은 수분을 흡수하는 성질이 강하기 때문에 구입하여 일단 뚜껑을 연 다음에는 시간이 지날수록 점차 활성도가 떨어지므로 외부 수분을 흡습하지 않도록 밀폐하여 보관하여야 한다.

일반적으로 실리카겔은 수분함량이 3~15% 정도의 것이 많이 사용되며, 오래된 것이나 활성도를 조절하고 싶을 때는 약 120℃에서 하루 정도 가열 건조하면 수분이 거의 없는 상태가 된다. 이때 실리카겔을 꺼내어 원하는 농도의 물을 가하고 잘 흔들어 섞어서 며칠 밀폐하여 두면 대략 원하는 활성도의 실리카겔을 얻을 수 있다. 그러나 온도를 너무 높여 200℃ 이상으로 오랫동안 가열하면 OH기가 탈수하여 siloxane기(Si-O-Si)의 형태로 되어 흡착력이 떨어지므로 너무 높은 온도에서 장시간 가열하는 것은 피하여야 한다.

한편 실리카겔은 보통 산성흡착제로 알려져 있지만 이것은 흡착제에 포함된 산성의 불순물 때문이다. 따라서 산성에 약한 시료는 크로마토그래피 중에 분해될 위험이 있고, 염기성 물질은 불가역적으로 흡착될 가능성이 있어 이러한 물질의 분리에 실리카겔을 이용하는 경우에는 충분한 예비실험이 필요하다. 최근에는 산성을 나타내지 않는 중성 실리카겔도 시판되고 있기 때문에 이것을 이용하는 것도 좋다.

흔히 실험실에서 쓰는 방법으로서 실리카겔을 중성으로 만들기 위해서는 10% 수산화나트륨 용액에 침지하여 두었다가 증류수로 수산화나트륨이 완전히 제거될 때까지 충분히 씻어서(세척액의 pH를 조사하여 중성이 될 때까지 세척) 건조시켜 활성화하여 쓰기도 한다. 간이적인 방법으로는 암모니아 가스를 실리카겔이 들어있는 통에 불어 넣어 두었다가 쓰는 방법도 있다.

칼럼용으로 사용하는 실리카겔의 입자 크기는 보통 0.2~0.5 mm의 크기를 사용하는데, 이보다 크면 흡착량이 너무 적어 많은 양이 필요하며, 이보다 입자 크기가 작게 되면 흡착은 잘 되지만 용매가 제대로 용출되지 않아 시간이 많이 걸린다.

2) 알루미나(Alumina)

산화알루미늄(Al_2O_3) 입자인 알루미나는 실리카겔과 같이 많이 쓰이는 흡착제로서 표면에 OH기를 많이 가지고 있다. 크로마토그래피용으로서 보통 시판되고 있는 알루미나(alumina)는 약간의 알칼리를 포함하고 있어 염기성 알루미나(basic alumina)라고도 한다. 최근에는 중성이나 산성 알루미나가 시판되고 있어 필요에 따라 구입하여 사용할 수 있다. 보통 염기성 알루미나가 흡착력은 가장 강하지만 알칼리에 불안정한 물질과 반응하여 에스테르의 분해와 같은 부반응을 일으키는 경우가 있다. 물질에 따라서는 칼럼에서 아세톤을 용매로 사용할 경우에는 알돌축합반응을 일으켜 diacetone 알코올을 생성하기도 하므로 주의하여야 하며, 실리카겔의 경우와는 반대로 산성 물질을 불가역적으로 강하게 흡착한다. 이는 반대로 불필요한 산성 물질을 흡착시켜 제거하고 극성이 약한 비극성 중성 물질의 분리에는 유용하게 쓰일 수 있다.

알루미나는 실리카겔의 경우와 같이 수분을 완전히 제거하는 것이 가장 흡착력이 강하며 수분함량에 따라 5가지의 등급으로 구분한다(표 4-5).

표 4-5. 알루미나의 활성도와 수분함량

활성도	수분함량
I	0
II	3
III	8
IV	10
V	15

보통 등급별로 나누어 판매하고 있으나 수분함량이 없는 I등급의 경우 원하

는 비율의 물을 가하여 잘 흔들어 섞어서 밀폐하여 며칠간 두면 수분이 골고루 분산 흡수되어 원하는 활성도의 알루미나를 만들 수 있다. 이 경우는 처음 알루미나에 물을 갑자기 넣으면 발열하여 용기가 뜨거워지게 되는데, 이때 뚜껑을 닫아 흔들면 더 가열되어 폭발할 수도 있으므로 처음에는 완전히 밀폐시키지 말고 서서히 흔들어야 한다. 실험실에서 중성이나 산성 알루미나 만드는 방법도 있으나 번잡하므로 구입하여 쓰는 것이 편리하다.

염기성 알루미나는 활성도가 낮을 경우 180~200℃에서 여러 시간 가열 건조하여 수분을 제거한다. 냉각 후 알루미나를 물에 현탁시켜 끓인 다음 묽은 초산을 가하여 골고루 섞어 끓여 물이 산성을 띄게 되면 10분간 더 끓인다. 흡착제를 여과시켜 초산 이온이 없어질 때까지 증류수로 세정한 다음 알루미나를 메탄올 중에서 가열하여 여과하고, 메탄올을 증발시켜 160~200℃에서 수분이 완전히 제거될 때까지 여러 시간 건조한다. 이렇게 하여 만든 알루미나가 활성도 I의 중성 알루미나(neutral alumina)로서 이것은 염기성 알루미나에 대하여 불안정한 물질의 분리에 이용된다.

산성 알루미나는 염기성 알루미나를 약 1 N 염산 용액으로 현탁시켜 알루미나가 침전된 다음, 상층액을 경사법으로 제거하는 조작을 여러 번 반복하여 알루미나만 여과하여 분리시킨다. 분리된 알루미나는 증류수로 세척액이 약한 산성으로 될 때까지 씻어내고 100℃에서 건조하여 만든다.

이렇게 처리한 것이 산성 알루미나(acidic alumina)로서 염산에서 유래한 염소 이온이 알루미나에 흡착되어 음이온 교환성을 가지게 된다. 그러나 이온교환체가 여러 가지로 개발되어 있는 요즈음 알루미나를 이온 교환적으로 이용하는 것은 그다지 의미가 없다.

시판 알루미나 입자의 크기는 실리카겔보다도 더 고르지 못하여 입자 크기가 작은 백색 알루미나 입자가 용매와 함께 용출액 중으로 미량 누출되어 나오기도 하므로 문제가 된다면 여과하거나 하여 이를 제거할 필요가 있다.

3) 활성탄(charcoal)

식품 공업이나 정수장 등에서는 지금도 여러 가지 목적으로 활성탄이 이용되고 있으나, 실리카겔이나 알루미나가 개발되기 이전에는 흡착제로서 크로마토그래피로 가장 널리 이용되었다. 그러나 지금은 일부에서만 소량 사용되고 있다. 초기의 활성탄과는 달리 요즈음에는 주로 야자 열매 껍질을 탄화시켜 제조하며, 크로마토그래피 전용으로 고순도의 입도가 비교적 고른 활성탄이 판매되고 있다. 활성탄의 흡착성은 주로 van der Waals 인력에 기인하고 비극성물질과 결합하는 방향족화합물에 대해 흡착성이 강한 것이 특색이다.

실리카겔이나 알루미나가 지용성 물질과 지용성 용매 위주인 데 비하여 활성탄은 수용액과 같은 극성을 가진 용매 중에서 물보다 극성이 약한 유기화합물의 흡착이 가능하므로 그 나름대로의 장점을 가지고 있다. 즉 염을 포함한 대량의 수용성 추출물을 활성탄에 통과시켜 염을 제거하고 흡착된 유기물을 분리하는 데는 매우 효과적이다. 또 약간의 분자체 효과를 가지고 있는 것으로 알려져 있어 당류의 활성탄 크로마토그래피에서는 분자량이 적은 것으로부터 순서대로 용출된다. 활성탄은 불순물로서 중금속을 포함하고 있어 그 때문에 용질의 불가역적 흡착이나 산화를 일으키게 하는 경우가 있으며, 활성탄의 분말은 자연 발화의 위험이 있으므로 보관 시에는 탈이온수에 침지하여 보관하고, 사용 시에는 충분히 세척하여 사용한다.

4) 기 타

규조류의 껍질이 주성분인 규조토(diatomaceous earth)는 Celite라는 상품명으로 더 잘 알려져 있는 지극히 흡착력이 약한 흡착제이다. 흡착력이 약한 성질을 제외하면 알루미나나 실리카겔과 유사하다. 흡착력이 지극히 약하기 때문에 극성이 강한 화합물이나 불포화도가 높은 화합물의 흡착성이 좋다. 일반적으로는 다른 흡착제와 혼합하여 용출액의 통과를 쉽게 하기 위한 여과 보조제로서 사용하는 경우가 많으며, 소량의 용매에 시료가 잘 녹지 않을 경우 규조토를 섞어 건조하여 칼럼에 넣기도 한다. 규조토는 소량의 불순물을 포함하고 있기 때문에 0.01 N 정도의 염산으로 씻어 산성이 될 때까지 수세하여 사용하는 것이 바람직하다.

마그네시아(magnesia)는 산화 마그네슘으로서 온도를 높여 1,000℃ 이상 가

열하면 완전 탈수되어 흡착력이 강한 흡착제로 되며, florisil이라고 부르는 규산마그네슘은 수분함량을 적당히 조절하면 실리카겔과 알루미나의 중간 정도의 흡착성을 가진다.

한편 보통의 흡착제로서는 좀처럼 분리하기가 어려운 비극성 지방산 동족체의 분리에는 질산은을 첨가한 실리카겔을 사용하여 매우 효과적으로 분리하고 있다. 질산은과 실리카겔을 약 5 : 1의 비율로 섞어 함수메탄올에 침지 후 감압 농축하고 약 120℃에서 하루 정도 건조하여 만든다. 그러나 질산은의 용출이나 산화에 주의하여야 한다.

1-2. 물질의 용출에 쓰이는 용매의 선정

여러 종류의 물질들이 흡착제에 흡착되어 있는 경우, 용출력이 다른 용출액을 사용하여 순차적으로 흡착제에 흘리면 흡착 정도가 다른 물질들의 분리가 가능하다. 처음에 용출력이 아주 적은 용매로 물질을 녹여서 흡착제에 가하면 물질은 전부 흡착하게 된다.

계속해서 처음의 용매보다 조금 용출력이 큰 용매를 흘리면 비교적 흡착성이 약한 물질이 먼저 흡착제에서 분리되어 용출되고, 흡착성이 큰 물질은 흡착된 채로 남아 있게 된다. 다음으로 용출력이 큰 용매로 처리하면 먼저 용출되지 않았던 흡착성이 조금 큰 물질이 용출되게 된다. 이 같은 조작을 연속적으로 행하여 물질을 분리하는 것이 흡착 크로마토그래피이다.

용매의 용출력은 용매의 흡착제에 대한 친화성과 용매의 용출에 대한 용해성에 의해서 좌우된다. 용매의 흡착제에 대한 친화성이 크거나 물질에 대한 용해성이 큰 것도 용출력을 크게 한다. 표 4-6에는 각종 용매의 여러 흡착제에 대한 친화성의 차이를 순서대로 나타낸 것으로서, 이 순서에 열거된 이웃하는 용매들의 친화성 차이는 매우 근소하지만 이 순서가 바로 용출력의 순서라고 할 수 있다. 실리카겔, 알루미나, florisil 등에서 용매의 용출력은 거의 같은 경향을 나타내며, 마그네시아에서는 벤젠의 용출력이 특히 강한 것이 특징이다. 이와 함께 물질의 흡착 강도와 용매에 대한 친화력도 무시할 수 없다.

표 4-6. 각종 흡착제에 대한 용매의 용출력의 순서

	알루미나	실리카겔	Florisil	Magnesia	활성탄
소 ↑ 친화성 (용출력) ↓ 대	n-헥산 Cyclohexane 1-Pentene 사염화탄소 Diisopropyl 에테르 톨루엔 벤젠 에틸에테르 클로로포름 아세톤 초산에틸 Disulfoxide 아세토니트릴 Pyridine 에탄올	Cyclohexane n-Pentane 사염화탄소 톨루엔 벤젠 클로로포름 Diisopropyl 에테르 초산에틸 아세톤 물 초산	n-Pentane 사염화탄소 벤젠 클로로포름 이염화methylene 에틸에테르	석유 에테르 n-헥산 n-Heptane Dichlorohexane 사염화탄소 에틸에테르 Triethylamine 아세톤 벤젠 Pyridine	물 메탄올 에탄올 아세톤 n-Propanol 에틸에테르 초산에틸 n-헥산 벤젠

이 용매들의 용출력 순서는 물질의 용출 시 어떤 용매를 어떤 순서대로 써야 할지를 결정할 때 중요한 기준이 된다. 이 순서대로 용출력이 약한 용매부터 흘리지 않고 용출력이 강한 것을 먼저 흘리면 그 용매에 상응하는 물질이 모두 용출되어 버리므로 그 이후에는 용출력이 약한 것을 아무리 흘려도 물질은 용출되지 않는 것이다.

물론 여기에 나타난 모든 용매를 다 사용하는 것은 아니며 이 중 필요한 용매만 몇 개 선택하여 쓰면 된다. 용매는 크로마토그래피용을 쓰거나 시약급을 증류하여 사용하도록 하며, 특히 클로로포름은 새 것이라도 안정제로서 에탄올을 2% 정도 함유하고 있으므로 잘 확인하여야 한다. 또 오래되면 분해되어 포스겐(염화카르보닐, $COCl_2$)이 생성되어 연보라색을 띠므로 오래된 것은 사용해서는 안 된다.

활성탄을 제외한 대부분의 흡착제는 건조시켜 만들며, 수분함량에 따라 활성도가 달라지므로 물이 들어 있는 용매는 피해야 한다. 물이 들어 있는 용매를

사용하면 용매 중의 물분자가 먼저 흡착제에 흡착되어 버리므로 흡착제의 성질이 완전히 달라져 버린다. 특히 다른 흡착제도 마찬가지이지만 흡착 크로마토그래피에서는 소량으로 예비 실험을 통하여 반드시 회수율을 조사하여 귀중한 물질이 손실되지 않도록 하여야 한다.

활성탄에서는 실리카겔이나 알루미나 등과는 반대로 물의 용출력이 약하고 비극성 용매일수록 특히 벤젠의 용출력이 크다. 크로마토그래피에 있어서는 이러한 용매를 단독으로 사용할 경우보다도 혼합용매로서 이용하는 경우 용출이 잘 되기도 한다. 이것은 단일 용매를 사용할 경우에는 얻어지지 않는 미묘한 용출력의 차이로 용출액의 효율을 좋게 하는 것이 가능하기 때문이다.

용매를 섞을 때에는 서로 잘 섞이는 용매라야 하며, 서로 잘 섞이지 않을 경우는 방치하여 두었다가 분리된 위층이나 아래층만을 사용한다. 혼합용매를 만드는 경우 용출력이 강한 용매쪽이 효과가 더 강하게 나타나는 경향이 있고, 극단적으로 용출력이 다른 용매와 혼합한 경우 용매들이 서로 섞이지 않거나 혼합용매의 용출력을 미묘하게 변화시키는 것은 상당히 곤란하다.

흡착 크로마토그래피에 있어서 잘 사용되고 있는 혼합용매의 조합을 극성의 순으로 나열하여 보면 표 4-7과 같다. 이 외에도 두 가 지 이상의 용매를 적당히 섞어 쓰거나 무기염을 가하기도 한다. 즉, 흡착된 물질이 카르복실기를 가지는 경우는 0.1% 정도의 초산을 용매에 가하거나, 아미노기를 가지는 물질은 소량의 암모니아, pyridine, diethylamine을 용매에 첨가함으로써 tailing이 방지되며 분리가 잘 되기도 한다.

표 4-7. 흡착 크로마토그래피에서 용출에 사용되는 혼합용매 조합의 예

극성	혼합용매
소 ↑ 극성 ↓ 대	헥산 – 벤젠
	벤젠 – 디에틸에테르
	벤젠 – 초산에칠
	클로로포름 – 디에틸에테르
	클로로포름 – 초산에틸
	클로로포름 – 메탄올
	아세톤 – 물
	메탄올 – 물

1-3. 분리정제 방법

1) 크로마토그래피관(칼럼)의 조제

칼럼 크로마토그래피에 의하여 분리정제를 하기 위해서는 우선 적당한 크기의 유리로 빈 관에 흡착제를 균일하게 충진하여야 하는데, 이것을 칼럼이라고 하고, 이렇게 만든 칼럼의 상층부에 시료를 흡착시켜 적당한 용매로 전개하여 순차적으로 다른 흡착대를 형성시켜 분리를 행하는 것을 흡착 칼럼 크로마토그래피라 한다. 칼럼은 보통 경질유리로 약간의 압력에 견딜 수 있도록 튼튼하게 만든다. 칼럼의 크기는 여러 가지가 있지만 보통은 길이와 내경의 비가 10~30배 정도의 유리관이 가장 적당하다. 간혹 100배 정도의 가늘고 긴 관을 사용하는 경우가 있다. 길이와 내경의 비는 주로 분리의 난이도에 의해서 좌우되고, 분리가 용이한 경우나 대략적인 분리를 할 경우에는 길이와 내경의 비가 작은 것도 가능하다. 정밀한 분리나 성질이 유사한 물질의 분리와 같이 분리가 어려운 경우에는 길이와 내경의 비가 큰 것을 사용한다.

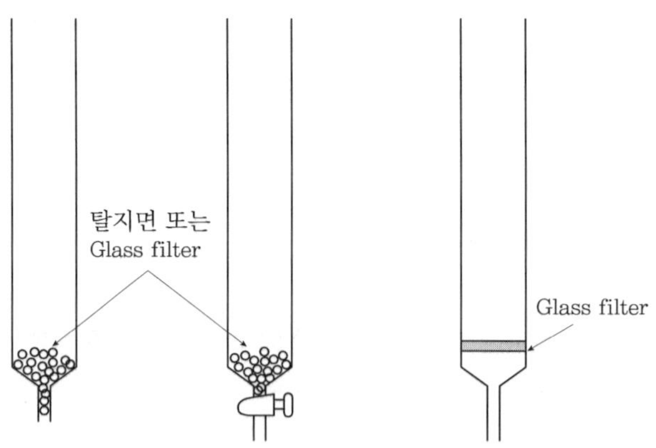

그림 4-2. 여러 가지 크로마토그래피 관의 종류

요즈음 주로 사용하는 방법은 흡착 밴드를 칼럼으로부터 완전히 용출시키는 것을 목적으로 하고 있기 때문에 크로마토그래피 칼럼의 하단에 유속을 조절 가능하게 하는 테프론으로 된 스크류 코크 등을 사용하며 상단은 적당한 용량의 용매를 담은 수기를 얻어 놓을 수 있도록 연결구를 만든다. 칼럼의 하단은 가능한 한 공간이 적은 것이 바람직하다.

 사용하는 흡착제의 입자 크기도 칼럼의 분리능을 결정하는 중요한 인자이다. 흡착제 입자가 굵은 것은 대략적인 분리에 사용되며 정밀한 분리에는 입자가 고운 것을 사용한다. 입자가 고운 흡착제를 사용하는 경우 칼럼의 길이와 내경의 비를 크게 하면 칼럼의 분리능이 좋아지는 것은 당연하지만 용매의 유속이 느려지는 결점이 있다. 그러므로 필요 이상으로 입자가 고운 흡착제를 사용하거나 길이와 내경의 비가 큰 것을 사용하는 것은 바람직하지 않다. 보통은 직경이 $0.2 \sim 0.5$ mm 정도의 흡착제를 사용하고 칼럼을 만들 때 요구되는 흡착제의 양은 시료량의 $20 \sim 150$배 정도를 사용하는데 입자 굵기가 굵을수록 칼럼의 빈 공간이 많이 생겨 부피가 커지게 된다. 정밀한 흡착제의 양은 예비 실험을 통하여 최적 조건을 구하는 것이 좋다. 쓸데없이 흡착제의 양을 증가시키는 것은 시료의 회수율을 나쁘게 하고 분리하는 데 시간이 많이 걸리게 된다.

 칼럼은 반드시 수직이 되도록 스탠드에 잘 고정하여야 하며 길이가 1 m 이상 되는 긴 칼럼은 사용 중 넘어지지 않도록 별도의 고정 장치를 하는 것이 좋다. 칼럼이 처음부터 수직이 안 되고 기울어지면 용매가 기울어진 방향으로만 흘러내리므로 분리가 제대로 되지 않는다.

 칼럼에 흡착제를 채우는 방법에는 건식법과 습식법이 있다. 건식법의 경우는 빈 칼럼의 하단에 탈지면이나 유리섬유로 가볍게 막아 충진제가 새어나가지 못하게 한 다음, 건조된 상태의 흡착제를 소량씩 칼럼에 넣으면서 위에서 살짝 눌러 주든지 관을 약하게 두드려 주면서 흡착제를 균일하게 충진한다. 충진한 칼럼은 최초 사용할 용매로 칼럼 부피의 최소한 3배 정도를 흘려 씻어 준다. 칼럼 하단을 탈지면이나 유리 섬유로 너무 강하게 막으면 나중에 용매가 잘 나오지 않으므로 흡착제가 빠져 나오지 않을 정도면 충분하다. 이 방법은 만들기는 쉬우나 용매를 흘릴 경우 용매가 흡착제 사이를 균일하게 침투하지 못하고 air pocket이 생겨 분리능이 나빠지는 경우가 많다.

 습식법에서는 빈 칼럼 하단의 코크를 잠그고 아래 부분을 솜이나 탈지면으로 막은 후, 흡착제를 제일 처음 용출에 사용하는 용매와 미리 잘 섞어 기포 등을 빼내고 현탁액을 만들어 빈 칼럼에 조금씩 부어 넣는다. 흡착제가 칼럼 안에서 완전히 가라앉고 나면 남아있는 용매는 칼럼의 아래 코크를 열어 유출시키고 소량의 현탁액을 부어 넣어 원하는 부피만큼 채워 넣는다. 이 방법은 칼럼 내에 흡착제가 구석구석 균일하게 채워지게 되고 air pocket도 생기지 않아 널리 쓰이는 방법이다. 또 다른 방법으로는 빈 칼럼에 미리 용매를 넣어 두고 흡착제를 조금씩 가하여 만들기도 하는데, 이 경우는 클로로포름을 용매로 할 때 아래 부분을 막은 솜이 가벼워 용매 위로 떠오르기도 하므로 떠오르지 않도록 가느다란 유리 막대 등으로 눌러 두어야 하며, 용매가 칼럼의 상단보다 낮으면 칼럼 내의 흡착제가 갈라져 곤란하므로 주의를 요한다.

흡착제가 채워진 칼럼의 상단에는 시료를 주입하거나 용매를 가할 경우 흡착제가 튀든지 와류가 생겨 면이 수평으로 되지 않아 분리가 잘 되지 않으므로 원형 여지, 유리섬유, 해사, 탈지면 등을 얇게 깔아주면 좋다. 흡착제의 충진이 끝나면 흡착제가 채워진 부피의 최소한 3배 정도의 최초 용매로 세척하고, 마지막에는 칼럼 충진제 상단면과 동일한 높이로 용매를 조절한다. 용매가 상단면보다 낮게 되면 균열이 생겨 좋지 않다.

2) 시료의 주입

건고시킨 시료는 최초 용출에 사용할 용매를 최소한 적은 양으로 녹이고 칼럼에 주입한다. 시료가 잘 안 녹는다고 용매를 자꾸 넣으면 시료량이 많아지게 되고, 시료량이 많으면 분리가 잘 안 되므로 녹인 양이 10 ㎖ 이상 넘지 않도록 하여야 한다. 시료가 잘 안 녹을 경우는 초음파를 사용하거나 약간 가온하거나 하면 효과가 있으며, 그래도 안 녹는 것은 그대로 주입하거나 녹은 것만 주입을 하여 처음 용매로 용출을 하고 난 다음에 두 번째 용매로 바꿀 때 그 용매에 녹여 주입하거나 한다. 안 녹는다고 극성이 강한 용매를 써서는 안 되며, 용출 용매에 안 녹는 성분으로 된 시료의 경우는 용해성이 좋은 용매에 소량의 흡착제 또는 흡착성이 지극히 약한 규조토 등을 소량 첨가하여 농축 건고하고, 감압으로 완전히 용매를 제거한 다음 건조분말을 칼럼의 상단에 얹어 용매를 가하여 용출 전개를 행한다. 수분이 시료에 남아 있을 것이 우려되면 무수 황산나트륨 약간을 칼럼에 넣어 놓는다. 주입에는 파스테르 피펫을 이용하여 칼럼 상단에 직접 주입하거나 칼럼 상단에 닿지 않으면 칼럼 내벽을 따라 서서히 주입한다. 주입 후 칼럼 하단의 코크를 열어 시료가 흡착제에 흡착하여 흡착제의 시료 경계면까지 되면 재빨리 코크를 닫아 칼럼에 균열이 생기지 않도록 한다. 시료의 착색이 심하여 경계면의 구분이 안 되는 경우가 있는데 이 경우는 미리 유성 펜 등으로 표시를 하여 두면 좋다. 흡착시킨 다음에는 소량의 용매를 넣어 코크를 열어 기벽에 묻어 있거나 남아있는 시료를 흡착시킨다. 이 조작을 2~3회 반복하여 완전히 흡착시킨다. 시료량이 많을 경우에는 한꺼번에 다 넣지 말고 여러 차례로 나누어 흡착시키는 것이 좋다.

3) 용 출

시료가 흡착제의 상단을 통과하여 완전히 흡착된 다음에는 그대로 놓아두면 흡착되었던 물질이 다시 용매에 녹아 나오므로 신속하게 용출 용매를 가하여 용출을 시작한다. 일반적으로 처음 용매는 극성이 약하여 시료 주입 후 시료가 흡착제 상단부에 엉겨 붙어 용매가 안 흐르거나 유속이 느린 경우가 많다. 이 경우에는 용매에 약간 압력을 가하거나 흡착 부분을 가느다란 철사 등으로 휘저어주면 유속이 빨라지게 된다. 용출시키는 용매의 양은 대개 칼럼 부피의 3배 정도를 기준으로 하고, 유속은 분당 $1 \sim 2\,\mathrm{m\ell}$ 정도로 하는 것이 적당하며, 너무 빠르면 제대로 용출이 안 되고 너무 느려도 시간이 많이 걸린다. 용매를 수기에 넣어 칼럼위에 얹어 두어 용매를 주입할 경우에 용매 유입 속도보다 하단부의 용출 속도가 빠르면 칼럼 위부분의 공간에 진공이 생겨 흡착제가 들어 있는 칼럼 내부에 균열이 생기기도 하므로 용출되어 나오는 유속은 용매 유입 속도보다 다소 느리거나 같아야 한다.

용매는 어떤 용매를 어떤 순서로 흘릴 것인지 미리 결정하여 만들어 준비하여 두면 좋으며, 분리과정 중 빛에 민감하거나 온도가 문제가 된다면, 알루미늄 호일로 칼럼 전체를 감아 두든지 저온, 암소에서 용출하는 방법도 있다. 용출액은 분획장치를 사용하거나 육안으로 보면서 일정량씩 분취한다.

흡착 크로마토그래피에는 물질이 용출되는 것을 검정하는 장치가 없기 때문에 실제로 용매로 용출시키면서 원하는 활성 물질이 어느 시점에서 용출되고 있는지를 알기는 어렵다. 대략적인 방법으로는 용출되어 나오는 용매의 색깔이나 칼럼 내에서 이동하는 색소의 밴드 정도가 유일한 경험적 기준이 될 뿐이다.

용출시키는 방법에는 동일한 용매로 계속 용출시키는 단일 용매 용출법(isocratic elution), 단계적으로 용출력이 높은 용매로 바꾸어 용출시키는 단계 용출법(stepwise elution)과 연속적으로 용매의 용출력이 높은 것으로 변화시켜 가면서 용출하는 농도 구배 용출법(gradient elution)이 있다. 이 중 단일 용매 용출법은 처음부터 끝까지 동일한 용매를 흘리면서 용출시키는 방법으로 조작은 간단하나 동일한 용매는 아무리 흘려도 용출 되지 않는 물질이 있으며, 흡착력이 강한 것은 서서히 용출되어 극심한 tailing 현상을 일으킨다. 이렇게 되면, 크로마토그래피의 분리 능력이나 시료의 회수율을 저하시키는 원인으로 되기 때문에 바람직한 것은 아니다. 이 같은 문제를 해결하기 위해서는 용출력이 약한 용매에서부터 강한 용매로 순차적으로 용매를 바꾸어 사용하는 단계 용출법이나 농도 구배 용출법을 쓰면 된다.

단계 용출법은 보통 한 가지 용매를 흘리고 다음으로 이보다 극성이 강한 용매로 점차적으로 바꾸어 용출시키는 것으로서 극성에 따라 서로 다른 물질이 용출되게 된다. 일반적으로 많이 쓰이는 방법으로 어느 정도 흘리고 나서 다른 용매로 바꿀 것인지 판단하기는 곤란하지만, 대체적으로 칼럼 부피의 3배 정도 흘리게 되면 그 용매에 용출되어 나올 수 있는 것은 다 용출되며, 그 정도에서 용출되어 나오지 않는 것은 그보다 극성이 강한 용매에서 용출시키는 것이 좋다.

필자들의 연구실에서 즐겨 사용하는 용출 방법을 예로 들면, 실리카 칼럼의 경우 헥산과 클로로포름을 최초 용매로 사용하여 클로로포름, 클로로포름-메탄올의 혼합 용매의 순으로 극성을 변화시켜 용출한다. 클로로포름-메탄올 혼합 용매의 경우는 혼합비를 95 : 5, 90 : 10, 70 : 30, 50 : 50, 100% 메탄올 식으로 메탄올 함량을 점차 늘려 용출력이 강하게 만들어 쓰고 있다. 특히, 클로로포름-메탄올 혼합 용매(95 : 5)의 경우는 메탄올이 약간만 들어가도 클로로포름만 사용한 것과는 용출 패턴이 크게 다르며 이후 80 : 20이나 90 : 10은 별 차이가 없다. 메탄올이 클로로포름보다 많아지는 단계에서는 흡착제인 실리카겔로 다소 용출되어 나오는 경향이 있다. 혼합 용매의 경우는 혼합비를 무수히 많은 단계로 나누어 용출할 수는 있지만 10% 이내에서는 경험상 별 차이가 없다.

농도 구배 용출법은 처음부터 용매를 혼합하지 않고 다른 용기에 넣어 처음에는 한 가지 용매만 흐르게 하며, 연속적으로 일정한 시간 동안 일정한 유속으로 용출력이 큰 다른 용매의 농도를 연속적으로 변화시켜 가면서 흐르게 하는 것으로 여기에는 별도의 용매 희석 장치가 필요하여 실제로는 사용하기 곤란하다.

한편 활성탄의 경우는 다른 흡착 칼럼과는 달리 수용액 상태의 시료를 주입하고 이어서 유기용매로 용출을 하게 된다. 이때 갑자기 물과 섞이지 않는 용매로 바꾸게 되면 활성탄 입자 주위에 물분자가 둘러싸고 있어 유기용매가 침투하지 못하여 분리가 되지 않는다. 따라서 처음에는 물과 잘 섞이는 용매를 사용하며 서서히 극성이 약한 유기용매로 바꾸어야 한다.

여태까지는 용질을 칼럼으로부터 용출시켜서 분리하는 방법에 대해서 논했지만 용출성분을 흡착제로부터 유출시키지 않고 분리하는 방법도 종종 행해진다. 이 경우 크로마토그래피 관의 하단이 마개로 된 것을 사용하여 크로마토그래피를 행한 각 용질성분의 흡착 밴드를 압출하여 분리한다. 약한 플라스틱 튜브와 같은 절단이 용이한 재질의 크로마토그래피 관을 사용하여 흡착 분리 밴드를 만든 채 그대로 흡착제 칼럼을 절단하여 분리하는 방법도 있다.

2. 분배 칼럼 크로마토그래피에 의한 분리, 정제

앞의 액-액 분배 항에서도 언급한 바와 같이 분배는 서로 섞이지 않는 두 용매에 물질을 넣고 혼합하면 물질은 용해력과 분배 계수가 큰 용매에 녹게 되어 분리되는 것이다. 분배 칼럼 크로마토그래피는 이 원리를 이용하여 고정상으로서 액상의 충진제를 칼럼에 넣고 이동상으로서 액체 또는 기체를 통과시켜 칼럼에서 통과되는 동안에 연속적으로 분배를 행하여 분리하는 것이다. 통과하는 이동상이 기체인 경우는 기-액 크로마토그래피(gas-liquid chromatography), 액체인 경우를 액-액 크로마토그래피(liquid-liquid chromatography)라 부른다. 칼럼이 여러 단으로 나누어 있다고 가정할 때 그 하나하나의 단에서 분배가 일어난다고 보면 된다. 얼핏 생각하면 흡착 크로마토그래피와 비슷한 것 같으나 원리적으로는 전혀 다르다. 즉 흡착 크로마토그래피는 흡착제의 흡착력과 물질과 용매의 극성 차이에 의한 평형상태의 차를 이용하는 분리이지만, 분배 크로마토그래피는 흡착제에 흡착된 고정상과 이동상간 물질의 분배차를 이용하는 것이다. 따라서 분리하고자 하는 물질이 어떤 성질을 가지고 있는가를 잘 검토한 다음에 어느 것을 이용할 것이지를 결정하여야 한다. 보통 극성이 큰 친수성 물질의 경우는 수계를 고정상으로 하는 분배 크로마토그래피가, 극성이 낮은 지용성 물질은 흡착 크로마토그래피가 적당하다. 분리되는 물질의 성질을 pH에 따라 조절할 수 있는 것은 고정상이나 이동상의 pH를 조절하여 분리하면 매우 효과가 있다.

칼럼이나 고정상을 만드는 기술이 발달함에 따라 요즈음은 흡착과 분배가 병행하여 일어나는 화학 결합형 고정상이나 칼럼들이 만들어져 시판되고 있다. 동일한 종류의 고정상이라도 미묘한 차이가 있어 제작사에 따라 특정 물질의 분리에 효과가 다르다.

2-1. 고정상 충진제

분배에 이용되는 고정상으로는 고정상 액체와 화학 결합형 충진제가 있다. 이 중 고정상 액체는 실리카 분말 등을 담체로 하여 그 표면에 액체를 물리적으로 덮어씌운 것이다. 그러나 이것은 오래 쓰면 이동상에 의해 고정상이 유출되어 나와 성능이 나빠지므로 요즈음에는 잘 쓰이지 않으며, 담체 표면에 화학적으로 결합시킨 충진제가 개발되어 시판되고 있다.

고정상이 액체라고 하여 물과 같이 흐르는 액체를 그대로는 쓸 수가 없다. 최초의 제품은 실리카겔을 가열하여 표면의 수산기를 silanol기로 만든 다음 알코올과 반응시켜 규산 ester를 형성시킨 충진제를 사용하였으나, 이것은 열에 불안정하고 가수분해가 일어나거나 저급 알코올과 교환될 수 있는 점 등의 결점이 있어 물이나 저급 알코올을 용매로 사용할 수가 없다. 현재는 silanol기에 유기 실리콘 화합물을 반응시켜서 얻어지는 것을 이용하고 있는데 이런 것들은 위에서 말한 단점들이 없고 안정하다.

특히 역상 크로마토그래피용으로는 octadecyl기를 도입한 것을 각종 분리에 널리 쓰이고 있는데, 실리카겔은 알칼리에 약하여 pH 2~8의 범위에서 쓰는 것이 좋다. 실리카의 이런 단점 때문에 고분자의 합성 플라스틱을 담체로 하여 만든 것들도 있는데 pH가 알칼리에서도 안정하다. 여러 가지 화학 결합형 충진제들의 결합기들을 표 4-8에 나타내었다.

표 4-8. 화학 결합형 충진제에 주로 이용되고 있는 결합기들

소수성기	친수성기
Octadecyl(ODS, C_{18})	Aminopropyl
Octyl(RP-8, C_8)	Cyanopropyl
Hexyl(RP-6, C_6)	Nitrophenyl
Methyl	Diol
Phenyl	
Phenylmethyl	
Dichlorophenyl	

2-2. 칼럼 충진법

현재 시판되는 역상계의 충진제는 입자 직경과 모양에 따라 여러 가지가 있다. 일반 유리 칼럼에 충진하여 외부에서 압력을 가하지 않고 용출시키려면 적어도 입자의 직경이 $100\,\mu\mathrm{m}$ 이상은 되어야 하며, 이것도 용매에 물이 많을수록 대기압 하에서는 그대로 용출되기 어렵다. 따라서 시판 크로마토그래피용의 내압용 칼럼과 간이 펌프가 있어야 칼럼 크로마토그래피를 하는데 문제가 없다.

충진법이나 충진량 등은 흡착 크로마토그래피에서와 유사하므로 이를 참고하기 바란다. 다만 충진 시 압력이 너무 올라가면 유리 칼럼이 파손될 수 있으므로 주의하여야 한다. 습식 충진을 행할 때는 표 4-9에 제시한 조건을 만족하는 것이 바람직하다. 한편 충진제를 적당한 용매로 현탁하고 슬러리(slurry)하여 고압 하에서 한꺼번에 충진하는 방법을 고압 슬러리 충진법(high pressure

slurry packing method)이라고 하며, 스테인리스의 고압 칼럼에 입자 크기가 적은 경우 충진 시 사용된다.

표 4-9. 습식 충진법의 이상적인 충진조건

1. 충진제 입자는 사이즈에 상관없이 등속으로 침강할 것
2. 충진제 입자의 회합, 응집이 없을 것
3. 충진제 입자가 마찰에 의해 정전기를 일으키지 않을 것
4. 슬러리 용매는 충진제와 반응성이 없고 충진 후의 제거가 용이할 것
5. 슬러리 용매는 무해하여 안전할 것
6. Pack의 구성은 충진제를 파손하지 않을 것
7. 충진속도가 클 것

2-3. 용출 및 분획

분배 크로마토그래피에서는 주로 역상계 칼럼에 의하여 극성이 강한 물질의 용출에 이용된다. 용출하는 용매도 극성이 강한 물, 메탄올과 아세토니트릴이 주로 사용하는 용매이며 극성도 이들 세 용매 중 어느 한 가지나 두 가지 또는 세 용매를 혼합하여 극성이 강한 용매부터 먼저 흘려서 용출시킨다. 이 경우 클로로포름과 같은 비극성 용매를 사용하게 되면 결합된 ODS 등 물질이 용출될 우려가 있으므로 사용해서는 안 되며, 용매에 물이 많이 함유될수록 약간 수축한다.

저자들의 실험실에서는 주로 ODS를 고정상으로 충진하여 칼럼을 만들어서 사용하고 있는데 처음에는 고정상을 메탄올에 현탁시켜 충진한 다음 50% 메탄올을 최초 용매로 하여 70%, 85%, 100% 메탄올을 각각 칼럼 부피의 3배량씩 흘려 분취하고 각 획분별로 활성을 조사한다. 활성이 50% 메탄올 층에 있으면 다시 30%, 50%, 70% 메탄올 순으로 재 크로마토그래피를 하여 불순물을 제거한다. ODS 칼럼에서 물을 용매로 쓰는 것은 바람직하지 않다. 왜냐하면 ODS 자체가 비극성이므로 물과 잘 섞이지 않기 때문에 고정상과 용매 사이의 분배가 잘 일어나지 않기 때문이다. 따라서 10% 이상의 메탄올이나 아세토니트릴을 함유하는 것이 좋다.

용매로 사용하는 물은 탈이온수 이상의 순도를 가진 것을 쓰는 것이 좋으며, 메탄올이나 아세토니트릴은 액체 크로마토그래피용을 써도 되나 고가이므로 일반 용매를 증류하여 써도 무방하다. 기타 용출 순서나 분취는 흡착 크로마토그래피 항을 참고하기 바란다.

2-4. 칼럼의 세척 및 보관

분배용 칼럼은 사용한 후 충분한 양의 메탄올로 세척하여 다른 용기에 옮겨 메탄올 용액 그대로 밀폐하여 보관하여 두든지 칼럼에 들어 있는 상태로 밀폐하여 두었다가 필요 시 다시 사용하면 된다. 일단 한번 쓰게 되면 시료 중의 물질에 의하여 일부 착색이 되어 있더라도 여러 번 재사용이 가능하다.

3. 박층 크로마토그래피(Thin Layer Chromatography, TLC)에 의한 분리, 정제

박층(얇은 막) 크로마토그래피는 보통 유리판이나 알루미늄 박, polyester 필름 등에 흡착제를 얇은 층으로 만들어 이것을 고정층으로 하여 용매로 전개하는 크로마토그래피이다. 박층 크로마토그래피 흡착제의 종류는 아주 다양하면서도 여러 가지 화합물의 분석이나 분리에 중요한 수단으로 사용되고 있다.

최근에는 흡착제뿐 아니라 분배용 수지를 이용한 박층들도 만들어져 시판되고 있다. 박층 크로마토그래피는 원리적으로는 다른 칼럼 크로마토그래피와 같으며 다만 재현성이 다소 떨어지는 단점이 있으나, 분석 소요 시간이 짧고, 칼럼 크로마토그래피 분석에 요구되는 용매조성이나 조건 등을 검토할 수 있으며, 시료 소모량도 적고 회수도 가능할 뿐만 아니라 다양한 용매 및 발색 시약을 사용할 수 있는 장점이 있다. 또 칼럼 크로마토그래피나 HPLC를 통해서 얻어진 획분의 대략적인 정제 정도를 파악할 수 있고 실험 도중에 간편하게 사용할 수 있는 장점이 있어 천연물 연구에 널리 이용된다.

3-1. 박층용 흡착제의 종류

박층 크로마토그래피에 주로 사용되는 흡착제는 실리카겔, 알루미나, 규조토, 셀룰로오스 등이고, 칼럼 크로마토그래피용의 흡착제에 비해서 그 입자가 대단히 가는 것이 특징이다. 또 박층의 기계적인 강도를 유지하기 위하여 고정제가 첨가되고 있는 경우가 있다. 박층 크로마토그래피에 사용하는 흡착제는 박층 크로마토그래피용으로 시판되고 있는 것을 사용하는 것이 보통이다.

표 4-10에 일반적인 흡착제와 특색을 나타내었다. 최근에는 대부분 종류의 박층을 시판 제품으로서 구입가능 하고 정밀한 분석용으로의 이용 가치가 높다.

표 4-10. 주로 사용되는 박층 크로마토그래피용 흡착제

흡착제	분리하고자 하는 물질	특　　　　징
실리카겔	중성, 산성물질	수분함량에 따른 활성도 차이가 있음
알루미나	중성, 염기성물질	수분함량에 따른 활성도 차이가 있음
Cellulose	중성물질(탄수화물 등)	분배형 담체로 사용

* 시판품의 F_{254} 표시는 254 nm에서 반사되는 무기형광 지시약이 함유되어 있는 것을 나타내며, 자외부에 흡수를 가지는 물질은 자외선 램프 아래에서 발색제를 사용하지 않고 검출한다. $F_{254+366}$은 F_{254} 외에 366 nm에서 반사되는 유기 형광제를 함유하는 230 nm보다 단파장에서 흡수를 나타내는 물질을 검출하는 것이 가능하다.

3-2. 시료의 점적(spot)

시료를 박층 크로마토그래피상에 점적하기 위해서는 먼저 평판(일반적인 크기는 20×20 cm임)을 유리칼을 이용하여 적당한 크기로 절단하여 1~2 cm 높이 부근에 표시하여 두거나 연필로 상처가 나지 않게 가볍게 그어둔 다음 그 위에 일정 간격(1~2 cm)으로 점적하면 된다.

시료액이 많을 경우에는 micro syringe를 사용하거나 glass capillary를 사용하여 점적 후 건조하고 다시 점적하여 건조하는 방법으로 수차에 나누어 하는 것이 좋다. 시료 점적의 크기는 가능한 한 적게 하고, 점적 후 반드시 충분히 건조를 한 뒤에 전개를 해야만 양호한 결과를 얻을 수 있다.

　점적한 시료량이 많게 되면 전개했을 경우 점적이 크게 된다든지, tailing한다든지 하여 양호한 크로마토그래피를 얻기 어렵다. 시료의 양이 많으면 점적이 잘 전개되지 않으므로 한 가지의 시료에 대해서 여러 농도에서 점적하여 시험하는 것이 바람직하다(그림 4-3).

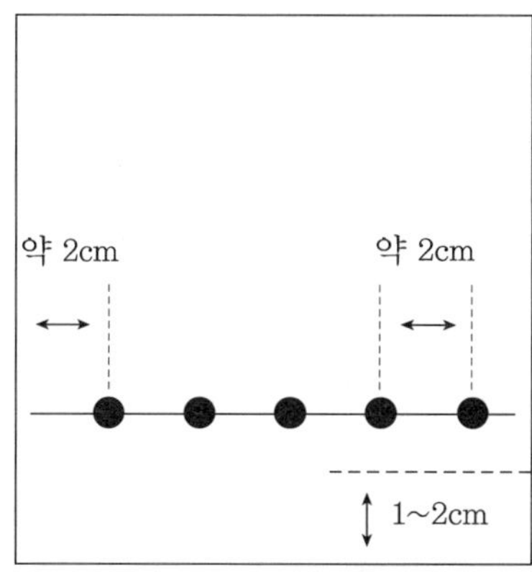

그림 4-3. TLC에서 점적 방법

3-3. 전개 방법

　전개를 하기 전에 전개용매를 설정하는 것이 가장 중요하다. 전개용매는 주로 혼합용매를 사용하는데, 문헌이나 관련 자료를 참고해도 좋고, 용매 조성을 모를 경우 헥산과 같은 비극성도가 높은 용매를 1차 전개해 본 후 전개 상태를 확인하여 점차로 메탄올이나 초산 에탄올과 같은 용출력이 강한 극성 용매를 조금씩 첨가하면서 분리 상태를 확인한다. 양호한 분리능이 얻어질 때까지 시행착오를 반드시 거쳐야 한다. 박층의 전개는 원통형이나 상자형 전개조를 사용하여 상승법으로 행하는 것이 일반적이다. 전개 시 전개조 내를 용매로 충분히 포화시켜 두기 위해 전개조는 완전히 밀폐되는 것이 좋다. 전개하는 거리는 10~15 cm가 적당하다.

3-4. 검출 방법

크로마토그래피 전개 후 용매선단의 위치를 기록하고 나서 용매를 잘 말리고 전개한 점적은 전개된 점적의 분리가 잘 되었는지 또 이상적인 점적은 원형으로 되었는지를 관찰한다. 만약 점적이 원형이 아닌 타원형을 이룬다든가 밴드의 분리가 잘 일어나지 않는 경우는 용매조성을 바꾸어야만 한다(그림 4-4).

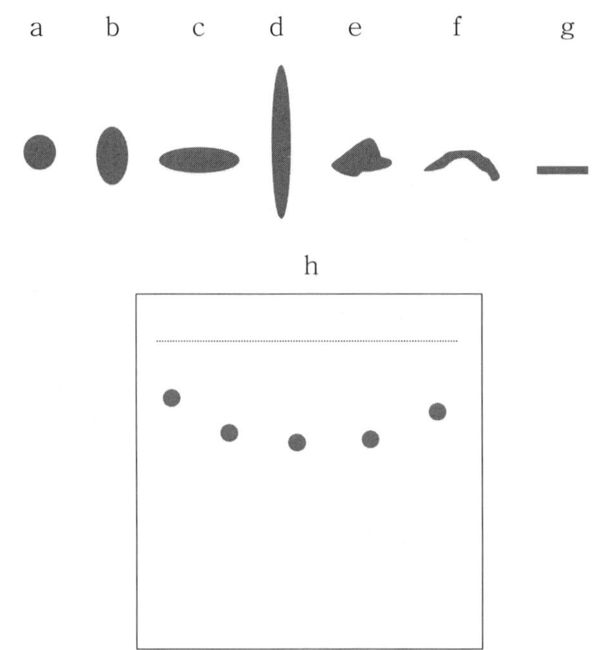

a : 바람직한 모양　　　　　　　　b : 전개속도가 빠름
c : 전개속도가 느림　　　　　　　d : tailing(시료가 많거나 불순물이 많음)
e : 용매 흐름이 불균일　　　　　　f : 시료 중 용매가 잔존
g : 용매 극성이 너무 강하여　　　h : 점적 위치에 따라 동일
　　용매 선단까지 전개　　　　　　　시료라도 Rf 값이 달라짐

그림 4-4. 검출된 각종 점적의 형상과 원인

검출하기 위해서는 착색 시료의 경우 그 상태로 보면 되고, 무색의 시료는 첫째, 형광물질이 도포된 TLC(F_{254} 또는 F 표시)를 사용하여 전개한 시료를 자외선 램프(254 또는 366 nm)로 조사하여 발색시켜 보든지, 둘째, 발색제를

분무시켜 발색시키든지, 셋째, 발색제를 분무하고 자외선 조사하여 발색시키든
지 함으로써 분리된 물질의 검출이 가능하다. 또 요소를 넣은 상자 안에 전개
한 후 평판에 넣으면 유기화합물을 변화시키는 위험이 적기 때문에 검출된 점
적을 그대로 용출하여 다른 분석이나 용도에 사용가능하다는 점에서 지극히
유리하다. 실리카겔이나 알루미나에 의한 박층 크로마토그래피는 5% 황산이나
옅은 농도의 크롬산-황산 혼액과 같은 시약을 분무하여 100~110℃에서 가열
하여 유기화합물을 검출할 수 있다. 박층 크로마토그래피에 나타나는 용질의
R_f 값은 종이 크로마토그래피와 마찬가지로 용매의 선단의 이용거리 L(cm)과
용질 점적의 이동거리 Ls(cm)

$$R_f = Ls/L$$

로 나타낸다(그림 4-5). 그러나 R_f 값의 재현성이 나쁜 것이 박층 크로마토그래피
의 결점이다. 이것은 ① 흡착제의 활성화 문제, ② 용매증기에 의한 전개조의 포화,
③ 온도, ④ 시료량의 재현성 등에 문제가 있기 때문이라고 생각된다.

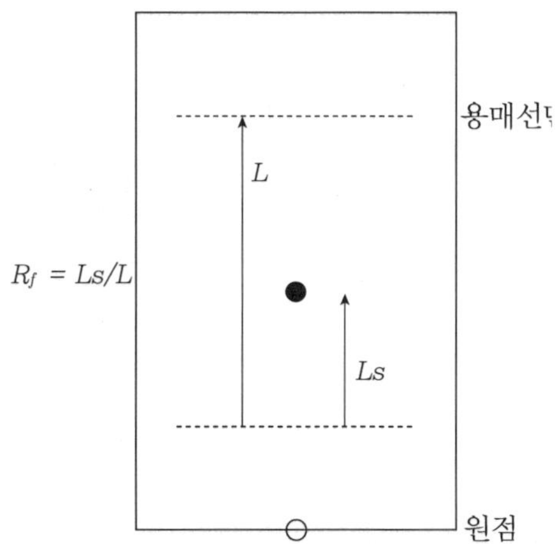

그림 4-5. R$_f$의 계산 방법

　한편, TLC에서 전개한 판을 발색 시약 등으로 발색한 다음 점적의 면적을 계산
하거나 점적의 농도를 densitometer를 이용하여 정량적으로 계산하는 방법도 있다.

3-5. 점적검출로서 알 수 있는 정보

표 4-11에서 보는 바와 같이 TLC의 전개 후 자외선 조사를 하거나 여러 가지 검출시약을 처리함으로써 분리된 물질의 화학적인 여러 가지 정보를 얻을 수 있다.

표 4-11. 박층 크로마토그래피에서 점적의 검출법

시약	조제 및 사용법	적용화합물	정색
진한 H_2SO_4	분무 후 100~110℃에서 수분 가열		흑색 점적
H_2SO_4-$Na_2Cr_2O_7$	$Na_2Cr_2O_7$ 3 g을 물 20 ㎖에 녹여서 농황산 10 ㎖을 가하여 조제한 용액을 분무 후 100~110℃에서 수 분간 가열	유기 화합물 일반	흑색 점적
H_2SO_4-$K_2Cr_2O_7$	황산에 $K_2Cr_2O_7$을 포화한 용액을 분무 후 100~110℃에서 수 분간 가열		흑색 점적
H_2SO_4-HNO_3	황산에 질산을 5% 가한 것을 분무 후 100~110℃에서 수 분간 가열		흑색 점적
$HClO_4$	25% 수용액을 분무 후 150℃까지 가열		흑색 점적
I_2	I_2의 1% 메탄올용액을 분무하거나 I_2를 넣은 상자에 둔다.		흑색 점적
$KMnO_4$	5% $KMnO_4$ 용액을 분무한다.		적자색의 다른 황갈색의 점적
Anilinebutalet	Aniline 0.93 g, butyric acid 1.66 g을 불포화 n-buthanol 100 ㎖에 가한다. 용액을 분무 후 105℃에서 10분간 가열	환원성을 가진 당	여러 가지 색
anisaldhyde-H_2SO_4-AcOH	Anisaldehyde 0.5 ㎖, 농황산 0.5 ㎖, 95% EtOH 9 ㎖, AcOH 몇 방울 용액을 분무 후 105℃에서 25분간 가열	탄수화물	여러 가지 색조의 청색
삼염화안티몬의 $CHCl_3$ 용액	알코올을 제거한 $CHCl_3$에 $SbCl_3$를 포화용액을 분무 후 100℃에서 10분간 가열, 계속해서 일광 또는 UV하에서 점적 검출	스테로이드, vitamin A, steroidglycoside, 지방족 lipid, 기타	여러 가지 색
Bromocresol bubble	에탄올의 0.1% 농도용액을 NH_4OH 또는 NaOH로 약간 알칼리성인 것을 분무	a. F가 제거된 할로겐이온 b. dicarbon 산	자색배경으로 황색 점적
Bromocresol green	H_2O-MeOH(20:80)의 0.3% 용액 100 ㎖에 30% NaOH 8방울을 가한 것을 분무	Carbonic acid	녹색배경에 황색 점적
2,4-dinitrophenyl-hydrazine(2,4-DNPH)	2N HCl에 시약을 0.5% 농도로 가한 것을 분무	aldehyde 및 케톤	황-적색 점적
Dragendorff 시약	용액 A : 차질산 bismas 1.7 g을 H_2O-AcOH(80:20) 100 ㎖에 녹인다. 용액 B : KI 40 g을 물 100 ㎖에 녹인다. A 액 5 ㎖ + B 액 5 ㎖ + AcOH 20 g + H_2O 70 ㎖ 의 혼액을 분무	일반적으로 aldehyde,유기염기	등색
염화제2철	시약의 1% 수용액을 분무	Phenol 류	여러 가지 색
Ninhydrin	시약의 0.2% BuOH용액 95 ㎖에 10% AcOH 수용액 5 ㎖를 가한다. 용액을 분무 후 10~15분간 120~150℃까지 가열	a. 아미노산 b. aminephosphatide c. 아미노당	청-적자색

예를 들면, TLC 전개 후 착색시료의 경우는 눈으로 직접 볼 수 있고, 자외선 조사를 해야만 나타나는 점적이 있을 수 있다. 이러한 물질은 자외선 또는 단파장을 흡수하는 물질이고, dragendorff 시약을 발색제로 사용했을 경우 적색 또는 암적색을 띠면 이 물질은 물질 내에 질소를 함유하는 알카로이드 계통으로 추정할 수 있으며, 여기에 ninhydrin을 사용하면 아미노산인지 아닌지를 확인할 수도 있다. 또 R_f 값이 작을수록 극성이 큰 친수성기나 이중결합을 가진 물질이 포함되어 있다고 생각할 수 있다. 한편 시료액 일부를 물 또는 메탄올에 녹이고 10% $FeCl_3 \cdot EtOH$ 용액에 1~2 방울 가할 때 자색 또는 청색의 정색반응을 하는지를 관찰함으로써 페놀성 물질인지도 확인할 수 있다.

3-6. 특수한 박층 크로마토그래피

1) 분취 박층 크로마토그래피

(Preparative thin layer chromatography, PTLC)

이것은 일반적인 TLC와 같으나 단지 흡착제의 두께를 0.5~2 mm로 두껍게 하고 수십 mg까지의 시료를 점적 후 전개하여 물질의 분취에 사용하는 것으로, 분리능이 좋고 칼럼을 사용하지 않아 사용이 간편하여 많이 사용된다. 또 고가의 칼럼을 이용한 본 실험을 하기 전에 예비적인 실험으로서 미지의 활성물질의 극성도 등을 알아보거나 불순물의 함유 정도를 알아보는데 매우 효과적이므로 권장하고 싶다.

사용방법은 먼저 시료를 선상에 일정한 두께로 묻혀 일반 TLC와 마찬가지로 용매를 증발 시킨다. 이때 시료는 점의 형태로 하는 것보다는 micro syringe 등을 이용하여 연속적으로 소량을 묻힌 다음 용매를 건조시키고 반복하여 묻히고 하는 것이 좋다. 그러나 시료의 양이 너무 많으면 분리 밴드가 넓게 확산되어 분리능이 나빠질 수도 있다. 시료를 묻힌 다음에는 적당한 용매로 전개하여 UV 램프 등으로 밴드를 확인하여 연필로 가볍게 표시한다. 분리가 잘 안 되었을 경우는 이렇게 1차적으로 전개한 것을 건조 후 다른 용매로 한번 더 전개하는 수도 있다. 밴드 확인을 위하여 황산이나 화학물질을 사용하면 시료가 변질되므

로 사용해서는 안 되며 다른 방법으로 검출이 안 될 경우는 부분적으로 분무 확인하여 밴드 위치를 확인한다. 원하는 물질의 R_f 위치에 해당되는 밴드 부분이나 각 밴드별로 칼이나 적당한 도구로 조심스럽게 긁어낸다. 긁어낸 흡착제는 가루로 만들어 전개 용매보다 용출력이 강한 용매를 넣어 물질을 용출시킨 후 여과하여 물질을 분리한다.

2) 2차원 전개 박층 크로마토그래피

성질이 비슷한 물질들이 여러 개가 섞여있는 아미노산이나 지방산 시료에 있어서는 1차 전개만으로 충분한 분리가 되지 않는다. 따라서 이런 경우에는 박층의 한 쪽 끝에 점적하여 1차로 전개한 후 건조하여 전개용매를 바꾸어 직각방향으로 다시 전개하는, 즉 분리능을 보다 좋게 하는 방법을 사용한다. 사용시 미리 예비 실험을 거칠 필요가 있으며, 충분한 건조를 행해야 하고 1차 전개만 하는 경우보다 다소 많은 시료량을 점적해야 양호한 결과를 얻을 수 있다.

3) Microplate

현미경용 slide glass를 사용하는 간이 박층 크로마토그래피로 큰 박층을 잘라서 사용하기도 하는데, 단시간에 결과를 얻을 수 있고 용매 선정이나 조성과 같은 예비 실험에 많이 사용된다.

4) 원심 박층 크로마토그래피 (Centrifugal thin layer chromatography)

이것은 흡착제를 입힌 원형의 박층판을 회전축에 끼워 시료를 중심부에 묻힌 다음 연속적으로 중앙부에서 용매를 펌프로 흘리면서 회전시켜 원심력을 이용하여 동심원 상으로 물질을 전개시키는 방법이다. 동심원의 가장자리까지 전개가 끝나면 흘러넘치는 액을 일정량씩 분취하여 물질을 분리하게 된다. 전개되는 판에 UV를 조사하게 되면 동심원의 밴드를 추적할 수 있으며, 일반적인 TLC가 시간이 많이 걸리고 휘발성 전개 용매의 경우 전개조 내에서 용매가 증발하여 극성이 변화하는데 비하여 이 방법은 30분 이내에 분리가 종료되므로 물질을 분리하기에 편리한 방법의 하나이다.

4. 이온교환 칼럼 크로마토그래피에 의한 분리, 정제

천연물 중에는 산성, 염기성 또는 양성의 해리성 관능기를 가진 것이 많다. 해리성 관능기를 가진 화합물은 수용액 중에서는 해리한 상태로 존재하는 것이 보통이다. 이와 같이 해리된 상태를 이용하여 다른 물질과 분리하는 방법을 크게 나누면 이온교환과 전기영동이 있다. 이 중 이온교환법은 여러 가지 양이온이나 음이온을 결합시킨 고분자를 사용하여 물질의 이온적 친화력 차를 이용하는 분리법으로, 주로 아미노산이나 펩타이드의 분리에 많이 사용되며, 교환체는 폴리머의 종류에 따라서 이온교환수지, 이온교환 셀룰로오스 및 덱스트란으로 크게 나눌 수 있다.

4-1. 이온교환체의 종류와 기본구조

1) 고분자 이온교환 수지

현재 일반적으로 사용되고 있는 이온교환수지는 양이온교환수지와 음이온교환수지의 두 종류의 수지로 나눌 수 있고, 각각의 교환수지는 해리기의 강약에 따라 강, 약 이온교환수지로 나누어진다. 강한 양이온교환수지의 교환기에 결합되어 있는 고분자 물질의 기본골격에는 polystyrene형과 phenol · for- maldehyde형의 두 가지가 있고, 중합 재료에 따라 교환 담체의 기본구조가 다르다.

Polystyrene은 styrene과 divinylbenzene(DVB)의 공중합체로 DVB의 양(%)에 따라 수지의 망목 구조가 달라지게 되는데 이것을 가교도(cross linking degree)라고 한다. Polystyrene계 수지는 가교도의 크기가 클수록 물속에서 팽윤도가 적어지게 되어 분자 속으로의 이온이나 용질의 침투가 어렵게 되므로 교환반응이 더디나 이온의 선택성이 좋다고 하는 이점이 있고, 고분자 화합물은 수지 입자 내에 들어가기 어려워 통과되기 쉬운 특성을 가진다. 따라 같은 계통의 양이온 교환수지 중에서도 물질의 성상에 따라서 수지의 가교도 크기를 결정함으로 정제 효과를 높일 수 있다. 시판되고 있는 polystyrene sulfonic acid형 강 양이온교환수지의 대표적인 것에는 Dowex 50W형 및 Amberlite IR-120 등과 같은 수지가 있다.

　Phenol sulfonic acid와 formaldehyde의 공중합체인 phenol sulfonic acid형의 양이온교환수지는 Amberlite IR-100, IR-105, Dowex 30 등이 시판되고 있다. 약 양이온교환수지로는 meta-acryl acid와 DVB의 공중합체에 교환기로서 carboxyl기(-COOH)를 부여한 수지가 Amberlite IRC-50이다. 이들 수지의 기본 구조를 그림 4-6에 나타내었다.

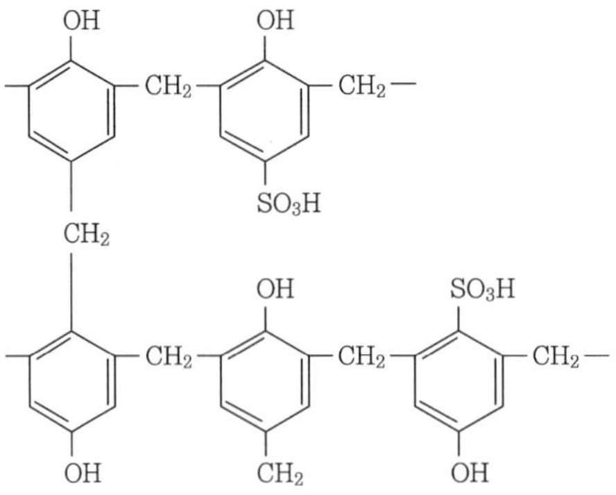

Polystyrene sulfonic acid형 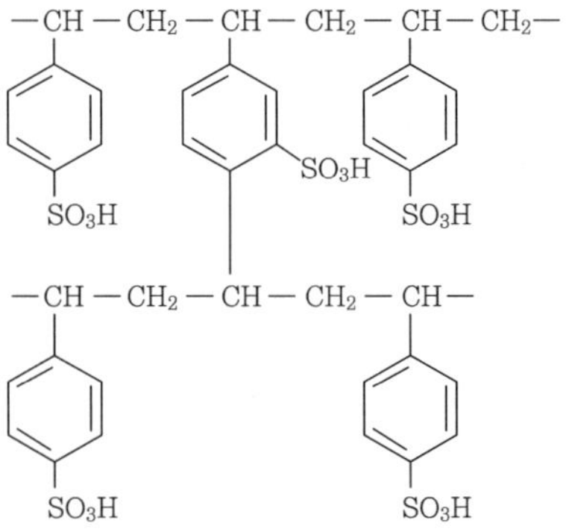　　　　Phenol sulfonic acid형

강 양이온교환수지

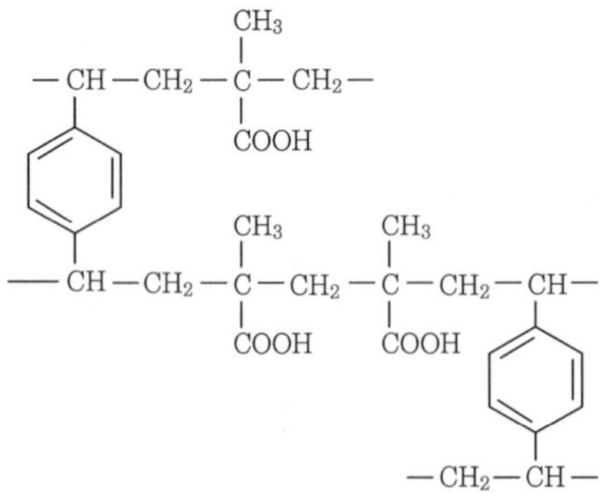

Meta-acryl acid형

약 양이온교환수지

그림 4-6. 각종 양이온교환수지의 기본 구조

한편 강 음이온교환수지도 교환기의 담체는 polystyrene과 DVB의 공중합체를 골격으로 하는 고분자 물질로 각종 4급 ammonium염이 교환기로 되어 있다. 이러한 강 음이온교환수지는 교환기의 수가 적은 것이 특징이고, 교환용량도 강 양이온교환수지에 비해서 적다(그림 4-7).

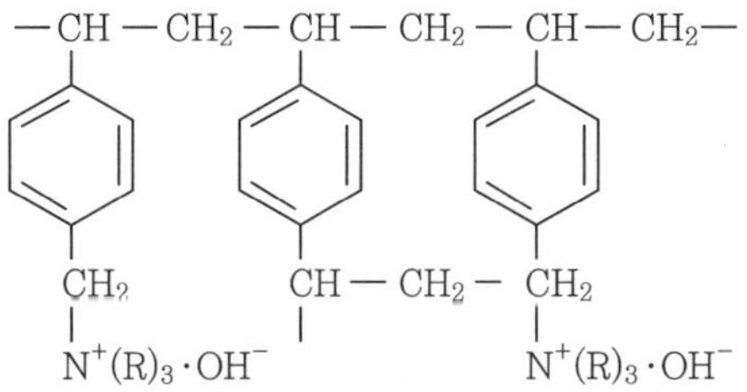

$$-CH-CH_2-CH-CH_2-CH-CH_2-$$

Polystyrene형 음이온교환수지

그림 4-7. 음이온교환수지의 기본 구조

양이온교환수지의 교환기를 담당하는 고분자로는 많은 종류가 있고 그 교환기도 1급, 2급 또는 3급 아민 등이 있으나 일반적으로 교환용량은 그다지 크지 않다.

그 중에서도 meta-phenylenediamine, formalin과 polyethylenediamine을 결합시킨 meta-phenylenediamine형 수지가 가장 일반적이고, Amberlite IR-4B 등은 옛날부터 사용되고 있으며 그 외 poly- styrene형 수지에 저급 아민을 교환기로 연결한 Dowex 3이나 Amberlite IR-45 등으로 시판되고 있다.

대표적인 고분자 결합형 이온교환수지의 종류와 성질을 표 4-12에 요약하였다. 한편 최근에는 이들 수지 이외에도 acrylic ester, polyaromatic 화합물, phenol성 화합물을 기본 구조로 한 수지들이 생산되고 있는데 이들은 약 이온성 수지들로서 메탄올과 같은 유기용매를 용출액으로써 사용할 수 있다. 소위 Amberlite XAD 계열의 수지들이 이러한 것으로 물보다는 유기용매에 녹으며, 극성이 높고 약 이온성이 있는 유기물의 분리에 매우 효과적으로 이용된다. 대량 배양한 해수 배지 등을 이 칼럼에 통과시켜 물질을 흡착시킨 다음 물로 세척하고 메탄올과 같은 유기용매로 용출시키는 것이다.

표 4-12. 이온교환수지의 종류와 성질

• 양이온교환수지

	종류	교환기	가교도	교환용량 (meq/g)		팽윤율 (%)	사용 pH	시판시 형태 (직경 ㎜)
강산성양이온교환	Amberlite IR 120	$-SO_3^-$	×8	4.3	1.9	$Na^+ \rightarrow H^+$ + 5	1~14	Na형, 구상 직경 0.45~0.60
	IR 112	$-SO_3^-$				$Na^+ \rightarrow H^+$ + 5	1~14	Na형, 구상 직경 0.45~0.60
	IR 118	$-SO_3^-$		4.4	1.5	$Na^+ \rightarrow H^+$ + 5-10	0~14	Na형, 구상 직경 0.42~0.57
	IR 121	$-SO_3^-$		4.4	1.9	$Na^+ \rightarrow H^+$ + 5-10	0~14	Na형, 구상 직경 0.47~0.62
	IR 122	$-SO_3^-$		4.4	2.1	$Na^+ \rightarrow H^+$ + 5-7	0~14	Na형, 구상 직경 0.45~0.60
	IR 124+	$-SO_3^-$		4.4	2.2	$Na+ \rightarrow H^+$ + 5-7	0~14	Na형, 구상 직경 0.42~0.57
	200C	$-SO_3^-$		4.3	1.75	$Na+ \rightarrow H^+$ + 3-5	0~14	Na형, 구상 직경 0.45~0.65
	252	$-SO_3^-$		4.4	1.75	$Na^+ \rightarrow H^+$ + 3-5	0~14	Na형, 구상 직경 0.40~0.50
	Dowex-50(W) (Nalcite HCR, MCR)	$-SO_3^-$	×1.2, 4.8, 12,16	4.5 4.5~	1.7 이상	$Na^+ \rightarrow H^+$ + 4	0~14	H형, 구상 20~50 mesh.
	MSC-1			4.9	2.1	$Na^+ \rightarrow H^+$ + 4	0~14	Na형, 구상 20~50 mesh
	Zeo-Karb-225 (Zeolite-225)	$-SO_3^-$	×8	4.8	2.1	$Na^+ \rightarrow H^+$ + 5	1~14	Na형, H형, 구상 14~52 mesh
약산성양이온교환	Amberlite IRC-50,75	$-COO^-$ $-COO^-$	×5	10.0	3.5	$H^+ \rightarrow Na^+$ + 50~100	5~14	H형, 구상 직경 0.33~0.50
	IRC-84					$H^+ \rightarrow Na^+$ + 60-70	4~14	H형, 구상 직경 0.38~0.46
	Dowex CCR-2	$-COO^-$		10.5	4.1	$H^+ \rightarrow Ca^+$ + 25	5~14	H형, 구상 16~50 mesh
	Duolite CS-101	$-COO^-$		10.3	3.2	$H^+ \rightarrow Na^+$ + 50-100	5~14	H형, 구상 16~50 mesh
	Zeo-Karb-226 (Zeolite-226)	$-COO^-$		10.0	3.5	$H^+ \rightarrow Na^+$ + 50~100	5~14	H형, 구상 14~52 mesh

• 음이온교환수지

	종류	교환기	가교도	교환용량 (meq/g)		팽윤율 (%)	사용 pH	시판시 형태 (직경 mm)
강염기성음이온교환	AmberliteIRA-400 401(XE-75)402	$-N^+(CH_3)_3$	×8 ×4 ×4	3.3 3.2 4.2	1.2 0.8 1.25		0~12	Cl형, 구상 0.39~0.47
	IRA-410 411 (XE-98)	$-N^+(CH_3)_2$ C_2H_4OH	×8 ×4	3.3 3.0	1.35 0.7	$Cl^-{\to}OH^-$ 5~8	0~12	Cl형, 구상 0.38~0.45 Cl형, 구상 0.38~0.45
	Dowex-1 (Nalcite SBR)	$-N^+(CH_3)_3$	×1,2,4, 7,5,8, 10,12	3.0	1.1	$Cl^-{\to}OH^-$ 5-8	0~12	Cl형, 구상 20~50 mesh
	Dowex MSA-1	trimethyl benzylammonium		3.8~ 4.2	1.2	$Cl^-{\to}OH^-$ + 18	0~14	Cl형, 구상 20~50 mesh
	Dowex 2 (nalcite SAR)	$-N^+(CH_3)_2$ C_2H_4OH	×4,7,5, 8,10	3.0	1.1		0~12	Cl형, 구상 20~50 mesh
	Dowex 11	trimethyl benzylammonium		4.0	1.2	$Cl^-{\to}OH^-$ + 25	0~14	Cl형, 구상 20~50 mesh
	Dowex 21 K	trimethyl benzylammonium		4.5	1.25	$Cl^-{\to}OH^-$ + 25	0~14	Cl형, 구상 20~50 mesh
약염기성음이온교환	Amberlite IR-4B IR-45	polyamine $-N^+HR_2$ $-N^+H_2R$ $-N^+H_3$		10.0 5.0	3.0 2.0	$OH^-{\to}Cl^-$ + 25 $OH^-{\to}Cl^-$ + 25	0.7 0.9	OH-형, 구상 0.4~0.6 OH-형, 구상 0.35~0.50
	IRA-400	$-N-(OH_3)_3X$		3.7	1.4	$Cl^-{\to}OH^-$ 18-22	0~14	Cl-형, 구상 0.38~0.45
	Dowex 3 (Nalcite WER)	$-N^+HR_2$ $-N^+H_2R$		6.0	3.0	$OH^-{\to}Cl^-$ + 25	0.9	OH-형, 구상 20~50 mesh
	Dowex MWA-1	tert.-amine		>4.2	>1.2	유리염기 → Cl^- + 20	0~7	유리염기형, 구상 20~50 mesh
	Dowex WGR	polyamine		1.1(HCl) 1.6(H_2SO_4)		$Cl^-{\to}$유리 염기 + 25	0~7	유리염기형, 구상 20~50 mesh

2) 셀룰로오스 이온 교환체

셀룰로오스 분자에 여러 가지 해리성 교환기를 도입한 교환체가 이온 교환 셀룰로오스로, 양이온 교환기와 음이온 교환기를 가진 여러 종류의 형태로 시판되고 있다. 이러한 이온 교환 셀룰로오스의 일반적 특성은 가교 구조를 가지지 않는 것으로 큰 분자량의 물질에서도 비교적 용이하게 교환기에 근접 가능하다는 점이다. 각 교환기 사이의 거리는 약 50 Å, 입자 직경은 $15\sim20\,\mu\mathrm{m}$로 고분자 이온교환수지와 같이 수지 중의 방향족과 단백질 중의 방향족 아미노산과의 상호작용은 없으며, 교환 용량이 비교적 크고 교환 속도가 빨라 양호한 조건에서 조작이 가능한 것으로 단백질, 핵산이나 각종 다당체의 분리정제에 널리 사용되고 있다.

각종 이온교환 셀룰로오스의 교환기와 그 성상을 표 4-13에 나타내었다. 이온교환 셀룰로오스는 형태가 섬유상으로 분자크기, 분포도, 교환기에 따라 다르므로 실제로 사용할 때에는 완충액 중에서 경사법에 의해 선별할 때 자주 바꾸어서 입자를 교환할 필요가 있다. 이온 교환 셀룰로오스의 활성화는 $0.1\sim0.5$ N의 산 및 알칼리 용액으로 충분히 씻고 양이온 교환체는 0.1 N HCl→수세, 음이온 교환체는 0.1 N NaOH→수세하여 각각 유리형으로 활성화한다. 본체가 셀룰로오스인 것은 진한 산 또는 알칼리 용액이나 열의 사용은 피해야 한다. 활성화를 마친 지지체를 칼럼에 충진했을 경우 0.1 M 정도의 완충액으로 충분히 평형화 시켜야 한다.

일반적으로 이온교환 셀룰로오스는 비교적 교환 용량이 큰 것이 특징이지만 시료의 양에 대한 교환체의 양은 충분히 과잉으로 되도록 해야 한다. 이온교환 셀룰로오스에 의한 크로마토그래피는 사용하는 완충용액의 pH와 염농도에 의해서 큰 영향을 받기 쉽고 특히 완충용액 이온농도의 미묘한 변화에 의해서 흡착상태에서 용리상태로 급격히 변화한다. 용리에 있어서 완충용액의 pH와 염농도의 선택 등에 주의해야 한다.

사용하는 양이온 교환체에는 음이온 완충액을, 음이온 교환체에는 양이온 완충액을 각각 사용하여야 한다. 용출에 사용하는 용액의 pH는 셀룰로오스 교환체 해리기의 이온 강도(pK 값)보다도 pH가 1 정도 크거나 작은 값(양이온 교환기는 큰 것, 음이온 교환체는 적은 것)을 선택하여야 하며, 교환체의 해리기가 갖고 있는 산이나 염기로서의 강도와 동일한 pH를 가지는 용출액은 사용해서는 안 된다.

표 4-13. 각종 이온교환 셀룰로오스 교환기와 성상

• 양이온 교환 셀룰로오스

종　　류	결합된 해리기	pKa	교환용량 (meq/g)
CM 셀룰로오스 (carboxymethylcellulose)	$-O-CH_2-COOH$	5	0.75
P-셀룰로오스 (Phosphocellulose)	$-O-PO_3H_2$	$2\sim3$ $7\sim8$	0.60
PPM-셀룰로오스 (Phosphomethylcellulose)	$-O-CH_2-PO_3H_2$	$2\sim3$ $7\sim8$	0.5
SE-셀룰로오스 (sulfoethylcellulose)	$-O-CH_2-CH_2-SO_3H$	< 2	$0.2\sim0.3$
SM-셀룰로오스 (sulfomethylcellulose)	$-O-CH_2-SO_3H$	< 2	0.40

• 음이온 교환 셀룰로오스

종　　류	결합된 해리기	pKa	교환용량 (meq/g)
DEAE-셀룰로오스 (diethylaminoethylcellulose)	$-O-CH_2-CH_2-N=(CH_2CH_3)_2$	9	0.45
TEAE-셀룰로오스 (triethylaminoethylcellulose)	$-O-CH_2-CH_2-N+(CH_2CH_3)_3\ X-$	$9\sim11$	0.75
GE-셀룰로오스 (guanidoethylcellulose)	$-O-CH_2-CH_2-NH-C-NH_2NH\ X-$	>11	
ECTEOLA-cellulose	조성불명 DEAE-cellulose보다 약염기		0.30
PAB-셀룰로오스 (paraaminobenzylcellulose)	$-O-CH_3-\quad-NH_2$	4	0.30
AE-셀룰로오스 (aminoethylcellulose)	$-O-CH_2-CH_2-NH_2$	8	0.40

3) 덱스트란 이온교환체

덱스트란은 Lactobacilliceae에 속하는 많은 박테리아가 생산하는 다당으로 D-glucopyranose가 α-1,6 결합하여 주쇄를 이루고 있으며, 측쇄로 α-1,3에 당분자가 결합하고 있는 단순 다당이다. 덱스트란 분자에 각종 이온 교환기를 도입한 것이 이온교환 덱스트란으로 평균 분자량은 약 500,000이다.

여기에는 덱스트란 분자에 황산기(황산 덱스트란), diethylaminoethyl기(DEAE-덱스트란), carboxymethyl(CM-덱스트란) 등의 관능기를 도입한 것으로 이온교환 덱스트란의 구조는 그림 4-8에 나타내었다. 이온교환 덱스트란은 종래의 이온교환 셀룰로오스에 비하여 교환용량이 크고, 덱스트란에 의한 고분자 화합물의 안정화, 비특이 흡착의 감소 등과 같은 이점이 있다.

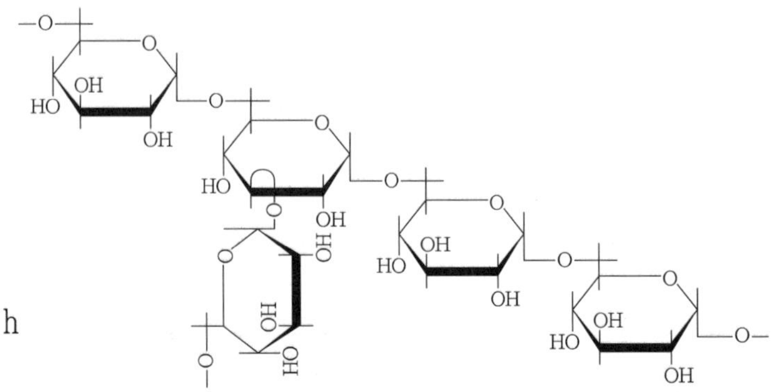

그림 4-8. 이온교환 덱스트란의 구조

4-2. 이온교환수지에 의한 이온교환

칼럼에 이온교환수지를 채우고 용액을 통과시키면 양이온교환수지에는 음이온이, 음이온교환수지에는 양이온이 흡착된다. 양이온교환수지는 사용 목적에 따라 미리 Na^+ 또는 H^+로 포화시켜 Na형 또는 H형으로 사용한다. 예를 들면, 지금 H형 양이온교환수지(HR)에 시료 용액(KCl)을 가하면 교환수지에 결합하고 있던 H^+ 이온이 용출되고 시료의 K^+ 이온이 흡착된다. 이때, 시료 중의 음이온 Cl^-는 전혀 흡착되지 않고 그냥 통과해 버린다. 반대로 음이온교환수지는 OH⁻형 또는 Cl⁻형으로 흡착시켜 OH형이나 Cl형으로 만들어 사용한다. 여기에 시료(KCl)를 통과시키면 시료 중의 양이온(K^+)은 그대로 통과하고 음이온(Cl^-)은 흡착되어 버린다.

양이온교환수지에서 교환 $HR + KCl \rightarrow KR + HCl$

음이온교환수지에서 교환 $ROH + KCl \rightarrow RCl + KOH$

이렇게 이온교환수지에 흡착된 각각의 이온들은 탈이온수로 세척하여도 떨어져 나오지 않는다. 따라서 시료 용액을 통과시키고 탈이온수로 충분히 세척하여 수지 사이에 남아있는 흡착되지 않은 이온을 제거하면 흡착된 이온과 흡착되지 않은 이온을 분리할 수 있다. 다음으로 적당한 용출제를 통하여 흡착된 이온과 치환시키면 흡착된 이온을 용출해 낼 수 있다.

실제로 이온교환수지를 사용하는 데 있어서 알고 있어야 하는 기본적인 문제점을 정리해 보면, 양이온이나 음이온교환수지는 모두 해당하는 교환기를 도입한 고분자로서 건조물 1g이 교환할 수 있는 양을 일반적으로 교환용량이라 부르고, 비교환용량 meq/g(밀리당량/건조중량)으로 표시하거나 수지의 부피(meq/mℓ)로서 나타낸다. 이 교환용량은 이온교환수지의 사용에 있어서 수지량을 산정하는 중요한 기준이 된다.

어떤 물질이 이온교환수지에 흡착되기 쉬운 것을 나타내는 것으로 분배계수(K_d, distribution coefficient)가 사용되는데, 이것은 수지상과 교환액상 사이에 있어서 물질의 분배율을 나타내는 것으로 다음과 같이 정의된다.

$$K_d = \frac{흡착량(\%)}{100 - 흡착량(\%)} \times \frac{액량(ml)}{수지량(g)}$$

이 분배계수는 많은 물질이 포함되어 있는 혼합 용액 중에 어떤 성분의 피흡착성을 나타내는 것이다. 이온교환수지를 사용하는 데에는 batch법과 칼럼법의 두 가지로 나누고, 사용 목적에 따라 달라진다. 전자는 교환평형에 달하는 시간이 길고 특수 측정이나 중화 등에 사용된다. 천연물질의 분리에는 일반적으로 칼럼법이 많이 사용되며, 여기에는 교환 용액을 하강시키는 하강법과 상승시키는 상승법이 있다. 칼럼에 의한 이온교환에서 교환 용액 중의 물질이 차차 수지와 접촉하여 흡착성의 크기에 따라 각각의 흡착대가 형성된다. 이 흡착대는 농도가 높은 전해질 용액에 의해 용출된다. 이때 어떤 피흡착 이온이 용출될 때까지의 전해질 용액량과 사용한 수지량, 분배계수 간에는 다음의 관계가 성립한다.

용출에 사용한 액량(㎖)

= 칼럼 중 빈 공간의 액량(㎖) + 분배계수 × 사용한 수지량

위의 식에 의해 흡착력이 다른 어떤 물질의 용출에 요하는 용량과 수지량을 산출하는 것이 가능하다. 이온교환수지에 의한 이온교환의 가장 단순한 이용은 음, 양이온의 분리로 양이온교환수지는 양이온을, 음이온교환수지는 음이온을 교환 흡착하는 점을 이용하여 목적물을 농축 또는 분리하는 방법이다. 이때 수지의 해리기는 H^+형(산형)이나 OH^-형(염기형)으로서 이용할 뿐만 아니라 여러 가지 염의 형태로 한다든지 완충액을 이용하여 수지를 분리하는 것으로 물질의 해리상태를 적당히 조절하여 사용한다.

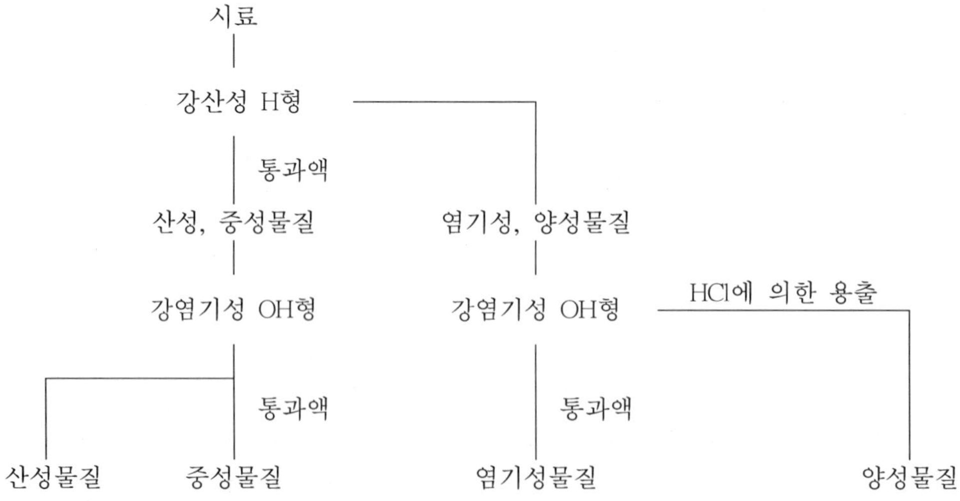

그림 4-9. 이온교환수지를 사용한 물질의 분리

일례를 들면, 약산성수지, Amberlite IRC-50에 pH 4.7의 완충액을 흘려서 수세하여 완충화한 수지(H형과 Na형)에 아미노산 혼합물의 중성용액을 흘리는 것으로 염기성 아민기가 염기로서의 성질을 나타내지 않도록 하는 조건을 이용한 것이다.

그림 4-9에 음, 양이온의 분리에 의한 산성, 중성, 염기성 및 양성물질의 분획법을 모식적으로 나타내었다. 일반적으로 수용성 해리물질의 분리에는 용매분획의 적용이 불가능하기 때문에 이 같은 음, 양이온에 의한 분리가 효과적이다. 같은 부호의 이온 분리는 각 이온수지에 대한 이온교환평형의 차를 이용하여 행한다.

4-3. 이온교환 칼럼에 의한 분리정제

상당히 해리성이 유사한 물질간에 대해서 음, 양이온 분리를 행할 때에는 완충액을 사용하여 수지와 분리하고자 하는 물질의 양쪽의 해리성을 미묘하게 조절하고 크로마토그래피를 행할 필요가 있다. 이것은 원리적으로는 같은 부호의 이온분리와 마찬가지이지만 기술적으로는 여러 가지로 개량이 되고 있기 때문에 여기에서는 종합해서 설명하고자 한다. 이온교환 크로마토그래피를 실제로 행하는 데 있어서는 고정상으로 되는 수지와 이동상인 완충액의 선택이 분리의 성패를 좌우한다.

4-1항에서 언급한 바와 같이 현재 일반적으로 사용되고 있는 styrene계 강한 양이온교환수지(Amberlite IR-120, IR-112, Dowex 50W)나 강한 음이온교환수지(Amberlite IRA-400, IRA-410, Dowex-1 및 2) 및 약한 산성교환수지(Amberlite CG-50) 등이 미립자(200~400mesh)의 형태로 크로마토그래피용으로 시판되고 있다.

분리한 물질의 안정성, 관능기의 종류와 강도(pK_a 값)에 따라서 대응하는 고정상으로 되는 수지의 선택을 결정하지만 여기에는 어느 정도 경험적인 요소가 들어가 있기 때문에 많은 성공한 실험의 예를 잘 익힐 필요가 있다.

한편 이동상에 대해서는 과거에는 인산 완충액들이 주로 사용되었지만 무기염이 남아있기 때문에 최근에는 휘발성의 pyridine, α-pycoline, colidine과 개

미산이나 초산으로 된 완충용액이 사용되고 있다.

이러한 완충용액은 감압농축 또는 동결건조에 의해 완전히 제거가 가능하기 때문에 편리하다.

1) 칼럼의 조제

이온교환수지의 사용에 있어서는 수지의 종류에 따라서 각각 적당한 조건에서 활성화 시켜야 한다. 시판 양이온교환수지는 안정한 나트륨형이고, 반대로 음이온교환수지는 염소형으로써 판매되고 있는 것이 많기 때문에 지정된 농도의 산 또는 염기로서 활성화시킨 후 충분히 세정하여 나머지 협잡이온 또는 불순물을 제거해야 한다.

이온교환수지는 충분히 탈이온수로 하루밤 정도 담가 팽윤시킨 후 기포가 들어가지 않도록 주의하여 칼럼에 흘려 넣어 충진한다. 만약 기포가 들어가면 밑에서부터 탈이온수를 역류시켜 기포를 제거한다. 이때 칼럼의 직경, 길이 등에 대해서는 분리하고자 하는 물질의 양 등을 고려하여 결정한다.

즉 표 4-14에 나타나 있는 바와 같이 미리 필요한 수지의 양은 시료 중 이온량을 추정하여 교환 용량의 약 80% 이내로 되도록 한다. 칼럼 중의 수지는 충분한 양의 산 또는 알칼리로 미리 세척하여 불순물(특히 금속이온)을 제거하고 수세하여 유리형으로 한 후 소정의 완충용액으로 충분히 포화시켜 평형에 달할 때까지 그대로 둔다.

2) 시료의 주입과 용출

분리하고자 하는 시료는 가능한 한 소량의 전개 용매로 칼럼 상단에 흘려 넣고 하단의 코크를 열어서 시료액을 수지에 흡착시킨 후 전개 용액을 서서히 가하여 전개를 개시한다. 유출속도는 칼럼의 크기에 따라서 다르지만 이온의 교환 탈착이 평형상태로 충분히 행해지도록 한다.

통상 0.5~1.5 ㎖/min의 속도로 전개하고, 이때 형성한 흡착대가 섞인다든지, tailing한다든지 하지 않도록 해야 한다. 용출법에는 동일 용액을 사용한 동일 용매 용출법, 단계적으로 농도를 높이는 단계 용출법과 농도구배 용출법 등이 있고, 분리는 농도 구배법 쪽이 더 좋다.

3) 칼럼의 보관 및 재생

한번 사용한 수지는 쓰고 버리는 것이 아니라 재생하면 몇 번이고 다시 쓸 수가 있다. 재생 시에는 특히 불순물의 잔존에 충분한 주의를 요하며 중요한 점은 수지의 노화로써 많은 협잡물이 흡착되면 양호한 교환능력을 잃는 경우가 있다. 또 음이온교환수지에서는 산화 혹은 분해에 의한 활성의 저하가 문제가 된다. 약산성 교환수지(예를 들면, Amberlite IRC-50)에서는 Ca^{++} 이온을 선택적으로 흡착하며 반응이 불가역적이기 때문에 교환능력이 저하하여 수지의 노화가 진행되는 수가 있다. 주로 쓰이는 Amberlite 수지의 경우 필요한 재생액의 양과 농도는 다음 표 4-16과 같다.

표 4-14. Amberlite 수지 재생시 각종 재생제와 소요량

수지종류	IR-120		IRC-150		IRA-400		IR-4B	
이온교환기 종류	강산성양이온		약산성양이온		강염기성음이온		약염기성음이온	
교환기	$-SO_3H$		$-COOH$		$=N^+-OH^-$		$=N^-$	
재생액농도	10% NaCl	10% HCl	5% NaOH	5% HCl	10% NaOH	10% NaCl	5% NaOH	5% NH$_4$OH
필요한 재생액의 양 (meq/mℓ)	30	30	20	20	25	15	10	10

위 표에서 대략 수지 1 mℓ의 교환에 필요한 재생제의 밀리당 양을 구하여 얻어진 재생제의 양만큼 칼럼 상단에서 2 mℓ/min의 유속으로 흘린다. 철이나 알루미늄, 바륨 등의 양이온이 흡착되어 있을 경우는 재생제의 양을 늘린다. 유출액에 흘러나오는 이온을 적당한 방법으로 검출하여 확인한 다음, 재생제가 없어질 때까지 증류수를 유속 4 mℓ/min로 흘려 세척한다.

5. 겔 칼럼 크로마토그래피에 의한 분리, 정제

생물체에 들어있는 천연물에는 분자량이 백 이하의 작은 것에서부터 분자량이 수백만에 이르는 거대 분자도 있다. 이런 거대 분자의 대표적인 것이 단백질과 다당류로서 이들을 구성하고 있는 아미노산이나 단당류 등은 이미 알려져 있는 물질들이며 이들이 화학적인 방법으로 결합되어 있는 것이다. 그러나 물이나 유기용매에 잘 녹지 않기 때문에 일반적인 흡착이나 분배와 같은 칼럼으로는 분리하기 어려워 별도의 분리 방법이 필요하다.

물질의 분자량이 서로 다를 경우, 분자 크기의 차이를 이용하여 분리하는 방법들로서 겔여과, 초원심분리, 한외 여과 등이 이용되는데 이들의 분리 원리는 상당히 다르다. 여기에서 주로 다루는 겔여과법은 겔의 3차원 망목 구조에 의한 체(sieve) 분리를 이용한 것으로 최근에는 분자량이 1,000 이하인 적은 물질의 분리에도 이용 할 수 있는 겔이 개발되어 있으며, 활성을 가진 천연물의 분리정제에 널리 사용된다.

그 외 한외 여과법은 분자 크기에 의한 확산 속도의 차이를 이용한 것이고, 초원심법은 원심력을 이용하여 강력한 중력장을 만들어 거기에서 생기는 용매 중에 있는 용질의 침강성의 차이를 이용하여 분리를 하는 것이다. 이러한 방법은 고분자 화합물과 무기염류를 포함하는 저분자 화합물을 분리하는 방법으로서 상당히 유용할 뿐만 아니라 고분자 화합물간의 분리에 응용가능하여 단백질, 헥산 등의 정제, 분리에 널리 쓰이고 있다.

겔 크로마토그래피는 스펀지와 같이 일정 크기의 공간이 있는 망목구조를 가진 겔 입자를 고정상으로서 칼럼에 충진하여 그 칼럼에 적당한 용매로 평형화한 계로 생각 할 수 있다. 여기에 분자량이 다른 시료 용액을 주입하고 동일의 용매로 흘리게 되면 시료 중의 물질들은 겔 입자와 겔 입자 사이의 공간을 통과하면서 칼럼을 빠져나오게 된다. 이때 크기가 작은 분자는 망목 구조 중에 잠시 머물다가 확산하는 것을 반복하면서 칼럼을 통과하지만 분자량이 큰 물질은 그대로 통과하게 된다.

그 결과 분자량이 적은 분자는 큰 분자보다 상대적으로 칼럼을 통과하는 데 시간이 많이 걸리게 되어 칼럼으로부터 용출되는 시간이 길어진다. 따라서 용출되어 나오는 시간별로 분획하게 되면 분자량이 큰 물질부터 순서대로 분리가 가능하게 된다.

예를 들어, 혈청 중의 알부민은 분자량이 약 67,000 정도인데 묽은 식염용액에 용해한 액을 Sephadex G-25의 칼럼을 이용하여 분리한다고 가정해 보면, Sephadex G-25의 망목에는 분자량이 대략 5,000보다 적은 분자는 겔속으로 확산하지만 그것보다 큰 분자는 망목 구조 중에 들어가기 어렵기 때문에 혈청 알부민 분자는 겔 입자 내부에 확산하는 것이 불가능하다.

따라서 처음에는 혼합되어 있던 식염과 알부민이 칼럼 내를 천천히 흐르면서 식염의 Na^+ 및 Cl^- 이온은 겔 입자 내의 공간과 겔 입자 사이의 공간을 계속 확산하면서 통과하기 때문에 칼럼 내에서의 이동 속도는 겔 입자 사이만을 지나서 흘러나오는 혈청 알부민에 비해서 늦어지게 된다.

이렇게 길이가 긴 칼럼을 통과하면서 연속적으로 용출되어 나오는 용액을 일정량씩 분획하면 혈청 알부민과 식염을 분리할 수 있는 것이다. 이 원리를 간단하게 나타낸 것이 그림 4-10이다.

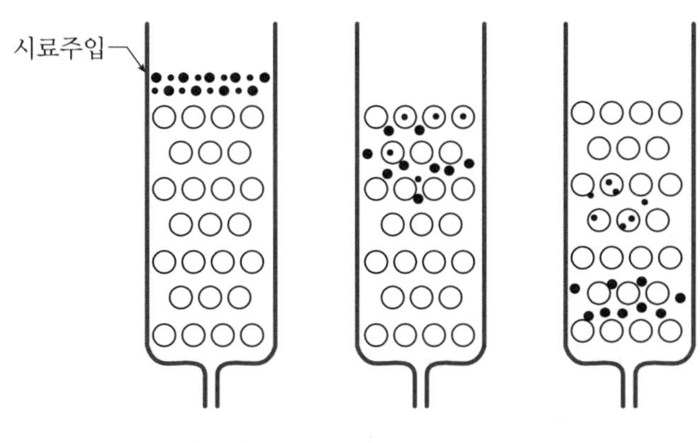

그림 4-10. 겔여과의 원리 모식도

이상적인 경우라면 분자량이 동일하면 한 부분에 집중적으로 용출되어야 하지만 실제로는 용출밴드가 넓어지고, 분자량이 다른 물질들은 완전히 분리되어야 하나 실제로는 이러한 분자체 효과 이외에도 흡착효과, 이온배척효과, 이온교환효과 등 이차적인 상호 작용들이 존재하기 때문에 분자체 효과만으

로 예상했던 것보다 빨리 용출되거나 더 늦게 용출되어 나가기도 하는 것을 종종 경험하게 된다.

이러한 이차적인 효과들을 이용해 분리에 응용하는 것이 필요하다. 이들 겔 칼럼의 부피는 겔 입자 내의 비어 있는 공간(V_x), 칼럼 내를 채우고 있는 겔 입자와 입자 사이의 용매나 물질이 흘러갈 수 있는 공간(V_o) 그리고 겔 입자 자체가 가지는 부피를 합한 것이 되며, 여기서 겔 입자 내의 공간크기에 따라 분리가능한 분자량의 크기가 달라지게 된다.

이를 달리 표현하면, 겔의 총 부피는 건조한 겔 입자의 중량과 겔 입자를 용매에 넣어 팽윤시켰을 때의 흡수한 용매의 양을 곱한 값으로 나타낼 수 있다. 이때 칼럼을 통하여 물질을 용출하는 데 필요한 용매의 부피(V_e)는

$$V_e = V_o + K_d \cdot V_x$$

여기서 K_d는 분배 크로마토그래피에서의 분배계수와 같은 것으로서 겔 입자 내의 공간보다 큰 단백질과 같은 물질은 K_d가 0이 되며, 이 공간보다 작은 것은 K_d가 1이 된다.

그러나 실제로 V_x에는 겔 입자에 의해 수화된 물의 부피도 포함되므로 완전히 겔 입자 내의 공간에 확산되는 용질이라도 $K_d = 1$이 되지 않으며, Sephadex에 있어서 NaCl의 K_d는 약 0.9 정도이다. $K_d = 0$이 되는 분자 중 가장 작은 분자량을 그 겔 입자의 배제한계라고 한다.

따라서 배제한계가 다른 여러 가지 종류의 겔 입자를 사용함으로써 분자량이 약간 다른 물질의 분리도 가능하게 된다.

겔 칼럼에 의하여 분리가 잘되게 하기 위해서는 겔 입자의 크기와 입자 내의 공간이 가능하면 동일한 것을 사용하여야 일정한 크기의 분자량을 가진 것들이 동시에 용출되어 나오며, 칼럼 내에 겔 입자를 압력을 주지 않은 상태에서 충분한 시간을 갖고 골고루 충진을 하여야 겔 입자 사이의 공간이 균일하게 되고, 가능하면 적은 양의 시료를 균일하고 두께가 얇게 주입하여야 용출 밴드가 좁아진다.

또 충진할 겔 입자를 시료량에 비하여 충분한 양을 사용하여야 분리가 제대로 이루어지며, 용출 용매의 유량을 일정하게 서서히 흘려서 용출시키는 등 세심한 주의가 필요하다(그림 4-11).

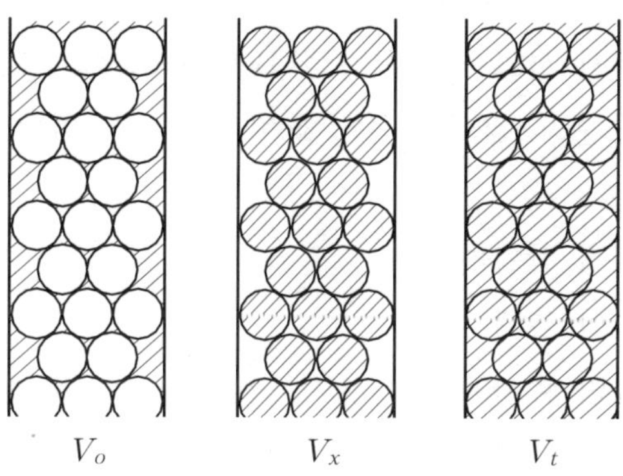

그림 4-11. 겔 크로마토그래피 부피 개념

V_t : 겔 베드(gel bead)의 총부피
V_o : 보이드 부피(void volume)
V_x : 겔 분자체의 부피

5-1. 겔 여과법의 특징

겔 여과법은 물질의 크기만을 기준으로 하여 물질을 서로 분리하는 방법이다. 분자의 크기에 의한 물질의 분리법으로서는 초원심 분리법도 여기에 속하지만 이 경우는 확산계수, 질량, 밀도가 관계하며 순전히 분자량만 관계하는 것은 아니다.

겔 여과법은 분자의 크기만 관계하는 점이 최대의 특징이고 이점이다. 또 한 가지 특징은 이 방법이 아주 간편한 방법이고 사용하고자 하는 용매 조건이 상당히 넓다는 것이다.

분자량이 큰 생체 시료 중의 단백질, 다당이나 핵산 등의 분리정제에 적당한 겔과 적당한 용매를 선택하면 어느 방법보다도 가장 효과적인 수단이지만 겔 여과법에는 약간의 결점도 있다.

1) 겔 여과법의 이점

① 원리가 단순하여 결과의 해석이 용이하다.

② 시료분자의 분자량 범위나 분자량의 추정이 분리, 정제의 과정에서 동시에 행해진다.

③ 방법이 간편해서 시료물질의 변성이나 불활성화의 가능성이 적다.

④ 시료의 성질과 분리, 정제의 목적에 따라서 넓은 범위의 용매조건 선택이 가능하다.

⑤ 조작법이 비교적 간단하다.

⑥ 실험의 재현성이 높다.

⑦ 시료의 회수율이 높다.

⑧ 소량의 시료로부터 다량의 시료까지 취급 가능하다.

⑨ 조작 시간이 비교적 짧다.

⑩ 실험에 사용하는 기기가 복잡하거나 많지 않으며, 겔 여과재도 반복 사용 가능하므로 비교적 경제적이다.

2) 겔 여과법의 결점

① 시료나 용출용매의 점도가 높으면 다루기가 어렵다.

② 단백질, 효소, 다당, 고분자의 핵산, 바이러스 등에 대해서는 분리에 적용하는 겔 여과재가 개발되고 있지만 그것보다 고분자량의 유기물질이나 세포를 분획하는 겔 여과재의 개발이 충분하지 않다.

③ 방향족 물질이 먼저 나오는 경우 겔 여과재에 흡착하는 현상이 있어 용출이 늦어진다든지 회수율이 나쁘게 된다든지 하는 현상이 있다.

④ 겔 여과재를 손상시키기 때문에 사용 불가능한 pH 범위나 용매 종류가 정해져 있다.

⑤ 첨가한 시료가 약간 희석된다.

⑥ 유기용매에 견디는 겔 여과재도 개발되었지만 사용 가능한 유기용매 종류에 상당히 제한이 있다.

⑦ 유기용매계를 사용한 겔 여과에 있어서는 분자량에 의한 분리는 이루어지지 않고 분자율에 의존하는 현상이 일어나는 수도 있다.

5-2. 겔의 종류와 성질

1) 겔의 정의

겔이라는 것은 고체(겔 형성 물질, dispersed substances)와 액체(용매, dispersing agents)의 두 가지 성분으로 이루어진 분산계이고, 분산 입자는 브라운 운동을 행하지 않고 계 전체가 비유동성의 반고체로 되고 있는 것을 말한다. 겔의 기본구조는 가교로 한 고분자이고, 겔의 3차원적인 구조의 지지를 위해서는 공유결합이나 이온결합이라고 하는 일차적인 결합 외에 수소결합, 쌍극자-쌍극자 상호작용과 같은 2차원적인 힘도 기여하고 있다고 생각된다.

겔 여과에 사용되는 겔은 겔 입자 내 공간의 크기에 따라 조망 겔과 미망 겔의 두 가지로 분류된다. 미망 겔이라는 것은 겔을 형성하는 고체부분의 망목의 크기가 가늘고 겔 입자간에 비교적 균일하게 분포하고 있는 것으로 거기에 분산 가능한 분자의 크기는 작고 저분자량의 물질에만 적용 가능하다. 조망 겔은 겔을 형성하는 고체부분의 망목 크기가 다소 불균일하고 분포도 불규칙적이다. 망목이 큰 부분에 큰 분자가 확산 가능하기 때문에 분자량이 큰 물질의 분획에 사용하는 것이 가능하다.

2) 겔 여과재로서의 겔

현재 천연물이나 합성물질로 만들어진 겔이 많이 있지만 대부분의 경우 겔 여과에 사용가능한 것은 몇 가지로 한정되어 있다. 겔 여과재로서의 겔은 분자체효과가 있는 것이 가장 필요한 조건이지만 그 외에도 어느 정도의 요구조건이 있다.

첫째로, 겔은 화학적으로 안정해야 된다. pH, 이온강도, 온도 등에 대하여 넓은 범위에서 안정한 겔이 사용가치가 높게 되는 것은 당연하다. 또 겔이 용매에 의해서 용출되지 않는 것도 중요한 필요조건이다.

둘째로, 시료와 겔과의 사이에 상호작용이 없는 것이 바람직하다. 덱스트란겔이나 polyacrylamide겔 등은 많은 화합물에 대하여 불활성이고, 이 조건을 만족하지만 수용액에서 방향환을 가진 화합물이 겔에 흡착하는 현상이 있어

분자량으로부터 예측되는 용출 위치보다 늦게 용출된다. 그러나 그 상호작용은 약하고 일반적으로는 그다지 문제로 되지 않는다. 반대로 이러한 상호작용을 이용하여 분자량이 유사한 복수의 용질을 분리하는 것도 행해지고 있다. 겔이 이온성기를 가지면 시료에 따라서 겔에 흡착하여 용출위치의 지연이나 분산을 일으킨다든지, 회수율이 저하되는 현상을 나타낸다. 또한 용질과 겔이 같은 전하를 가지면 반발현상이 나타나 본래 겔 내에 확산가능한 분자량의 물질도 겔로부터 배제되는 것이다. 이러한 현상은 용매의 이온강도를 높이는 것으로 어느 정도 해결 가능하다.

셋째로, 다양한 분자량을 가진 시료를 다루는 것이 많기 때문에 동일의 화학조성으로 된 지지체구조로 분별가능 범위가 넓은 것이 바람직하다.

넷째로, 겔 입자 크기의 선택폭이 넓고, 입자의 크기가 가능한 한 균일한 것이 바람직하다. 용질간의 분배계수차가 거의 없는 시료의 분리를 목적으로 하는 미세분획에 있어서 양호한 분리능을 얻는 데에는 겔 입자의 크기가 적은 것이 바람직하지만 그룹분획에서는 큰 입자를 사용하여도 실제로 문제는 없다.

다섯째로, 겔 입자가 구상(bead)인 것이 바람직하다. 구상의 입자는 여러 가지의 겔 중에서 유동에 대한 저항이 최저이고 외압에 대한 겔의 변형 정도가 가장 낮다. 겔 내의 단위체적당의 확산속도는 구상의 경우가 가장 높고, 균일한 용질이나 용매의 확산이 일어난다.

여섯째로, 겔의 물리적 강도가 높은 것이 바람직하다. 겔 입자에 작용하는 여러 가지 압력, 예를 들면, 겔 용액의 교반으로 인해 겔에 걸리는 압력으로 겔이 변형한다든지 파괴되면 유속이 저하하여 분리능도 저하한다. 현재 시판되고 있는 겔은 이러한 조건을 어느 정도 충족하지만 아직 많은 문제가 있기 때문에 각각의 겔의 구조나 물리적, 화학적 성질을 숙지하고 시료나 용매조건을 고려하여 가장 적합한 겔을 선택하는 것이 필요하다.

3) 겔 여과재의 종류와 성질

겔 여과재는 일반적으로 수용액에서 사용하는 겔이 많으며, 최근에는 수용액뿐 아니라 유기용매에서 팽윤성이 좋아 사용할 수 있는 겔들이 시판되고 있다.

수용액 중에서 사용하는 겔은 물 또는 염용액에서 가장 높은 팽윤성을 나타낸다. 이러한 겔 여과재들은 그들을 구성하는 물질들의 화학 구조에 따라서 구분한다.

겔의 종류로는 ① 덱스트란 및 그 유도체로써 만들어지고 역사가 가장 오래된 대표적인 겔로 Sephadex G 또는 Sephadex LH가 있고, ② polyacrylamide 및 그 유도체 중 대표적인 겔이 Bio-Gel P가 있으며, ③ 아가로스 및 가교 아가로스 계, ④ 폴리비닐 계, ⑤ 셀룰로오스 계, ⑥ polystyrene, ⑦ 무기물 계의 겔로서 다공질 유리, ⑧ 다공질 실리카 등이 있다. 이 중에서 무기질 계의 겔은 사용 예를 찾아보기 힘들며, 천연물의 분리,정제에는 Sephadex G 및 LH-20과 Biogel P가 주로 사용되므로 이것에 대해서 설명하고자 한나.

가. 덱스트란 겔(Sephadex G)

Pharmacia Fine Chemicals사에서 제조하여 판매하는 Sephadex G라는 상품명으로 더 잘 알려진 덱스트란 겔은 자연산 단순 다당류인 덱스트란을 epichlorohydrin과 반응시켜 삼차원적인 가교 망목 구조를 가지게 한 것이다. Sephadex G는 둥근 구슬 모양으로 성형되어 건조된 분말로 시판되고 있고, 물에 팽윤시키면 구슬 모양으로 부풀어 오르며, 건조와 팽윤이 가역적이고 여러 번 건조와 팽윤을 반복하여도 구조에는 변화가 없다. Sephadex 건조 입자의 크기는 $10 \sim 300 \mu$m 정도로서 분자량의 크기에 따라 분획 가능 범위가 다른 8 종류가 있으며 이들의 대략적인 성질은 표 4-15에 나타내었다. 형태에 따라 분류하고 있는 숫자는 겔의 흡수도와 관련하고 있는 것으로, 예를 들면, G-10의 흡수량은 1, G-200은 20이다.

Sephadex G는 다량의 수산기를 가지고 있어 친수성을 나타내므로 물이나 전해질 용액에서 팽윤되지만 dimethyl sulfoxide, formamide, 글리세롤 중에서도 팽윤이 가능하다. 또 약간의 카르복시기를 함유하고 있어 이것이 사용 중에 있어서 분자체 효과 이외의 효과를 나타내는 것이다. 다른 친수성 겔 입자와 마찬가지로 Sephadex G는 분자체로서의 성질 외에 흡착성을 가지고 있는 것으로 알려져 있다. 대표적인 것이 방향족 화합물에 대한 흡착성이다.

Aryldextran을 N,N'-methyl-bis-acrylamide을 이용하여 가교 결합시킨 겔이 Sephacryl이란 상품명으로 같은 회사에서 제조하여 시판하고 있으며, 여기에는 S-200 Superfine과 S-300 Superfine이 있다. 이들은 0.02% sodium amide를 함유한 증류수에 팽윤시켜서 현탁액으로 판매하고 있으며, S-300 Superfine은 구상 단백질의 분리에 있어 분자량 10,000~1,500,000까지의 범위에서 사용이 가능하다. 이 외에도 P-L Biochemical Inc.사에서도 덱스트란 겔을 시판하고 있다.

표 4-15. Sephadex G의 주요 성질

겔의 종류	팽윤에 요하는 최단 처리 시간, hr		팽윤겔의 부피/건조 겔(㎖/g)	최적사용영역 분자량		최저배제한계(Kd=0) 분자량	
	20~25°	90~100°		펩타이드, 단백질	다당류	단백질	다당류
G-10	3	1	2	700까지	700까지	-	700
G-15	3	1	3	1,500까지	1,500까지	-	1,500
G-25	3	1	5	5,000까지	2,000까지	15,000	5,000
G-50	3	1	10	1,500~20,000	500~5,000	50,000	10,000
G-75	24	3	12~15	3,000~70,000	1,000~20,000	100,000	50,000
G-100	72	5	15~20	4,000~150,000	1,000~50,000	250,000	100,000
G-150	72	5	20~30	5,000~300,000	1,000~100,000	600,000	150,000
G-200	72	5	30~40	5,000~500,000	1,000~150,000	106 이상	200,000

나. Sephadex LH-20

이것은 Sephadex G-25를 hydroxypropyl화하여 만든 것으로 물뿐 아니라 유기용매에 의해서도 팽윤하고, 겔로 되기 때문에 친수성의 수계 및 소수성의 유기용매계에서도 사용 가능한 것이 특색이다. Sephadex G-50의 동일한 유도체가 LH-60으로 시판되고 있다.

주의하여야 할 것은 유기용매에서 크로마토그래피를 행한 경우 분자체 효과 외에 오히려 흡착효과가 보다 강하게 나타나는 것이다. LH-20의 배제 한계는 사용하는 용매에 따라서 다르지만 분자량 대략 10,000까지 이지만 실제로 분리할 때의 분획범위는 100~4,000 정도이다.

표 4-16에 그 성질을 나타내었다.

표 4-16. Sephadex LH-20의 여러 가지 용매에 대한 용매 흡수량과 팽윤 부피

용 매	용매 흡수량 약 ㎖ 용매/g 건조겔	Bead 부피 약 ㎖ 용매/g 건조겔
Dimethylformamide	2.2	4.0~4.5
물	2.1	4.0~4.5
메탄올	1.9	4.0~4.5
에탄올	1.8	3.5~4.5
클로로포름, Stabilzed by 1% 에탄올	1.8	3.5~4.5
클로로포름	1.6	3.0·3.5
n-부탄올	1.6	3.0~3.5
Dioxane	1.4	3.0~3.5
Tetrahydrofuran	1.4	3.0~3.5
아세톤	0.8	
에틸아세테이트	0.4	
톨루엔	0.2	

다. Polyacrylamide 겔(Bio-Gel)

Bio-Gel P는 Bio Rad Laboratories사에서 만들어 시판하는 상품명으로서 그 주성분은 polyamide이다. Acrylamide($CH_2=CH-CO-NH_2$)를 가교제인 N,N'-methylene-bis-acrylamide($CH_2=CH-CO-NH-CH_2-NH-CO-CH=CH_2$)로 가교 중합시켜 만든 합성 고분자로서, acrylamide나 가교제의 농도를 조절하여 팽윤도나 성질이 다른 여러 가지를 만들 수 있다. Bio-Gel에는 10 종류가 있으며, 물에 의해서 팽윤하여 겔화하고, 팽윤의 정도나 분별 영역은 각각 다르다.

Bio-Gel P는 Sephadex G에 준하여 사용이 가능하지만 합성수지이기 때문에 Sephadex G와 달리 미생물에 의해서 오염되지 않는 것이 장점이다. 구상으로 제조하여 흰색의 건조한 분말 상태로 판매되고 있으며, 물이나 염용액에 팽윤시켜 사용한다. Sephadex도 마찬가지이지만, Bio-gel도 물 흡수도가 낮은 경우는 구조적으로 단단하고 안정하지만 물의 흡수도가 큰 것은 매우 연하고 불안정하여 일정 압력 이상이 되면 압축되어 변형하고 칼럼에서 유속이 저하된다. 특히, Bio-Gel P-300의 입자는 매우 부드러워 취급에 주의하여야 한다. 이 겔은 유기용매에서는 팽윤하지 않는다. 제품의 주요 특성은 표 4-17에 나타내었다.

표 4-17. Bio-Gel P 겔의 성질

겔 종류	팽윤에 필요한 최단시간	팽윤겔의 bead 용적 ㎖/g 건조겔	최적 사용 분자량 peptide 및 단백질	최저 배제 한계 (Kd=0) 단백질 분자량
P-2	2~4	4	200~2,000	3,000
P-4	2~4	6	500~3,000	3,000
P-6	2~4	9	1,000~4,000	5,000
P-10	2~4	12	3,000~17,000	25,000
P-30	10~12	15	3,000~30,000	40,000
P-60	10~12	19	3,000~50,000	60,000
P-100	24	20	5,000~100,000	200,000
P-150	24	24	5,000~150,000	250,000
P-200	48	34	5,000~200,000	300,000
P-300	48	40	10,000~300,000	500,000 or more

라. 기 타

겔 여과에 쓰이는 여과재로는 덱스트란이나 polyacrylamide 이외에 한천에서 분리한 D-갈락토오스와 3,6-anhydro-galactopyranose의 중합체인 아가로스 겔이 있다. 이 중성의 직쇄상 다당은 고분자 물질의 분리에는 Sephadex G나 Bio-Gel P의 단점이 보완된 우수한 성능을 가지나 건조하였다가 재팽윤이 되지 않아 겔 조제 후에는 그대로 보관하여야 하며, pH가 4~9 이외의 범위에서는 쓰기가 어렵다. 시판 중인 agarose 겔에는 Sepharose, Bio-Gel A가 있다.

폴리비닐 계의 겔로서는 일본의 Toyo Soda Co.사에서 개발한 Toyopearl이 있다. 각 종류마다 입자 크기에 따라 S(20~40 μm), F(40~60 μm), C(50~100 μm)가 있으며, 종류별 분획 분자량은 표 4-18과 같다. Toyopearl의 특징은 입자가 단단하여 내압성이 우수하다는 것이다. 따라서 유속이 조금 빨라도 사용이 가능하며, 끓는 물에서도 안정하고, 120℃의 autoclave에서의 멸균에도 견딘다. 또한 염농도 변화에도 부피 변화가 없으며, 산 · 알칼리, 유기용매를 그대로 용매로 사용하여도 된다.

표 4-18. Toyopearl의 종류별 분획 가능 분자량

겔 종류	분자량 범위	
	단백질	덱스트란
HW-40	100 ~ 15,000	100 ~ 8,000
HW-50	500 ~ 80,000	50 ~ 20,000
HW-55	1,000 ~ 700,000	1,000 ~ 200,000
HW-60	5,000 ~ 1,000,000	2,000 ~ 300,000
HW-65	50,000 ~ 5,000,000	10,000 ~ 1,000,000
HW-75	500,000 ~ 50,000,000	500,000 ~ 10,000,000

그 외 다공질 실리카로서는 Porasil, 다공질 유리는 Bio-Glas라는 상품명으로서, polystyrene 겔로서는 Styragel, Bio-Beads S, 셀룰로오스를 소재로 한 Cellulofine이 시판되고 있다.

5-3. 겔 여과재의 선택

겔 여과를 행할 경우 실험의 목적에 적합한 여과재를 선정해야 하는 것은 당연하다. 겔 여과를 그 조작 목적으로 보면 ① 분자량 크기가 일정 범위 내에 있는 모두를 분획하는 경우와 ② 특정 분자량의 물질만을 분획하는 두 가지로 구별 가능하다. 한편 겔 여과재의 성질로 보면 선택의 기준으로 되는 것은 겔 여과재의 ① 기본적인 화학 구조, ② 분획 가능 범위, ③ 입자의 크기이다.

선택 시 알아야 할 사항을 보면, 겔 여과에서 시료가 겔에 직접 접촉하기 때문에 겔의 화학적 성질이 시료에 영향을 준다든지, 시료나 용매가 겔의 화학적 성질이나 기본적 구조에 영향을 주는 것은 피하는 쪽이 좋다. 어떤 겔도 보통의 염농도 및 pH 3 ~ 10 정도의 범위에서는 비교적 안정하여 사용가능하다. 이

것보다 산성의 조건 하에서도 극단적인 pH를 제외하면 텍스트란 겔, 아가로스 겔, polyacrylamide 겔, 폴리비닐 겔도 단시간은 사용가능하다. 한편 그 이상의 알칼리 측에서 텍스트란 겔, polyacrylamide 겔은 그다지 안정하지 않지만 아가로스 겔, 폴리비닐 겔은 극단적인 조건을 제외하면 사용이 가능하다. 이러한 겔도 강한 산화제의 존재 하에서는 사용하지 않는 것이 좋다. 또한, 아가로스 겔은 증기 멸균기에 의한 멸균이 불가능하고 높은 온도에서 겔 여과하는 것은 적합하지 않다. 고농도의 요소나 염산 guanidine 및 표면 활성제는 겔 구조를 파괴한다든지, 3차원 구조를 변화시킨다든지 하기 때문에 각각의 겔의 성질을 잘 알고 사용해야 한다.

1) 일정 범위 내 분자들의 분획을 목적으로 하는 경우

이는 시료용액 중에 포함되어 있는 분자량이 대표적으로 다른 시료물질을 두 가지의 그룹으로 분획할 목적으로 행하는 것으로, 단백질 용액 탈염, 고분자 헥산으로부터 저분자 뉴클레오타이드의 분획 등이 그 예이다. 이러한 목적의 경우 겔 여과재의 선정기준은 두 가지 그룹의 용질 분배계수가 다른 여과재를 선택하는 것이다. 이상적으로는 큰 분자가 겔의 망목구조로부터 완전히 배제되고(K_d), 적은 분자가 망목구조 내에 완전히 확산 가능한 조건이 얻어질 때에 가장 좋은 분리가 기대된다. 단백질 탈염의 경우를 예로 들면, 단백질의 분자량은 수만 이상이기 때문에 Sephadex G-25 혹은 Bio-Gel P-6을 사용하면 단백질은 V_o의 위치에 용출되고 염은 망목구조에 들어가 $V_o + V_x$의 위치 가까이에서 용출된다. 고분자물질의 분자량이 수만 이상인 경우에는 Sephadex G-50나 Bio-gel P-10과 같은 보다 높은 배제 한계점을 가진 겔 종류를 사용하여도 좋고, 한편 배제하고 싶은 저분자물질의 분자량이 상당히 적은 경우에는 Sephadex G-10이나 Bio-Gel P-2를 사용하여도 좋다.

2) 특정 분자량만의 분획을 목적으로 하는 경우

시료 중에 함유되는 각 용질의 분자량 차이가 그다지 크지 않은 경우, 시료를 세밀하게 분획하는 경우의 겔의 선택 기준은 목적의 용질과 근접하여 용출되는 다른 용질과의 분배계수차가 가능한 한 크게 되도록 하는 것이다. 시료용액 중에 포함되어 있는 목적 물질이나 다른 물질의 분자량이 알려져 있는 경우에는 겔의 선택은 비교적 용이하다. 그러나 실제로는 이러한 값이 불명한 것이 많다. 이 경우에는 분획 가능 범위가 다른 어떤 종류의 겔을 사용하여 예비 실험을 행하고 가장 양호한 분리 패턴을 갖는 겔의 종류를 선택하지 않으면 안 된다. 이때 좁은 분획 가능 범위의 겔을 사용하면 목적 물질과 다른 물질과의 사이에 분배계수차를 크게 하는 것이 가능하다.

5-4. 겔의 전처리

덱스트란이나 polyacrylamide 겔과 같이 건조 상태에서 시판되고 있는 겔은 실제로 사용할 때 크게 팽윤되지 않는다. 팽윤 속도는 겔의 용매화력과 용매분자의 확산 정수에 따라 결정된다. 보통 친수성의 겔에서는 증류수를 사용하여 팽윤시키지만 겔의 균일성과 팽윤 속도를 증가하기 위해서 연한 염용액을 사용하여도 좋다. Sephadex G-10, G-15, G-25, G-50, Bio-Gel P-2, P-4, P-6, P-10과 같이 비교적 물 흡수도가 낮은 겔은 팽윤에 요하는 시간이 짧고 수 시간 내에 평형에 도달하지만 Sephadex G-75, G-100, G-150, G-200, Bio Gel P-30, P-60, P-100, P-150, P-200, P-300과 같이 물 흡수도가 높은 겔은 팽윤의 속도가 늦어지게 되어 한나절에서부터 수일을 필요로 하기도 한다.

그러나 고온에서 팽윤시키면 팽윤 속도는 빠르게 되어 팽윤 시간을 단축하고 가교도가 낮은 겔도 끓는 물에서는 수시간 내에 팽윤이 이루어진다. 친수성 겔에서 팽윤이 완료한 상태에서의 겔용적은 물 흡수도의 약 2배가 된다. 따라서 팽윤 상태의 겔 용량은 건조 겔에 비해 물 흡수도가 낮은 겔보다도 수배로 되고 물 흡수도가 높은 Sephadex G-200이나 Bio-Gel P-300에서는 약 40배까지 증가한다. 이러한 값을 조사하여 보면 팽윤시키고자 하는 겔 여과재의 양을 아는 것이 편리하다.

팽윤 조작에 있어서 겔 입자를 가능한 균일하게 하고 완전히 팽윤시키기 위해 충분한 양의 용매에 겔을 적당히 교반시킬 필요가 있다. 과격한 교반 조작

이나 장시간의 교반은 겔 구조를 파괴시킬 가능성이 있으므로 Sephadex G-200, Bio-Gel P-300과 같이 물 흡수도가 높은 겔은 구조적으로 불안정하여 겔 구조가 파괴되기 쉽다. 용매 중에 분산한 상태에서 시판되고 있는 아가로스, polyvinyl이나 polystyrene 등과 같은 유기용매 중에서 사용되는 겔은 팽윤 조작은 필요하지 않고 단순히 용매를 batch법이나 칼럼에 의해서 교환하면 된다. 팽윤조작을 마친 겔 중에 입자 크기가 가는 겔이 있을 경우에는 이것을 제거할 필요가 있다. 사이즈 분포가 넓으면 분리 패턴이 바뀜과 동시에 가는 입자가 존재함으로써 용출 속도가 늦게 되는 요인이 된다.

팽윤한 겔 용액을 유리관에 옮기고 거기에 겔의 약 2배량의 용매를 가한 다음 메스실린더 입구를 parafilm과 같은 막으로 덮는다. 손으로 흔들어 유리관의 겔을 용매 중에 일단 분산시킨 후 메스실린더를 정상의 위치로 되돌리고 겔이 침전하여 층을 만들 때까지 그대로 둔다. 약 95% 정도의 겔이 침전했을 때 수중에 분산하고 있는 가는 입자를 수도의 꼭지에 직결한 흡입장치로서 흡입 제거한다. 이 조작을 2~3회 반복한다. 메스실린더 대신 큰 유리 비커에 겔을 넣고 분산하고 있는 가는 입자를 정치시켜 제거하여도 좋다.

이렇게 하여 준비한 겔을 직접 칼럼에 충진하면 기포가 나타난다. 이 기포의 존재는 용출 패턴의 변화 및 산란의 원인으로 되기 때문에 전처리 단계에서 겔 용액을 탈기하는 것이 바람직하다. 탈기 시에는 겔 용액을 큰 비커에 놓고 이것을 parafilm 등의 막으로 덮는다. 이 막에 바늘로 가는 구멍을 뚫어 놓는다. 이 비커를 흡입 데시케이터 또는 상부구를 닫은 유리병 중에 넣어 흡입 감압한다.

처음에는 가는 기포가 겔에서 무수히 발생하지만 탈기가 진행됨에 따라 기포의 수는 감소하고 기포의 크기는 증가한다. 기포가 거의 나타나지 않을 때 탈기 조작을 종료한다. 탈기 중인 비커를 가는 구멍을 한 막으로 덮는 것은 겔 용액의 갑작스런 비등에 의해 겔이 비커로부터 분산하는 것을 방지하기 위해서이다. 이 경우 다량의 용매를 사용하는 것이 탈기가 빠르고 완전하게 된다. 탈기한 겔 용액은 바로 칼럼에 충진하는 것이 좋다. 팽윤한 겔을 용액에 보존할 경우에는 단기간이라도 동결시키지 않고 냉장고에 보관한다. 또 장기간의 보존을 하기 위해서는 제조사가 추천한 방법에 따라 세균이나 곰팡이의 발육을 막는다.

5-5. 칼럼의 준비

1) 칼럼의 형태

최근에 각종 형태의 크로마토그래피가 시판되고 있다. 그러나 원리적으로 말하면 수직으로 고정한 관에 겔을 매달아 용매를 흘리면 무방하므로 상당히 정밀하고 특수한 분리를 요하는 경우를 제외하면 고가인 칼럼을 구입할 필요는 없다. 보통은 유리관을 약간 가공하여 만든 칼럼으로 하는 경우가 많다. 가장 간단한 칼럼은 균일한 크기의 수직인 칼럼관의 하단부를 가늘게 한 것으로 그 하단부에 겔 여과재를 떠받치기 위해 유리섬유로 만든 것을 사용한다(그림 4-12).

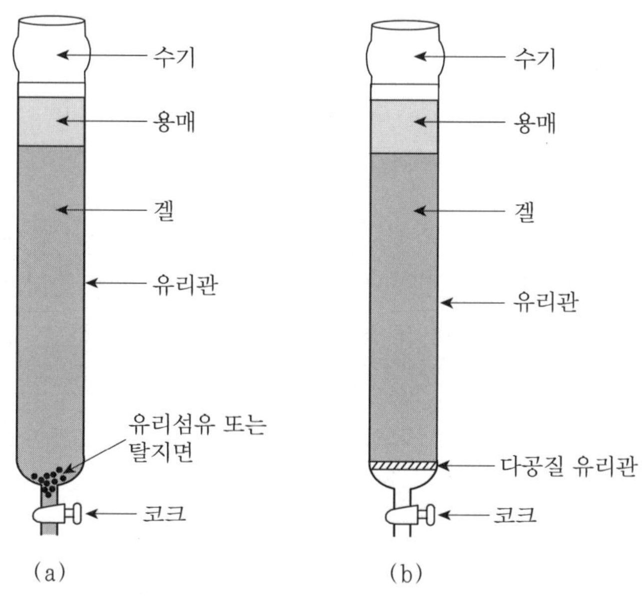

그림 4-12. 간단한 칼럼의 구조

실험실에 따라서는 그 위에 석영사라든가 유리구슬 등으로 막기도 하지만 이것은 겔을 칼럼으로부터 회수할 때에 겔이 서로 섞여서 제거하는 것이 곤란하다. 이보다 손쉬운 방법으로는 겔 여과재의 흐름을 막아 다공질의 유리판을 고정하는 것이다. 유리섬유를 사용하는 경우에는 하단부를 완전히 수평으로 해야 하는데, 이는 유리섬유 내부에서의 유속이 부분적으로 균일하지 않기 때문에 한번 칼럼 내에서 분리된 시료층이 내부에서 다시 섞이는 문제가 있기 때문이다. 다공질 유리판을 사용했을 경우에는 구멍에 겔이 막히기도 하여 유속이 저하되기도 한다. 또 다공질 유리판과 칼럼 선단부와의 사이에는 어쩔 수 없이 공간이 생기게 되어 이 부분에 용출액이 나오면 일단 분리된 시료층이 다시 혼합될 가능성이 높게 된다.

이 문제점은 용출을 개시하기 전에 이 공간에 들어 있는 용액을 일단 제거하여 두면 다시 흘러내리는 것이 없어진다. 일반적으로 다공질 유리판을 사용한 칼럼 쪽이 유리섬유를 사용한 칼럼보다 우수한 분리가 얻어진다. 겔 여과를 일정온도에서 행하고 싶은 경우에는 칼럼에 바깥관을 만들어 희망의 온도수를 항온조로 순환시킨다. 이때는 시판품을 구입하지 않아도 간단히 외통관을 만들어 사용하는 것이 가능하다.

2) 칼럼의 크기

칼럼의 크기는 시료의 용량과 분리목적에 따라서 결정된다. 첨가하는 시료의 용량이 클 때는 당연히 큰 칼럼을 사용하는 쪽이 분리능이 높다. 그러나 탈염과 같은 그룹 분획에서는 시료 용액량의 4~5배 용량의 칼럼을 사용하여도 목적을 달성하는 것이 가능하다.

또 칼럼 내의 내경에 대한 길이의 비율이 비교적 적어도 차이가 없다. 세밀한 분획을 행할 경우에는 시료 용액의 용량에 대한 칼럼 용량 비율을 충분히 크게 하고, 칼럼 내경에 대한 길이의 비율도 높게 하는 쪽이 좋다. 칼럼의 내경과 높이의 비율이 1:20 이상의 것을 사용하는 것이 표준이다.

3) 칼럼의 코팅

유리와 같이 용매에 견디는 성질을 가진 재질을 사용한 내경이 적은 칼럼(< 1 cm)에서는 벽효과(wall effects)에 의해 분리능이 저하한다. 이 벽효과는 벽

부근에 있어서 유속의 감소와 겔 입자와 벽과의 마찰에 의해 겔이 균일하게 충진되지 않기 때문에 일어나는 것으로 칼럼의 내경이 적을수록 그 정도가 크다. 이 벽효과는 칼럼의 내벽을 dimethyldichlorosilane으로 코팅하면 벽효과가 제거되고 분리능도 높게 되지만 코팅에 의해 유속이 저하한다. 이 경향은 물 흡수도가 높은 겔에 있어서 두드러진다.

이것은 코팅에 의해 겔 입자와 칼럼벽과의 마찰이 적게 되고, 겔이 보다 응축된 상태에서 충진되기 때문이라고 생각된다. 코팅조작은 다음과 같이 행한다. 잘 씻은 건조 칼럼을 1% dimethyldichlorosilane을 함유한 벤젠에 실온에서 5분간 침지한 후 공기 중에서 방치하여 건조시킨다. Dimethyldichlorosilane은 공유결합에 의해 유리표면에 결합한다.

4) 겔 충진

① 사용하고자 하는 칼럼을 수직으로 고정한다. 이때 칼럼이 조작 중에 기울어진다든지, 진동한다든지 하지 않도록 적어도 두 개 이상의 클램프를 사용하여 지지봉에 고정한다.

② 칼럼의 하단부에는 용출액을 취하기 위해 가는 튜브를 만든다. 튜브의 크기는 유속에 크게 영향을 받지 않는 한 내경이 적은 것이 용출액의 재혼합을 방지하는 데 바람직하여 보통 내경 1~2 mm의 튜브를 사용하고 있다. 칼럼의 하단에 튜브의 유속을 조절하는 코크를 만든다. 여러 가지 방식에 의한 유량조정용 코크가 시판되고 있기 때문에 그것들을 이용하면 좋지만, 간단하게는 튜브를 밖에서 묶는 스크류 코크를 사용하여도 좋다.

③ 겔을 물 또는 용출 용매로 적당히 희석한다. 희석의 정도는 그다지 높지 않은 쪽이 충진 시간을 단축시키지만, 진한 겔을 사용하면 겔 충진 중에 혼입하는 기포가 제거되지 않는 경우도 있다. 적당한 농도로 희석한 겔은 칼럼의 조작온도에 맞추어 둔다. 충진을 개시할 때 온도가 변하면 기포가 발생한다든지, 용매의 체적 변화에 의해서 겔이 정상으로 유지되지 않는다. 특히, 냉장고에 저장한 겔 용액을 칼럼에 충진할 때에는 온도를 조작온도에 맞추고 탈기 조작을 하는 등의

배려가 필요하다. 일단 탈기 조작을 행한 겔 용액에 새롭게 용매를 가해서 희석했을 경우에도 탈기 조작을 할 필요가 있다.

④ 칼럼의 코크를 완전히 열고 칼럼 상단보다는 칼럼벽을 따라서 처음에 탈기한 용매를 조용히 흘려 넣고 겔 부분(예를 들면, 칼럼 섬유나 다공질 유리판)의 공기를 제거한다. 다음에 상부에 용매가 남아 있는 상태로 칼럼 하단의 유량 조정용의 코크를 막는다.

⑤ 칼럼의 코크를 막은 상태에서 겔 용액을 칼럼벽을 따라서 조용히 주입한다. 탈기한 겔 용액이나 겔에 다시 공기가 들어가지 않도록 주의가 필요하다. 물 흡수도가 낮은 겔(보통 7.5 이하)의 경우는 칼럼에 주입한 겔 입자의 대부분이 침강하여 충진되는 단계에서 밑의 코크를 열고 겔 상부의 용매가 약 2~3 cm로 될 때에 코크를 잠근다.

겔의 높이가 불충분한 경우에는 겔 상단부분 약 2 cm를 유리봉으로 가볍게 교반하여 겔을 다시 용매로 현탁하고 겔 용액을 주입한다. 겔 상단부분의 현탁 조작을 행하지 않으면 처음에 가한 겔의 경우 비교적 가는 입자가 층을 이루고 새롭게 가하여 만든 겔 부분과의 사이에 불연속적인 층이 된다.

이상의 조작을 반복하여 희망하는 높이의 겔을 만든다. 한편 물 흡수도가 높은 겔(보통 7.5 이상)의 경우 비교적 겔 구조가 불안정하기 때문에 압력에 의해 겔 구조가 변한다. 물 흡수도가 높은 겔을 충진하는 데에는 우선 칼럼의 코크를 닫고 겔 용액을 칼럼벽을 따라서 소량 주입하여 바로 코크를 열고 액을 흘러내린다.

이때 칼럼 하단에 접속한 튜브 선단의 높이를 조정하여 겔에 걸리는 압력의 최대 조작압을 측정한다. 이때의 용매압은 칼럼 내 겔 용액의 상단과 튜브 배출구와의 높이차에 상당한다. 만약 한도 이상의 용매압이 칼럼에 가해지면 유속이 늦어지기 때문에 재충진을 행해야 한다. 겔이 전부 침강하면 겔 상단 2~3 cm 정도까지 계속해서 용매를 흘러내린다. 이 조작은 시간이 많이 걸리기 때문에 급할 때는 피펫 등을 사용하여 용매를 흘려도 좋다. 만약 겔의 높이가 충분하지 않을 때에는 물 흡수도가 낮은 겔의 경우와 마찬가지인 방법으로 겔을 가하여 목적의 겔의 높이로 한다. 이 경우에도 배출 튜브의 선단 위치에 도달하지 않도록 주의를 요하며 용매압을 조절할 필요가 있다. 최종적으로 조제된 겔의 상단면은 반드시 평행하게 해야 한다. 만약 평행하지 않으면 분리대가 오염되어 양호한 분리 패턴이 얻어지지 않는다. 실험서에 따라서는 겔 표면을 여지 등으로 덮도록 하고 있지만 시료에 흡착하는 경우도 있고, 또 시료의 첨가가 불균일하게 된다든지 하기 때문에 바람직하지 않다고 생각한다.

⑥ 겔이 완성된 후 용매를 겔상에 $2 \sim 3\,cm$ 남은 상태에서 용매 탱크를 칼럼 상단에 접속한다. 겔 표면과 연결장치와의 사이에 기포가 들어가지 않도록 주의한다. 용매 탱크로부터 용매를 흘러내리기 전에 압력을 고려하여 용매 탱크와 배출 튜브 선단의 위치를 조성한다.

이어서 용매 탱크 하단의 코크를 열고 다음에 칼럼 배출 코크를 닫은 후 적어도 겔 용량의 3배의 용매를 흘린다. 이 조작은 겔을 안정화시켜 사용하는 용매로 평형화시키기 때문에 반드시 행해야 한다. 또 용매압에 의해 용매를 흘러내리는 경우에는 압력의 상태는 펌프에서 압력을 가해서 용매를 흘릴 때에 표시되고 있는 최대 조작압을 측정하지 않으면 안 된다.

5-6. 시료의 조제와 용매의 선택

1) 시료의 조제

겔 여과법을 적용하는 물질의 종류가 많고 시료의 유래나 분획의 목적이 다르기 때문에 개개의 시료에 대해서는 각론을 참고하기 바라고, 여기에서는 겔 여과를 실제로 행할 경우에 특히 주의해야 할 항목에 대해서 논한다.

① 시료 중에 불용성 물질이 존재하면 겔의 표면에 흡착 침전하고, 용매의 유출 속도가 저하하며, 그것을 칼럼으로부터 제거하는 것도 용이하지 않다. 따라서 불용성 물질이 존재할 경우에는 여과법 혹은 원심분리법에 의해 미리 제거해야 한다.

② 생체 성분에 유래하는 시료 중 지질이나 리보 단백질이 섞여 있는 경우에는 겔에 흡착하는 성질이 있기 때문에 제거하는 쪽이 좋다. 제거의 한 가지 방법으로서 원심법에 의해서 제거하는 방법이다. 그림 4-13은 그 장치의 한 가지

예이고, 짧은 칼럼의 예를 들면, 플라스틱 주사기 밑에 유리섬유를 겔 받침으로 하여 이 위에 물 흡수도가 낮은 겔을 충진한다. 이것을 주사기의 시험관 입구에 이르도록 큰 원추 시험관 내에 삽입한다. 나중에 겔 여과를 행할 때 사용하는 용매를 겔에 주입하여 저속으로 원심하여 겔을 용매로 평형화한 다음 여분의 용매는 시험관 내로 흘려버린다. 다음에 시료를 칼럼에 첨가하고 마찬가지로 원심분리하여 시험관 내의 액은 보존한다. 시료 첨가 시와 용매에 의한 세정 시 시험관에 흡수된 액을 합해서 시료로 한다.

본법에 있어서 사용된 겔과 시료 및 용매 용량의 비율을 산출하여 두면 시료의 희석을 적게 하는 것이 가능하다. 또 혼재하는 지질을 heparine이나 덱스트란 황산염을 사용하여 제거하는 방법도 있다.

③ 시료의 점도가 높으면 용출 범위가 넓어진다든지, 분리능이 저하한다. 점도의 증가와 함께 용출 패턴은 tailing을 일으켜 분리가 어렵게 된다. 이 현상을 피하기 위해서는 시료 용액의 용출 용매에 대한 상대점도를 2 이하로 낮추어야 한다. 희석에 의해 용질의 농도를 낮추는 것이 가장 간편하지만 희석하는 것이 좋지 않은 경우도 많다. 이 경우는 덱스트란, 설탕, 글리세롤 등 점도를 높이는 물질을 용매에 가하여 시료의 용매에 대한 상대 점도를 감소시켜도 좋다. 다만 용매의 점도가 높게 되면 유속이 감소하는 것은 피할 수 없다.

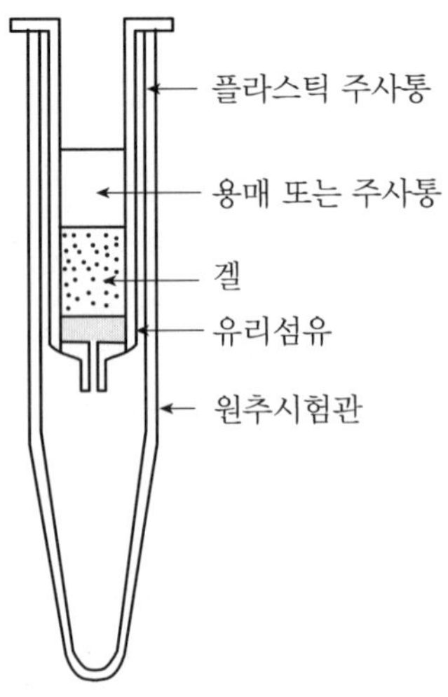

그림 4-13. 원심법에 의한 겔 여과장치

2) 시료용액의 용량

칼럼에 첨가하는 시료용액 용량의 상한은 가장 근접하는 용질간 용출 용량의 차에 의해서 결정된다. 일반적으로 이 용출 용량의 차는 분리 용량 V_s(separation column)라 불린다. 가장 근접하여 용출되는 용질 B와 용질 C의 각각의 용출 용량을 V_eB, V_eC라 하면 분리 용량 V_s는 다음 식으로 나타낸다.

$$V_s = V_eC - V_eB$$

시료로서 분리 용량 V_s에 상당하는 시료액을 첨가하면 분리대가 확대되어 두 개의 용질간의 분리가 완전하지 않다. 실제로 칼럼에 첨가 가능한 시료용량은 그룹분획에서는 칼럼 용량의 약 30%까지의 시료를 첨가한다. 그룹 분획에서 허용되는 범위로 가능한 한 많은 용량의 시료를 첨가하는 쪽이 많지만 용출되는 시료 희석을 최소로 하면 사용하는 겔량도 적게 되어 용출에 요하는 시간 단축된다. 세분획에서는 칼럼 용량에 대한 시료액 용량이 적은 만큼 좋은 분리가 기대된다. 보통 칼럼 용량의 1~2%의 시료 용량을 사용하고 있지만 가능하면 적은 쪽이 좋다(그림 4-14).

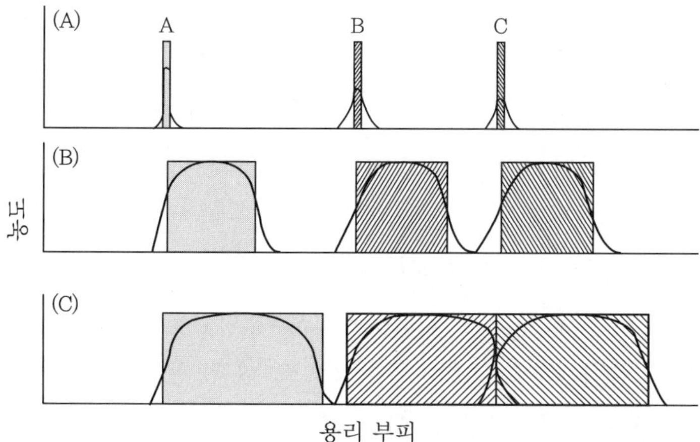

그림 4-14. 시료의 크기가 분리에 미치는 영향

A : 성분 A, B, C를 분리하기에 필요한 양에 비해 시료의 양이 너무 적다.
B : 각 성분의 분리에 적당한 시료의 양이다.
C : 각 시료를 완전히 분리하기에는 시료의 양이 너무 많다.

5-7. 시료의 주입

시료첨가 조작은 일반적인 이온교환 칼럼 크로마토그래피인 경우와 마찬가지로 좋은 분획결과를 얻기 위해 중요한 인자의 한가지이다. 우선 겔의 상단이 완전히 평평한지 확인한다. 만약 불완전한 경우에는 용매를 소량 첨가한 후 유리봉으로 겔 상단의 겔을 분산하고 정치하여 표면을 평평하게 한 다음 겔 상부에 존재하는 용매를 제거한다. 제거방법은 액을 흘리는 것이 일반적이지만 물 흡수도가 높은 겔에서는 유출속도가 늦기 때문에 피펫 등을 사용하여 가볍게 유출하여도 좋다.

그러나 소량 잔존하고 있는 용매는 흘러내림에 의해 제거하는 쪽이 좋다. 이때 겔 표면 이하까지 용매를 낮추고 겔 내에 공기가 혼입되지 않도록 한다. 겔 상부의 액이 흘러내리면 일단 칼럼의 배출 코크를 닫고 다음에 피펫 등의 선단을 겔 표면 위 $1 \sim 2\,mm$까지 내려서 시료를 주입하여 겔 위에 시료층이 쌓이게 한 후 시료첨가가 종료할 때까지 용출조작을 계속한다.

시료층의 상단을 겔 표면까지 흘려내려 흡착시키고 나서 소량의 용매를 사용하여 칼럼내벽을 세정한다. 이 조작은 두 번 반복한다. 세정용매가 겔 표면에 도달할 때 용출용매를 겔 표면상에 $1 \sim 2\,cm$ 가하고, 다음에 용매조와 접속 튜브를 칼럼상단에 접속하여 용출을 계속한다. 또 손으로 만든 칼럼의 경우 용매탱크와 접속 튜브의 끝이 유리관에 닿도록 하고, 이 관과 겔 상의 용매층과의 거리는 짧은 쪽이 바람직하다. 거리가 길면 낙하한 용매방울에 의해 겔의 표면을 산란시킬 위험이 있다.

또 한 가지의 시료첨가 방법은 겔의 표면에 용매층($1 \sim 2\,cm$)을 만들어 둘 때 여기에 상대비중을 높인 시료액을 주입하고 시료층의 희석을 최소한으로 하는 방법이다. 시료층의 비중을 높이는 데는 글루코오즈, 설탕, 글리세린 등을 첨가한다. 주사기 등을 사용하여 비중을 높인 시료액을 겔 표면 $1 \sim 2\,mm$의 위치로부터 겔 표면을 오염시키지 않도록 조용히 주입한다. 시료액은 용매층을 엎으면 겔 표면에 확실한 층이 형성된다. 이 상태에서 용매조와 칼럼을 접속한 후 용출을 개시한다. 시료액은 접속한 튜브로부터 중력법, 주사기 또는 작은 펌프 등으로 첨가한다. 시료를 첨가하는 튜브의 접속 위치는 시료의 희석을 적게 하기 위해 칼럼에 가능한 한 가깝게 하는 것이 좋다. 칼럼과 시료첨가 튜브나 용매탱크와의 절환에 세 방향 코크를 사용하면 편리하다. 조작 중에 공기가 혼입하지 않도록 주의해야 하는 것은 말할 필요도 없다.

5-8. 용출과 분취

1) 유 속

일반적으로 겔 여과에서는 유속이 늦어질수록 양호한 분리결과가 얻어진다. 그림 4-15는 유속과 용출 패턴과의 관계를 나타낸 한 가지 예이다. 유속이 빠르면 용질이 겔 내에 충분히 확산되기 어렵기 때문에 용출할 때까지의 용매량은 적지만 부분적으로 겔 내에 확산된 것의 용출에 시간이 걸리고 결과적으로 넓은 용출용량 범위로 인해 희석된다.

그러나 유속이 극단적으로 늦어지면 용질이 겔 내에서 용매의 유속과 반대 방향으로 확산하고 분리가 나쁘게 된다. 바람직한 유속은 경험적으로 결정하지만 일반적인 실험 조작에서는 물 흡수도가 낮은 겔의 경우에는 겔 표면 $1\,cm^2$ 당 $2{\sim}5\,m\ell/hr$, 물 흡수도가 높은 경우에는 $10\,m\ell/hr$이 좋다.

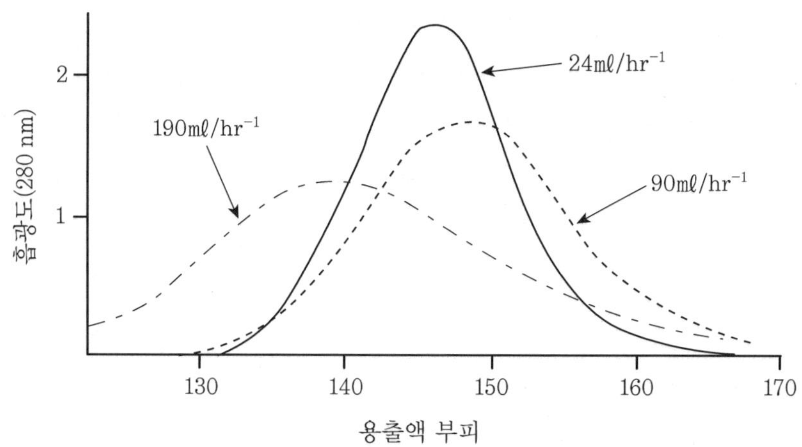

그림 4-15. 유속이 용출 패턴에 미치는 영향

　　최대유속은 동일종의 겔에 대해서는 겔의 높이에 반비례하고, 용출액량은 칼럼의 횡단면적에 비례한다. 동일종의 겔을 사용하여 만든 동일 높이의 겔에 대해서 직경과 겔 단위면적당의 유속을 비교하면 직경이 크게 되는 겔만큼 단위면적당의 유속은 크게 된다. 이것은 주로 용매의 유속에 대한 칼럼의 내벽에 의한 저항의 영향이 직경이 증가함에 따라 감소하는 것 때문이다.

2) 일정 유속을 얻는 방법

　　물 흡수도가 낮은 겔에서는 겔 구조가 안정하기 때문에 겔에 가해진 압력에 거의 비례한 유속이 얻어진다. 그러나 물 흡수도가 높은 겔에서는 가해진 압력이 낮을 때는 거의 비례한 유속이 얻어지지만 일정의 압력을 가하면 겔 구조가 변화하여 유속이 반대로 감소한다. 따라서 바람직한 유속을 얻는 데에는 가해진 압력을 일정하게 유지하는 것이 바람직한 것으로 두 가지의 방법이 있다. 한 가지는 중력에 의한 가압으로 용매탱크를 사용하는데, 칼럼에 가해진 압력은 보통 관의 하단에서부터 칼럼의 하단에 부착된 배출튜브 선단까지의 높이차이다.

　　이 장치에서는 용매가 하단으로 내려갈 때까지는 일정의 압력이 얻어진다. 용매탱크와 칼럼을 접속하는 튜브를 칼럼의 유출구의 끝에 접속한 튜브의 끝보다도 낮게 하여 맞추면 용출액의 사용이 끝나도 겔 내에 공기가 들어가는 것이 없이 그대로 용출이 정지된다. 용출용매용과 시료용매와의 두 가지의 장치를 사용하여 그 칼럼의 하단의 높이를 시료첨가 시의 압력과 용출 시의 압력을 같게 하는 것이 가능하다. 일정유속을 얻는 한 가지 방법은 정량펌프를 사용하는 방법이다. 그러나 요즈음에는 이러한 방법을 잘 사용하지 않고 테프론 또는 조절용 코크를 하단부에 직접 부착하거나 튜브를 연결해서 유속을 일정하게 하고 있다.

3) 용출액의 분취

　　칼럼 배출구에는 용출액을 fraction collector 등에 모으기 위해 튜브로 연결하지만 세밀한 분획 실험에서는 용질의 재혼합을 최소로 하기 위해 보통 내경

1~2 mm의 가는 튜브를 사용한다. 튜브의 재질은 타이콘튜브나 실리콘튜브가 적당하다.

이러한 튜브는 코크로 압축변형하여도 다시 되돌아오는 성질이 강하고 유기용매를 사용할 때도 자외흡수물질이 용출되어 나오는 것이 없다. 수용성용매에서는 폴리염화비닐, 유기용매에서는 테프론 튜브도 사용되지만 이러한 튜브는 탄력성이 떨어지는 결점이 있다. 칼럼으로부터 용출액의 채취를 위해서는 보통 fraction collector를 사용한다. 그러나 간단한 실험에서는 반드시 fraction collector를 사용하지 않아도 된다.

예를 들면, 일정 용량으로 된 시험관에 일정량씩 손으로 직접 시험관을 움직임으로써 모으는 방법도 있다. 이 경우 칼럼으로부터 유출되는 방울수를 직접 검정함으로 일정량을 분취하여도 좋다. 특히 그룹분획을 목적으로 하는 적은 용량의 칼럼에서는 이 방법으로 충분하다. 용출액의 분취에 있어서 중요한 것은 분획용량이다. 한 번의 분획 용량이 크게 되면 겔 내에서 분리한 용질을 재혼합하는 결과로 되기 때문에 미세분획의 경우에는 한 번 분획의 용량을 적게 하는 쪽이 좋다.

4) 용출액의 측정

용출 패턴의 작성에는 용출액을 분획채취 후 정량을 하는 것이 일반적이다. 이 방법의 이점은 각 분획에 포함되어 있는 시료의 정확한 정량치가 얻어지는 것이다. 결점으로서는 많거나 적거나 용출액이 재혼합 또는 희석되어 정량 때문에 번거로움과 시간이 걸리고, 정량으로 인하여 시료를 손실하는 경우가 있다. 이 결점을 보충하는 것이 크로마토그래피용의 연속측정기이다.

일반적으로는 흡광도의 측정을 행하는 경우에 한해서 사용된다. 기종의 선정에 있어서는 시료에 대한 감도와 정량성, 장시간 사용 시 안정성 등에 대해서 특히 유의해야 한다.

또 칼럼으로부터 용출액을 연속 측정장치로 측정한 후 fraction collector 등으로 분취하는 경우에 용출액량을 적게 하기 위해 측정장치와 채취장치를 연속하는 튜브 내의 용적을 가능한 한 적게 하는 방법이 좋다.

5-9. 겔의 재생

겔 여과법에서는 저분자물질이 용출되도록 충분한 액량을 흘리면 사용한 겔은 다음 실험에 사용될 수도 있고 이온교환 칼럼 크로마토그래피의 경우와 같이 활성화하는 조작은 필요하지 않다. 이것이 겔 여과법의 편리한 점이다. 보통 겔로부터 용질의 회수율은 100% 가까이 되지만 만약 회수율이 낮은 경우에는 겔 내에 용질이 잔존하고 있는 것으로 되기 때문에 그대로 재사용하는 데에는 문제가 있다.

회수율 저하의 원인으로서는 시료물질이 가용화되지 않거나, 겔 여과재에 흡착하거나, 용매조건이 부적당하여 겔 내에 불용화하는 것 때문으로 생각된다. 시료 물질이 충분히 가용화되지 않는 경우에는 불용물질이 겔 내에 침착하고 있는 것이 많기 때문에 겔 표면의 겔을 제거하고 새로운 겔을 추가하여 재사용한다. 또 사용한 용매의 이온 강도가 낮기 때문에 일어나는 흡착은 이온 강도를 높인 용매계로 겔을 세정하여 제거한다.

방향족화합물의 흡착은 보통 수용성용매를 사용하여 겔을 세척하면 제거가 가능하지만 경우에 따라서는 상당히 다량의 용출액량을 필요로 한다. 이때에 용매의 이온 강도를 높이고 pH를 바꾸면 제거효과가 좋게 되는 것이 보통이다. 용매조건이 나쁘고 시료가 겔 내에 불용화한 경우나 비특이적으로 흡착한 경우에는 용매조건을 바꾸어 용출을 시도하여도 시료를 완전히 회수할 수 없는 것이 많아 새로운 겔로 바꿔야 한다.

또 시료용액 중의 목적물질은 칼럼으로부터 완전히 회수하여도 시료용액 중의 다른 물질이 겔에 잔존하고 있는 것이 있다. 예를 들면, 지질이나 리보단백질은 겔에 흡착하는 성질이 강하다. 지질은 Tween 80(5% 수용액)에서 세정하면 제거된다. 일단 사용한 칼럼은 제반 조건을 지키면서 사용하여도 어느 횟수 이상 사용하면 다음에 유속이 저하하는데, 이것이 물 흡수도가 특히 높은 겔에 두드러지는 것은 겔 구조가 비교적 불안정하므로 반복 사용함에 따라 다음에 압축된 상태로 되기 때문이라고 생각된다. 이 경우 상하로 연결된 칼럼은 칼럼 상하를 반대로 하던지 또는 흐르는 방향을 반대로 하면 유속이 회복하는 것도 있지만 보통은 겔을 재충진하여 사용한다.

5-10. 겔의 보존

덱스트란 겔 및 아가로스 겔은 세균이나 곰팡이의 작용으로 분해되기 쉽지만 polyacrylamide 겔이나 폴리비닐 겔은 미생물의 작용을 받기 어렵다. 그러나 용매 중에 포함되어 있는 물질이나 겔 내에 잔존하고 있는 시료유래의 물질에는 미생물 생육의 영양원으로 되는 것도 많다. 따라서 겔 용액을 그대로 보존한다든지 칼럼에 충진한 상태로 보존하면 세균이나 곰팡이의 생육이 일어난다. 미생물이 다소나마 생육한 겔은 재사용이 불가능하다. 그래서 칼럼 내 겔의 상태에 적당한 용매로 영양원으로 되는 것은 세척하여 둘 필요가 있다. 겔 현탁액의 보존은 칼럼 보존법에 따르지만 겔을 냉장고에 저장할 때에는 동결되지 않도록 주의해야 한다. 동결하면 겔 구조가 파괴되고 정상적인 겔 여과재로서의 성질이 소실된다. 일반적으로 일단 팽윤한 겔을 다시 건조할 필요는 없지만 덱스트란 겔이나 polyacrylamide 겔에서는 겔 구조를 변화시키지 않고 건조하는 것이 가능하다고 한다.

그러나 아가로스 겔이나 polystyrene 겔은 일단 건조하면 원래 상태로 되돌리는 것은 곤란하기 때문에 건조시키면 안 된다. 팽윤한 겔을 buchner funnel로 잘 수세하여 염류나 불순물을 제거하고 다음에 알코올을 조금씩 가하여 흡입시킨다. 수축한 겔을 흡입하여 여분의 알코올을 제거한 후 $60 \sim 80\,^{\circ}\mathrm{C}$에서 건조한다. 덩어리가 생겨도 다시 팽윤시키면 쉽게 부서져 균일하게 되므로 특별히 파쇄할 필요는 없다. 천천히 주의 깊게 알코올 탈수를 행하면 덩어리의 생성이 방지되는 것이 가능하다.

6. 고성능 액체 크로마토그래피 (High Performance Liquid Chromatography, HPLC)에 의한 분리, 정제

이전에 사용하던 크로마토그래피는 주로 유리로 된 칼럼에 고정상으로 수지나 흡착제를 충진하고, 액체를 이동상으로 사용하였다. 따라서 분리에 시간이

많이 걸리고 칼럼의 크기가 컸으며, 분리도 제대로 이루어지지 않았다. 이러한 분리능은 고정상 입자의 표면적이 클수록 좋아지므로 입자의 크기가 작은 미립자의 표면 다공성 고정상들이 속속 개발되었으나, 입자 크기가 작아진 만큼 칼럼에 충진하였을 때 이동상 용매가 제대로 흘러가지 못하게 되었다.

따라서 고속 액체 크로마토그래피(High Performance Liquid Chromatography, HPLC)는 고압에도 견딜 수 있도록 스테인리스 관에 이들 미립자의 고성능 충진제를 충진하고, 단시간 내에 분리가 가능하게 하기 위해서 고압 펌프(high-pressure pump)를 사용하여 강제로 용매를 흘려 고속 분리(high speed separation)를 가능하게 한 것이다. 또 연속적으로 분리가 가능하게 하기 위하여 여기에다 검출기나 시료 주입기, 기록기 등의 부속품들이 추가되어 수많은 종류의 HPLC들이 생겨나게 되었다. 그래서 "HPLC"는 당시에는 그 특징을 High Pressure Liquid Chromatography(고압 액체 크로마토그래피) 혹은 High Speed Liquid Chromatography(고속 액체 크로마토그래피)라고 하였다.

그러나 충진제 제조 기술의 발달과 함께 중압 내지 저압에서도 충분히 고성능 분리(high-performance separation)를 갖는 칼럼이 나타나는 등으로 HPLC는 현재 High Performance Liquid Chromatography(고성능 액체 크로마토그래피)를 의미하는 것으로 되어있다. 따라서 우리가 고속 액체 크로마토그래피라고 하는 방법은 실제로는 영어와 마찬가지로 "고성능 액체 크로마토그래피"라고 불리고 있지만 어감이 좋고 일반적으로 널리 퍼져있으므로 초기의 이름이 종종 사용되고 있다.

한편 HPLC가 천연물의 분리, 정제에 널리 쓰이는 이유는 가스 크로마토그래피(gas chromatography, GC)의 경우 휘발성 물질 외에는 분석 대상으로 하지 않는 대신 HPLC는 용매에 녹을 수 있는 시료뿐만 아니라 종래의 액체 크로마토그래피(Liquid Chromatography, LC)에 비교하여 높은 고성능 분리로 단시간에 이루어질 수 있기 때문이다. 이와 같은 HPLC의 특성은 생체시료의 분석에뿐만 아니라 생화학 영역에서도 여러 가지 생체 관련 물질의 분석, 정제방법으로서 필수 불가결하다.

HPLC의 종류는 사용자나 생산자들의 편의에 따라 또는 특별히 강조하고자 하는 특징, 이동상의 종류나 고정상의 종류에 따라서도 여러 가지 이름으로 불려지고 있다. 그러나 일반적으로는 HPLC에서 가장 중요한 부분이 칼럼이라 할 수 있으며, 이 칼럼상에서 이루어지는 분리의 원리(고정상의 차이)에 따라 분배, 흡착, 이온교환, 사이즈 배제 크로마토그래피 등 4가지로 HPLC를 구별할 수 있다(표 4-19). 분리의 이론은 앞서 설명한 칼럼 크로마토그래피나 GC의 경우와 본질적으로 같다.

초창기엔 극성인 고정상과 헥산, heptane, isooctane과 같은 비극성 이동상을 이용한 정상 크로마토그래피(normal phase chromatography, NP)가 많았으나 최근에는 역상 크로마토그래피(reverse phase chromatography, RP)가 점차 더 중요한 방법으로 정착되게 되었다. 역상은 고정상이 비극성이고 이동상이 극성이므로 수용액 시료의 분리에 적당할뿐 아니라 극성 고정상의 흡착에 의한 tailing을 현저하게 줄일 수 있는 장점이 있다.

표 4-19. 분리 원리에 따른 HPLC의 분류

종 류	이동상	고정상	분리 원리
분배 크로마토그래피	액체	액체	고정상 액체의 용해도
흡착 크로마토그래피	액체	흡착제	흡착력
이온교환 크로마토그래피	액체	이온 교환체	이온 교환능
겔 크로마토그래피	액체	다공성 분자체	충진제 내부의 침투도

6-1. HPLC의 기본 장치

최근의 HPLC 장치는 주변기기의 크로마토그래피에 의해서 아주 정밀하고 고도로 지능화되어 있지만 기본적으로는 그림 4-16에 나타난 것과 같은 구성으로 되어 있다.

HPLC 장치의 기본구성은 종래의 LC와 거의 차이가 없지만 송액 펌프, 칼럼, 검출기 및 기록계로 되어 있다. 여기에 gradient 장치, 시료 주입 장치, 압력계, 유도체화 장치, 항온조, fraction collector, 데이터 처리장치 등을 필요에 따라 선택하여 부착할 수 있고, 최근에는 이들 전체를 시스템화하여 중앙에서 자동으로 조절하고 결과를 해석할 수 있도록 발전되어 있으며, 여러 가지 필요한 기능과 안전장치들이 부착되어 있다. 다음은 HPLC 구조를 크게 송액 장치, 시료 주입기, 분리 장치, 검출기 및 기록 장치로 구별하여 이것에 대해 대략적인 설명을 하고자 한다.

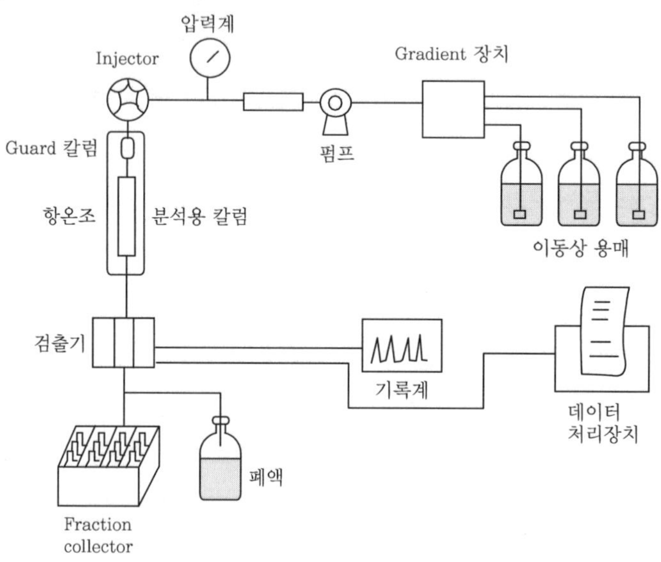

그림 4-16. HPLC 장치의 기본구성

1) 송액 장치

가. 이동상 저장고(reservoir)

내부에 저장되는 이동상의 조성을 일정하게 보관하고 외부로부터의 오염을 방지하는 구조로 되어 있다. 이동상 저장고는 특별한 것은 아니며, 없을 경우에는 삼각플라스크나 비커 또는 깨끗하게 세척한 시약병 등을 써도 무방하다. 이동상을 저장하여 두는 용기로서는 보통 $500\,m\ell \sim 4\,\ell$ 정도로 여러 가지 재질의 병이나 용기가 사용되고 있다. 유기화합물을 분석하는 경우 폴리에틸렌과 같은 플라스틱제 용기는 가소제가 침출되기 때문에 피하는 쪽이 좋고 유리용기를 사용한다. 반대로 무기이온이 분석의 대상으로 되는 경우에는 이온이 용출할 가능성이 있는 유리나 스테인리스제를 피하고 플라스틱제 용기를 사용하는 것이 원칙이다.

이때 유리는 알칼리에 녹고, 스테인리스는 산이나 알칼리에서 부식되며, 플라스틱류는 유기용매에 녹기 쉬운 점에 유의할 필요가 있다. 요구되는 이동상 저장고는 내용매성을 고려하여 분석 목적에 따라 재질을 선택하는 것이 중요하며, 이동상의 휘발이나 분진의 혼입이 없고 필요 이상으로 공기에 접촉하지 않는 구조가 바람직하다. 이동상에 먼지나 입자가 HPLC에 혼입되지 않게 할 목적으로 사용하는 suction filter가 막히면 펌프 유량이 일정하지 않게 된다. Membrane 필터의 경우에는 교환하고 스테인리스제 필터의 경우에는 초음파 세정기로 막힌 것을 제거하는 것이 좋다. 한편 종전에는 혼합 용매의 경우 미리 혼합하여 사용하였으나 요즈음은 여러 종류의 용매를 따로따로 보관하면서 장치 내에서 일정 비율로 혼합시키도록 고안되어 있으며, 용매가 흐르면서 자동으로 탈기되도록 하는 탈기장치도 들어있다.

나. 송액 펌프

펌프는 송액계의 중추를 담당하는, HPLC 장치 중에서도 칼럼과 함께 가장 중요한 구성 요소이다. 지금까지 HPLC용으로 개발된 펌프는 구조 원리에 따라 plunge형, syringe형, diaphragm형, air cylinder형의 4종으로 구별한다(그림 4-17).

그러나 최근 시판되고 있는 HPLC용 펌프의 대부분은 모두 plunge형으로 되어 있다. 이것은 이 형의 펌프가 고압에서 송액의 정확도가 좋고, 장시간 사용할 수 있으며, 구조가 간단하여 용매 교환이나 보수가 용이한 특징을 가지고 있다. 작동 원리는 plunge이라 불리는 원주 막대의 왕복 운동과 펌프 내에 있는 역류 방지 장치로서, 마이너스 압력 시에 이동상을 흡입하고 플러스 압력 시에 송액하는 것이 좋다. Plunge seal은 고압 펌프의 성능을 유지하는 데 아주 중요하다. 유기용매용과 수계용매용으로 나누어지고 보통 3~6개월은 액누수를 일으키지 않는다.

그러나 장기간 사용하면 표면이 마모하여 느슨하게 된다든지 찢어진다든지 하여 plunge seal 사이가 벌어져 액누수의 원인이 된다. 또 무기염을 포함하는 용출액은 약간만 seal에 흘러도 염을 석출하여 seal을 파손하기 때문에 고농도의 염을 사용한 후에는 반드시 펌프를 세척해 두는 것이 좋다. Seal을 교환할 때는 plunge를 충분히 담긴 상태에서 펌프를 중지하여야 고가인 plunge가 부러지지 않는다.

한편 일반적으로 펌프는 용매를 저장조에서 cylinder 내로 빨아들일 때는 칼럼 쪽의 압력이 낮아지게 되고 칼럼 쪽으로 배출할 때는 고압이 생겨 사람 몸속의 혈압에 차이가 생기는 것처럼 압력차이가 발생하여, 고압 시에는 용매가 빨리 흐르게 되고 저압 시에는 유속이 느려지는 소위 맥류 현상이 발생한다.

따라서 이를 제거하기 위하여 완충장치인 damper가 구비되어 있다. 이 장치에 의하여 용매는 항상 일정한 유속으로 흐르게 되며, 그 밖에 압력계와 안전장치로 필요 이상의 고압에서 송액이 중지되는 장치가 있다.

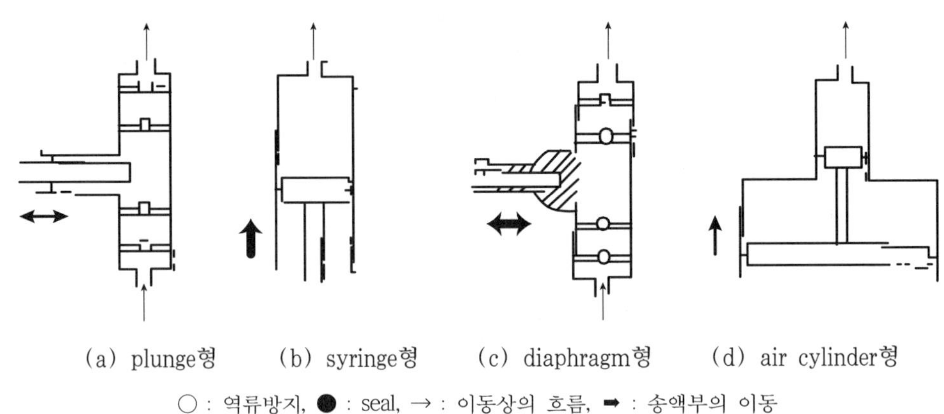

(a) plunge형　　(b) syringe형　　(c) diaphragm형　　(d) air cylinder형

○ : 역류방지, ● : seal, → : 이동상의 흐름, ➡ : 송액부의 이동

그림 4-17. 대표적인 HPLC용 펌프의 구조

2) 시료주입기

초기의 HPLC에서는 GC와 마찬가지로 시료를 micro syringe로 칼럼 상부의 septum에 주입하였다. 시료는 sample loop에 보관하여 통로를 전환함으로써 칼럼으로 보내진다(그림 4-18).

시료가 미량인 경우에는 micro syringe로 일정량 주입하는 방법도 사용되지만 시료가 충분한 경우에는 sample loop 전체를 시료로 채워서 주입하는 방법이 좋다. 이는 주입량에 대한 반복 재현성이 상당히 높으며, 보통 $20\,\mu\ell$의 loop가 많이 쓰이고 있다.

그러나 시판의 sample injector 종류가 다르기 때문에 주의를 요한다. Syringe의 끝이 수직으로 된 것과 경사로 된 것으로 나눌 수 있고, 각각 바늘의 길이가 다른 제품이 있다. 바늘의 길이가 짧으면 시료의 주입이 불충분하고 반대로 길면 nob를 회전시킬 때 바늘이 말려 들어가 rotor seal을 파손시키기 때문에 반드시 적정한 micro syringe를 사용해야만 한다.

한편 서로 다른 시료에서 동일한 물질의 분석 등에는 자동 시료 주입기를 사용하면 편리하다. 일정한 시간 간격으로 시료가 주입되도록 입력하면 사람이 없어도 자동적으로 일정 시간마다 시료가 주입되어 분석과 결과가 저장되므로 경제적이다.

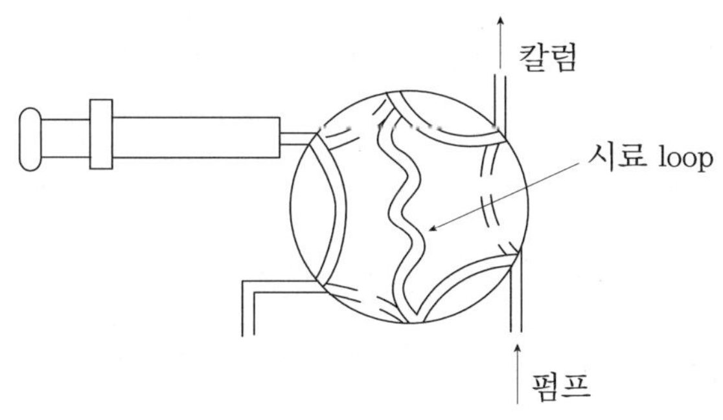

Loop의 구조

그림 4-18. Sample injector의 예

3) 분리 장치

가. 칼럼의 종류

HPLC에 사용되는 칼럼은 고압에도 견디는 스테인리스로 된 관 내부에 여러 가지의 고정상을 충진한 것이다. 빈 관에 적당한 충진제를 넣어 직접 만드는 것도 가능하지만 고이론단을 요구하는 경우에는 시판의 충진 칼럼을 구입하는 것이 좋다. 현재 시판되고 있는 HPLC용 칼럼에는 흡착(액·고), 분배(액·액), 이온교환, 사이즈 배제 등 네 가지가 대부분이지만, 사용빈도로 보면 ODS-실리카 계의 역상 칼럼이 대부분이다. 최근에는 소량의 용매로 분석이 가능하도록 GC에서와 같이 고성능의 모세관 칼럼이 분석용으로 개발되어 있다.

각종 칼럼에 이용되는 대표적인 충진제와 그 특성을 표 4-20~4-23에 나타내었다.

표 4-20. 흡착 · 분배 HPLC용 충진제

종 류	형 상	입경(μm)	표면적(m^2/g)
표면다공성 실리카겔	구상	20~50	1~30
다공질 실리카겔	구상, 파쇄상	3~100	100~600
전다공성 실리카겔	구상, 파쇄상	31~125	10~65
피복형 실리카겔	구상, 파쇄상	3~100	-
화학결합형 실리카겔	구상, 파쇄상	3~100	140~500
표면다공성 알루미나	구상	20~50	1~20
전다공성 알루미나	파쇄상	5~100	50~100
Plus polymer	구상	5~300	-
화학결합형 다공성 polymer	구상	6~15	-

표 4-21. 이온교환 HPLC용 충진제

종 류	교환기	교환용량(meq/g)	입자경(μm)
박막형	-SO_3H -N^+R_3	0.001~0.01	30~50
표면다공성 피복형	-SO_3H -NH_2 -$N+R_3$	0.001~0.02	20~50
전다공성 이온교환수지	-SO_3H -N^+R_3	2~5	5~150
표면다공성 화학결합형	-SO_3H -N^+R_3	0.01~0.1	20~50

표 4-22. 사이즈 배제 크로마토그래피용 충진제

기계적 강도	matrix	용도
연 질	가교 덱스트란	GF
	아가로스 겔	GF
	polyacrylamide 겔	GF
반 경 질	가교 polystyrene 겔	GPC
	가교 polymetaglyrate 겔	GPC, GF
	가교 polyvinylalcohol 겔	GF
경 질	실리카겔	GPC
	다공성 유리	GPC
	화학결합형 실리카겔	GPC, GF

표 4-23. 여러 가지 칼럼의 크기

칼럼	칼럼내경(mm)	사용 가능 유량($\mu\ell$/min)
HPLC용	3~4.6	500~2,000
Semi-micro HPLC용 (micropore 칼럼)	1~2	50~200
Micro HPLC용	0.1~0.5	0.5~10

나. 칼럼 재질과 충진제의 구조

분리 과정이 일어나는 주된 곳이 칼럼으로 칼럼 용기는 스테인리스, 유리, 플라스틱 등과 같은 재료로 제작되며 길이와 지름은 아주 다양하다. 칼럼 재질은 용리액에 의한 부식이나 화학적 변질이 없고 칼럼 효율에 변동을 주지 않는 것이 좋다. 칼럼 재질, 길이, 지름은 칼럼의 수명, 효율, 분석속도에 영향을 주며 이론단수에 직접적인 관련성을 갖는다. 스테인리스로 만든 길이 10~30 cm, 안지름 4~10 mm 또는 길이 대 지름비(length to diameter)가 10~20배 정도인 것이 일반적이다.

또 칼럼관의 상단과 하단에 충진제를 지지하기 위해 칼럼 두께에 대한 나사산의 각도와 깊이를 제조회사 간 서로 미세하게 차이를 둔다. 사용하다가 나중에는 점차 나사산이 뭉개지는 것도 많기 때문에 처음부터 호환성이 없다면 신중히 생각해서 대처하는 것이 바람직하다.

충진제는 표피형(pellicular : 표면 다공성 superficially porous) 입자와 완전 다공성(fully porous) 입자가 있다. 표피형은 지름이 30 μm인 구형의 유리 또는 폴리머 구슬(bead) 지지체 표면에 두께 0.1~2 μm의 실리카, 알루미나 또는 이온교환수지의 얇은 층이 입혀져 있다. 얇은 층으로 되어 있으므로 미세구멍의 깊이가 얕고, 평형에 도달되는 시간이 빠르다. 그림 4-19는 HPLC로 사용되고 있는 충진제입자의 기본구조이다.

단위부피당 표면적이 작기 때문에 시료주입량이 적어야만 한다. 오늘날에는 완전 다공성 실리카겔 또는 polystyrene겔 입자가 더 많이 사용되고 있다. 모양은 구형 또는 과립형이 있는데, 구형이 더 좋고 입자 크기는 모두 3, 5, 7, 10 μm

가 보편적이며, 미세공 크기는 6~12 nm 정도다.

실리카 표면은 물과 수소결합력을 가진 silanol group과 siloxane group이 그물망을 이루고 있다. 150℃ 정도로 가열하면 흡착된 물이 제거되고 200~650℃ 정도에서 수소결합이 깨어진다. 고온에서 silanol group이 탈수되고 siloxane group 중심의 소수성 표면이 된다. Silanol group의 pKa = 9.5이므로 순수한 실리카 표면은 약산성이고 실리카 현탁액의 pH는 약 5이다.

그러므로 실리카 칼럼은 pH 8.5 미만에서 사용해야 된다. 화학결합상이 개발되기 이전까지는 액체 고정상을 실리카 표면에 입혀서 사용하였고, 표면이 벗겨지는 문제점을 해결하기 위해 화학결합상이 개발되었다.

가장 보편적인 화학결합상은 siloxane형, Si-OSi-R이다. 실리카겔을 0.1 M HCl 속에서 90℃ 정도로 24시간 가온하여 silanol group을 만든다.

이것을 organochlorosilane의 톨루엔 용액과 pyridine(proton acceptor)을 촉매로 하여 반응시킨다. Organosilane 시약은 ethyl(C_2), butyl(C_4), hexyl(C_6), octyl(C_8), octadecyl(ODS, C_{18}), phenyl, chloropropyl, aminopropyl, cyanopropyl 등이 쓰인다. 이러한 silanization을 거친 후 trimethylchlorosilane으로 처리하면 표면에 남아있는 silanol 말단 폐쇄(end-capping)가 이루어진다.

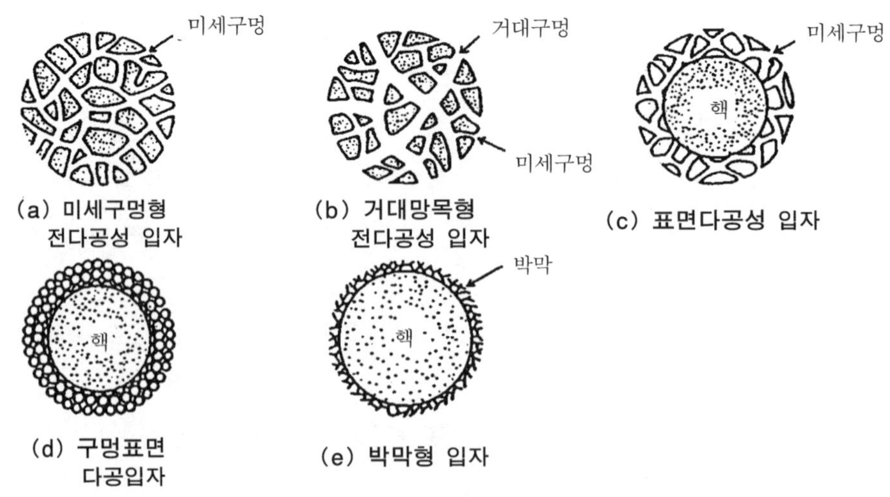

그림 4-19. HPLC용 충진제 입자의 기본구조

다. 칼럼 부속품과 배관

입자상 물질, 오염물질, 기포, 고정상에 지나치게 오랫동안 머무르거나 용리되지 않는 시료성분으로부터 분석 칼럼을 보호하여 수명을 연장하기 위해 보호 칼럼(guard column) 또는 전치 칼럼(precolumn)을 사용하거나 경로필터(in-line filter)를 사용한다. 보호 칼럼은 시료 주입장치와 분석 칼럼 사이에 연결한다. 보호 칼럼은 길이가 10 cm 미만(2~5cm 정도가 일반적)이다. 또 칼럼의 온도를 일정하게 해주기 위해 항온장치(oven or heat jacket)를 사용한다.

일반적으로 온도를 높이면 용매의 점도를 낮추고 용질의 용해도를 높여주므로 분리능이 개선된다. 특히 굴절률 검출기, 전기화학 검출기 등은 온도조건에 민감하다. 배관에는 내경이 0.009 inch(약 0.2 mm)인 스테인리스 관을 사용한다. 접속부(fitting)에는 액의 누출을 방지하기 위하여 ferrule과 nut를 사용하며 가급적 빈 공간(dead space)을 작게 하기 위하여 배관 길이를 짧게 하고 union(또는 coupling)의 사용은 적게 하여야 extra band broadening을 줄일 수 있다. 스테인리스 관을 미리 유기용매를 흘려 세척한 다음 용매가 천천히 흐르는 상태에서 칼럼에 연결해야 칼럼오염을 방지할 수 있다. 칼럼 입구쪽이 오염된 경우 칼럼 입구와 출구쪽을 뒤집어 연결한 다음 소량의 용매를 흘려 세척하고 다시 원래 상태로 연결시킨다.

라. 칼럼 항온조

HPLC에 있어서 칼럼 온도의 조절은 상당히 중요하다. 일반적으로 흡착 방법이나 GPC 방법에서는 온도에 약간 영향을 받지만 역상 또는 이온교환 칼럼은 상당한 영향을 받는다. 항온수조, 온수 자켓, 순환공기욕조 및 금속 블록 등이 이러한 목적으로 사용되며, 칼럼 온도는 ±0.5℃ 이내로 유지하는 것이 바람직하다.

4) 검출기

가. 자외, 가시 흡광 검출기

물질의 흡광도(A)는 농도(c)에 비례한다($A = \epsilon bc$)는 Lambert-Beer 법칙에 측정 원리를 두고 있다. 자외부 복사선을 흡수하려면 분자구조 내에 π 전자로 된 발색단(chromophore)이 있어야 된다. 자외부 흡수가 없거나 약한 물질은 유도체화가 필요하다.

예컨대 아미노산은 알칼리성에서 phenyl- isothiocyanate(C_6H_5-N=C=S)와 반응시킨 다음 trifluoroacetate로 처리하여 산성에서 가열하면 3-phenyl-2-hydantoin 유도체가 되어 254 nm에서 강한 흡수를 나타낸다.

이 방법은 Edman법으로 알려진 1Q유명한 유도체 반응이다. 석영제 시료 용기(flow cell)의 부피는 8 $\mu\ell$ 정도, 경로 길이 10 mm인 것을 일반적으로 사용하며, 흐름 경로 기벽에서의 흡광 오차를 제거시킨 Taper cell(Waters) 같은 특수 설계형도 있다. 광원은 주로 중수소(D_2) lamp를 사용한다.

일반적으로 가장 널리 이용되는 것이지만 자외 흡수가 없는 물질에는 사용이 곤란하다. 종전에는 400 nm 이하의 자외선 영역만 검출 가능한 검출기가 많았으나, 요즈음에는 자외부와 가시광선 영역까지 검출(190~700 nm) 가능한 검출기가 많이 쓰이고 있다. 그 외 측정 파장(254, 280 nm) 고정형, 측정 파장 time programming형, 다이오드 배열형(photodiode array, PDA) 등 여러 형태가 있다.

최근에는 특히 크로마토그래피를 하면서 전 파장 영역(190~800 nm)을 순간적으로 동시에 스캔 가능한 PDA 검출기의 등장으로 그동안 최대 흡수 파장을 알 수 없었던 물질까지도 손쉽게 모니터링이 가능해졌다. 흡광도 검출기는 기울기 용리의 검출에 이용할 수 있으나 pH 기울기 용리의 경우엔 pH에 따라 용질의 흡광도가 달라질 수 있으므로 주의해야 한다.

나. 형광 검출기

물질이 빛을 흡수하여 바닥 상태로부터 들뜬 상태로 전이된 다음 다시 바닥 상태로 떨어질 때 흡수한 파장보다 긴 파장의 빛을 방출하게 된다. 시료의 분자구조가 형광성을 띠거나 형광 유도체를 만들었을 때 사용한다. 형광성 물질은 비편재화된 π 전자를 가진 여러 고리 방향족 화합물이거나 불포화 이중결합이 많은 분자이다.

예를 들면, 벤젠고리 치환물 중 작용기가 -OH, $-OCH_3$, $-H_2$, $-NH(CH_3)$, $-N(CH_3)_2$, -F, -CO 등인 화합물을 들 수 있다. 특이성 면에서는 가장 우수한 검출기이므로 물질에 형광이 있는지 확인하여 형광이 있다면 이 검출기를 사용하는 것이 매우 유리하다. 그러나 형광성이 없거나 카르복시기 등을 가져 용출 밴드가 넓어져 분리가 곤란한 물질이라도 유도체화하여 형광성 물질로 만들 수 있다. 형광의 세기는 시료 농도와 입사 복사선의 세기에 비례한다는 원리에 따라 정량한다.

그런데 형광의 강도는 소광되거나 증대되는 경우가 많아 임의적 세기를 측정하는 것이 보통이다. 시료 용기는 석영으로 만들어지고 사각이 투명하며, 지름 10 mm, 부피 18 $\mu\ell$ 정도가 분석용으로 쓰이고, 정제용에서는 90 μm 이상을 쓴다. 형광 강도는 최대 들뜸 파장과 최대 형광 파장을 고정하고 Xe을 광원으로 하여 90° 각도에서의 방출 강도를 측정한다. 검출 한계가 자외부 흡광도 검출기보다 1,000배에 가까운 pg 이상으로서 고감도 검출기이다.

다. 굴절률 검출기

용매의 굴절률(refractive index, RI)과 용질의 굴절률 차이는 용질 농도에 비례한다는 데 기초를 두고 물질을 검출하지만, 직선성의 범위가 좁고, 감도가 낮으며, 온도의 영향을 많이 받는다. 따라서 온도 조절이 필수적으로 필요하며 용매 조성이 시간 경과에 따라 변동되는 기울기 용리에는 적용하기가 곤란하다.

또 분리되는 물질의 어떤 특징을 이용하는 것이 아니라 어떤 물질이든지 용출되어 나오게 되면 굴절률이 다르게 되므로, 특이성이 없어 다른 성분 또는 유령 피이크(ghost peak)와의 구분이 어려운 단점은 있으나 자외부나 가시부에 흡수가 없는 물질의 경우에도 모니터링이 가능하므로 어떤 물질의 분리에도 이용이 가능하다.

칼럼상 불순물 등의 영향을 완전히 제거하기 위해서는 분석하기 전에 base line을 보면서 충분히 안정화 시켜야 하고 검출 한계는 1 μg 정도이다. RI 검출기는 편광형과 Fresnel형이 있다. 시료 용기(sample cell)와 기준 용기(reference cell)가 있으며, 시료 용기에는 용질이 포함된 이동상이 흐르고, 기준 용기에는 이동상만이 흐르도록 설계되어 그 굴절률의 차이를 측정한다. 시료 용기가 오염되면 base line이 들뜨고 펌프 맥류에도 영향을 준다. 오염된 용기의 세척에는 15% 질산 약 50 mℓ로 씻고 다시 아세톤 50 mℓ로 세척한다.

라. 전도도 검출기

전기 전도도(conductivity) 검출기는 이동상의 전도도와 용출된 각 이온의 전도도 변화량을 측정하는 것이 원리이다. 따라서 분자량이 적은 이온성 유기물을 분리하기에 적합하다.

특히 이온 크로마토그래피에 의하여 음이온(무기이온, 착이온, carboxylate, sulfonate), 양이온(알칼리토금속, 알칼리금속, 전이금속, 아민)의 정성 및 정량에 널리 쓰인다. 전도도는 온도에 따라 변하므로 온도 조절이 필요하고, 맥류의 영향을 받기 쉬우며, 용매의 이온 강도가 변화하는 농도구배 용출 시에는 용매의 전도도가 함께 변하게 되므로 주의하여야 한다.

마. 전기 화학 검출기

작업 전극에서 산화-환원반응을 일으킬 수 있는 화합물을 측정하기 위해 전류법(ampertry), 전기량법(coulometry), polarography 검출기가 쓰인다.

흐름경로 속에 작업 전극, 기준 전극, 보조 전극이 들어있다. Catcholamine, mercaptane, aromatic, nitro 및 halogen 화합물 등 전기화학반응(산화환원 반응)에 활성인 화합물에만 검출이 가능하다. 전류법의 경우 측정된 전류는 칼럼 용출액 속에 존재하는 화학종과 작업 전극 사이에 전자 교환에 의하여 일어난 산화-환원반응 결과 발생된 것이다. 용질분자가 전자를 내어 놓으면 산화이고 작업 전극이 전자 주게로 거동하면 환원이다.

Catecholamine은 2개의 hydroxy기에서 cell 속으로 전위를 발생시킨다. 2개의 전자가 분자로부터 작업전극으로 이동된다. 이때 발생된 전류를 패러데이 전류라 부른다. 흐름 속도, 이동상의 조성, 온도, 전위 등이 일정할 때 페러데이 전류는 용출액 속에 존재하는 화학종의 농도(활동도)에 비례한다. 검출한계가 pg 정도로 예민하다. 흡광도 검출기로는 검출되지 않는 금속이온까지도 검출되므로 충분한 세척 또는 차단(masking)이 필요하다. 초순수, isopropanol(또는 메탄올), 초순수, 질산, 초순수, EDTA, 초순수 순으로 철저히 씻는다.

바. 기타 검출기

HPLC에 사용되는 검출기에는 표 4-24에 나타난 것 외에도 여러 가지 검출기가 고안되어 용도에 따라 HPLC에 사용되고 있지만 각각 선택성, 감도 및 특성이 다르기 때문에 실험 목적에 따라서 검출기를 선택하는 것이 중요하다. 또 크로마토그램의 머무름 시간, 피크 성분 농도, 파장 등 3가지를 사용하여 3차원적으로 표현하는 소위 다파장 검출기(multi channel detector) 혹은 이미지 검출기(image detector)가 UV/VIS mode 및 형광 mode에서 개발되고 있고, 피크성분의 동정이나 순도 검정에 유용하게 쓰이고 있다.

표 4-24. HPLC용 각종 검출기와 특징

검출기	최소 검출감도	선택성	온도의 영향	유속의 영향	구배 용출
자외가시흡광광도(UV/VIS) 검출기	10^{-10}	흡광물질	소	무	가
형광(FL) 검출기	10^{-12}	형광물질	유	무	가
시차굴절률(RI) 검출기	10^{-7}	무	유	무	불가
전기화학적 검출기(ECD)	10^{-12}	산화환원물질	유	유	곤란
전기전도도 검출기	10^{-8}	이온	유	유	곤란
적외흡광광도(IR) 검출기	10^{-6}	적외흡수물질	소	무	가
수소염이온화 검출기(EID)	10^{-8}	유기화합물	무	유	가
방사능 검출기	–	방사성물질	무	무	가
유전율 검출기	10^{-7}	무	유	유	불가
화학발광(CL) 검출기	10^{-14}	화학발광물질	유	유	가
원자흡광 검출기	10^{-6}	금속(화합물)	무	유	가
질량분석(MS) 검출기	10^{-10}	유기화합물	유	유	가
열 검출기	10^{-8}	무	유	유	불가
광산란 검출기	10^{-7}	광산란물질	소	무	가

최근에는 질량 분석기(Mass Spectrometer, MS)를 크로마토그래피의 검출기로써 접목시킨 LC/MS가 개발되어 물질의 동정이나 분자량 측정에 획기적인 발전을 가져왔다.

즉 이제까지는 용매가 액체 상태였기 때문에 GC에서만 이용하고 LC에서는 사용할 수 없었던 MS를 여러 가지 방법으로 칼럼에서 용출, 분리되어 나오는

물질들에서 용매를 분리, 제거한 다음 물질의 질량을 분석함으로써 물질의 동정에 매우 유효한 수단으로 사용 가능하게 된 것이다. 그러나 아직까지는 완충액으로써 무기염을 사용할 경우 염류의 제거가 곤란하므로 LC/MS에 휘발이 안 되는 무기염을 사용하는 데는 어려운 점이 있다.

사. 기록계 및 데이터 처리장치

이전의 기록계(recorder)는 단순히 검출기에서 나오는 결과만을 기록하였으나, 최근에는 기록계를 사용하는 데 검출기의 신호를 데이터 처리장치에 직접 넣는 경우가 많다.

현재 시판되고 있는 대부분의 데이터 처리장치가 크로마토그램의 기록, 피크 면적, 피크 높이 및 머무름 시간의 계측, 이론단수의 계산, 파형처리, 베이스 라인의 자동보정 등의 기능을 가지고 있고, 크로마토그램의 보존, 데이터 처리효율 등의 점에서도 종래의 기록계와 비교하여 상당히 발전되고 있다.

6-2. HPLC용 용매

1) 이동상 용매

가. 이동상 조건 물질의 용출에 사용할 이동상 용매는 다음과 같은 조건을 충족시키는 것이 좋다.

① 목적성분을 녹일 수 있고 분리하고자 하는 성분마다 용해도가 서로 다른 것이 좋다.

② 작동 온도에서 휘발성이 적어야 한다.

③ 고정상을 변질시키지 않아야 한다. 일반적으로 칼럼의 고정상은 pH 2~7.5 범위에서 사용 가능하다. 염기성 용매는 실리카 칼럼에 사용할 수 없고 산성 용매는 알루미나 칼럼에 사용할 수 없다.

④ 순도가 높고 불순물이 적은 크로마토그래피용 용매를 쓴다. 특히 물은 증류한 탈이온수를 초순수 제조장치로 정제하여 비저항이 18 M ohm 이상의 순도를 가져야 한다.

⑤ 점도가 0.5 cp 이하로 낮은 것이라야 한다.

⑥ UV cut-off(nm)와 굴절률이 낮은 것이어야 한다.

⑦ 극성과 용매 세기가 분석 목적에 적합하여야 한다.

⑧ 독성과 인화성이 없거나 적어야 한다.

⑨ 완전 탈기가 가능하고 입자가 적어야 한다.

나. 용매의 세기

이동상 용매의 세기와 선택성은 HPLC 이동상 선택에 고려되어야 할 가장 중요한 요소이다. 용매 세기는 분자 상호작용의 합계이다. 실리카겔 혹은 알루미나 흡착제를 사용한 LC에서 특정용질에 대한 각종 용매의 머무름 부피를 측정하여 용매의 세기를 구한다.

극성이 큰 용매일수록 머무름 부피는 더 작고 용리 세기도 더 커진다. 정상인 경우 용매의 세기는 곧 극성을 나타낸다. 역상에서는 용매 세기와 용리 세기 사이에 반대관계가 있다.

예컨대, RP-HPLC에서 물은 세기가 매우 크지만 용리 세기는 약하므로 용량계수가 작은 용질을 용리하려면 극성이 물보다 약한 유기용매를 혼합해 주어야 한다. 용매 세기가 커지면 용량계수 값이 작아지고 용매세기가 약해지면 용량계수 값이 커진다. 용매 세기를 0.05 크게 하면 용량계수 값은 3~4 정도 작아진다.

일반적으로 용량계수 값이 1~10 범위가 되도록 용매세기를 먼저 조정한 다음 일정한 용매 세기에서 분리능이 가장 좋아지도록 이동상을 혼합시켜 선택성을 높인다. 비전해질 용매인 경우 분자들 상호간에 작용하는 힘은 분산력, 쌍극자, 수소결합력 등으로 설명된다. 분산력은 비대칭적 분자분포에 기인하며 그 힘은 매우 약하고 선택성이 없어 크로마토그래피에선 탄화수소 용매 이외에 의미가 적다.

그러나 쌍극자 모멘트가 큰 용매는 분자의 작용기와의 상호작용이 매우 크다. 수소 결합력은 양성자 주게 또는 받게로 거동하는 분자들 사이에 나타난다. 가장 흔히 이용되는 용매의 성질은 표 4-25와 같으며, 분류표는 표 4-26과 같다.

표 4-25. HPLC용 용매들의 성질

용 매	UV한계 (nm)	RI	끓는점 (℃)	점 도 (cP, 25℃)	용매극성 (P′)	용매세기 (ε o)	용매의 군
Iso-octane	197	1.389	99	0.47	0.1	0.01	---
n-헥산	190	1.372	69	0.30	0.1	0.01	---
Methyl t-butyl ether	210	1.369	56	0.27	2.5	0.35	I
벤젠	278	1.501	81	0.65	2.7	0.32	VII
Methylene chloride	233	1.421	40	0.41	3.1	0.42	V
n-Propanol	240	1.385	97	1.9	4.0	0.82	II
Tetrahydrofuran	212	1.405	66	0.46	4.0	0.82	II
에틸아세테이트	256	1.370	77	0.43	4.4	0.58	VIa
클로로포름	245	1.443	61	0.53	4.1	0.40	VIII
Dioxane	215	1.420	101	1.2	4.8	0.56	VIa
아세톤	330	1.356	56	0.3	5.1	0.56	VIa
에탄올	210	1.359	78	1.08	4.3	0.88	II
초산		1.370	118	1.1	6.0	Large	IV
아세토니트릴	190	1.341	82	0.34	5.8	0.65	VIIb
메탄올	205	1.326	65	0.54	5.1	0.95	II
물		1.333	100	0.89	10.2	Very large	VIII

표 4-26. 용매 그룹에 따른 각종 용매의 분류

용매군	용 매
I	Aliphatic ethers, methyl t-butyl ether, tetramethylguanidine, hexamethyl phosphoric acid amide
II	Aliphatic alcohols, methanol
III	Pyridine derivatives, tetrahydrofuran, amides(except formamide), glycol ethers, sulfoxides
IV	Glycols, benzyl alcohol, acetic acid, formamide
V	Methylene chloride, ethylene chloride
VI	a) Tricresyl phosphate, alipatic ketones and ester, polyesters, dioxane b) Sulfones, nitriles, acetonitrile, propylene carbonate
VII	Aromatic hydrocarbons, toluene, nitro compounds, halosubstituted aromatic hydrocarbon, aromatic ethers
VIII	Fluoroalcohols, m-cresol, water, (chloroform)

다. 용매의 pH

시료 성분이 해리하기 쉬운 작용기를 갖고 있는 경우, 해리 상태와 비해리 상태의 용출 양상은 현저하게 달라진다. RP-HPLC에서는 극성이 강한 수용성 용매를 사용하기 때문에 pH에 따라서 용량 계수가 크게 변동된다.

예를 들어, 산 또는 염기를 분리하려면 완충용액을 사용하여 이동상의 pH를 조절하여야 한다. pH 조절에 의해 이온화가 억제되는데, pH 2~8 범위의 조절은 적합하지만 pH 8 이상의 염기성에서는 실리카 결합상이 불안정하기 때문에 부적당하다. 또한 완충용액을 사용한 후에는 펌프, 칼럼, 검출기를 물로 잘 세척해 부식을 방지해 주어야 한다.

6-3. HPLC에 의한 분리, 정제 및 분석

HPLC에 의해서 어떤 물질을 분리하거나 분석하고자 할 때의 과정은 연구자에 따라 다소 차이가 있으며, 여기서 설명하는 순서도 부분적으로는 바뀌어도 상관없다.

1) 분리법의 선택

특정한 물질의 분리를 목적으로 하든지 분석을 목적으로 하든지 분리 방법의 선택은 기본적으로는 목적 성분의 성질(분자량, 극성, 이온성 등)에 따라서 표 4-27과 같이 행하는 것이 보통이다.

생리 활성 물질의 추출, 분배, 칼럼 크로마토그래피 등의 과정을 통하여 상당히 정제가 진행된 단계까지 왔기 때문에 불순물도 많이 줄어들어 시료량도 1 g 이하까지 되었을 것이다.

이제는 거의 마지막 단계이기 때문에 지용성인지 수용성 물질인지도 확인이 되었을 것이므로 보다 상세한 방법의 선택도 가능하다. 원칙적으로 협잡물의 방해가 나타나는 경우에는 분리 효율을 다소 떨어뜨리더라도 이것을 피하는 방법으로 바꾸는 것이 현실적인 대처법이 된다.

표 4-27. 목적성분의 물성을 토대로 한 분리 방법의 선택

분자량	용해성	용해조건	분리 모드	충전제	용매
분자량 2,000 이상	지용성	THF, 클로로포름 가용	사이즈배제	GPC용 polymer	THF, 클로로포름
		DMF, pyridine 가용	사이즈배제	GPC용 polymer	DMF, pyridine
	수용성		사이즈배제	겔여과용 polymer	물, 완충액
분자량 2,000 이하	지용성	메탄올, 아세토니트릴 가용	역상	C_8, C_{18}	물/메탄올, 아세토니트릴
		헥산, 클로로포름 가용	흡착	실리카겔	헥산, 클로로포름, 염화methylene/에탄올
			순상	CN, NH_2형	헥산, 클로로포름, 염화methylene/에탄올
			비수계역상	C_8, C_{18}	메탄올/THF, 클로로포름
		THF, 클로로포름 가용(분자량 차이)	사이즈 배제	GPC용 polymer	THF, 클로로포름
	수용성	이온성	이온교환	이온교환수지	완충액
			이온억제	C_8, C_{18} 등	완충액/메탄올
			이온 대	C_8, C_{18}	완충액/메탄올
		비이온성	순상	NH_2형	아세토니트릴/물
			사이즈 배제	겔여과용 polymer	물, 완충액
			이온교환	이온교환 겔	인산완충액

2) 검출법의 선택

어떤 검출법을 선택하는가는 시료 중 목적 성분의 농도는 물론 목적 성분의 방해 성분과의 농도비가 어느 정도인가에 따라서 좌우된다. 즉 농도는 검출법의 감도를, 농도비는 검출법의 선택성을 규정한다. 예를 들면, 시료 중에 목적 성분이 고농도로 존재하여 방해 성분이 비교적 적으면 검출법에서는 감도도 선택성도 그것 이상 필요하지 않다. 그러나 목적 성분이 흔적량 밖에 존재하지

않으면 전처리나 분리조건에 의해서 방해 성분의 영향을 최소한으로 억제하는 것으로 고감도로 선택성이 높은 검출기(형광 검출기, 전기화학적 검출기 등)를 사용해야 한다. 표 4-28은 천연물의 분리를 위해 사용되는 일반적인 자외선 검출파장을 예로 들었다.

표 4-28. 천연물의 분리를 위한 대표적인 자외선 검출 파장의 예

파장(nm)	분리하고자 하는 물질
214	비방향족 펩타이드, 아미노산, 헥산관련물질, 지질, 스테로이드, 면역글로불린, 알부민 및 saccharides
229	Saccharides를 제외하면 214nm와 비슷함
254	방향족화합물, 단백질, 헥산, 헥산단백질, 방향족아미노산, pterin 및 비타민
280	280 nm에서 보다 큰 흡광도를 나타내는 일부 단백질, 아미노산 등
308	천연 tropolenes, ferretin, 일부 비타민, 항생제 및 치환 벤조페논
326	산화 rubredoxin
365	Acridine, bacteriochlorophyll, tropolene 유도체, 일부 스테로이드, prophyrin 유도체, rivboflavin anion 및 DPNH
405	헤모글로빈, 옥시 헤모글로빈, mercaptocinnline, 일부 prophyrin 유도체, o-maphthoquinone, 일부 치환 maphthalene, ferricyanide, ferroprotein, ninhydrin-primary and secondary amino acids 등
436	일부 prophyrins 및 관련 화합물, 클로로필 a 및 유도체, 카로테노이드, ninhydrin-proline 및 z-hydrozyproline
470	Flavoproteins
510	Rhodopsin 등
546	헤모글로빈, 옥시 헤모글로빈, 일부 prophyrins 및 관련 화합물, 클로로필 및 유도체와 일부 카로테노이드
579	Porphyrins 및 관련화합물, 클로로필, ninhydrin-amino acid 반응생성물
620	Lactatase 등
636	산화 햄 단백질
660	Cerebrocuprein, 클로로필 a, Lowry 단백질 반응 생성물 등

3) 칼럼의 선택과 보관

이미 방법이 알려져 있는 경우엔 참고자료를 활용하는 것이 새로운 방법을 개발하는 것보다 간편하다. 그러나 아직 방법이 알려져 있지 않거나 기존 방법이 부적당한 경우에는 칼럼 선택이 문제가 된다.

시료성분의 극성, 분자량, 용해도 등의 성질에 따라 분리 모드를 결정한 다음 칼럼을 선택하는 것이 일반적인 방법이다. 이들은 특히 분리정제용인지 분석용인지를 구분할 필요가 있다.

가. 순상 칼럼(normal phase column)

물에 잘 녹지 않고 극성이 약한 유기용매($CHCl_3$)에 잘 녹는 분자(분자량 < 2,000)는 흡착모드의 정상(normal phase) LC가 적합하며 실리카, 알루미나, 활성탄 칼럼이 대표적이다. 용질 극성이 클수록 silanol과 같은 극성 표면(고정상)과 상호작용하는 힘이 크기 때문에 늦게 용출된다.

용질분자들이 갖고 있는 작용기의 종류와 개수, 극성, 이동상과의 상호작용이 분리순서를 지배한다. 이때 사용하는 비극성 이동상에 1% 미만의 극성 조정제로 첨가하면 흡착활성이 조절된다(예 ; methyl chloride/메탄올/물 = 99 : 0.9 : 0.1, isooctane/ dichloromethane / isopropanol = 90 : 9 : 1).

물에 잘 녹는 비이온성 화합물 또는 알코올, 아세토니트릴, 에틸아세테이트와 같이 극성이 비교적 큰 유기용매에 잘 녹는 화합물은 극성 결합상 칼럼이 적합하다. Alkylnitrile(=cyan), alkylamine(=아민), diol과 같은 극성 결합상들을 사용하면 실리카보다 머무름이 짧아지고 tailing도 개선된다.

Cyan 칼럼은 이중결합의 수와 위치가 서로 다른 이성질체나 고리화합물, 탄수화물의 분리에 선택성이 뛰어나며 아민 칼럼은 수소결합력이 강하여 여러 고리방향족 탄화수소 또는 탄수화물의 분리에 많이 이용되고 있다. Diol 및 diethylamino 칼럼은 SEC, IEC에 각각 쓰인다.

이때에도 이동상에 isopropanol을 0.5~1% 정도 변형제로 첨가하면 피이크의 대칭성과 머무름 시간의 재현성이 개선된다. 아민은 쉽게 산화되므로 이동상의 탈기가 철저해야 하고, 에테르나 tetrahydrofuran 같은 이동상을 사용할 수 없으며, ketone 또는 aldehyde는 아민과 Schiff's base complex를 형성한다.

나. 역상 칼럼(reverse phase column)

비극성인 탄화수소 용매(헥산) 및 극성이 약한 유기용매($CHCl_3$)에 녹는 용질은 ODS를 비롯한 역상 칼럼을 사용한다. 역상 칼럼에선 극성이 큰 물질일수록 빨라 용출된다. 역상 칼럼에서의 머무름 거동은 용질과 고정상 상호간의 비특이적 소수성(hydrophobic) 작용에 의해 나타나고, 용리거동의 선택성은 용질과 이동상의 상호작용에 의한다.

소수성 용질과 소수성 고정상 사이의 상호작용에 근거를 둔 크로마토그래피를 소수성 상호작용 크로마토그래피라고 한다. 소수성 결합상으로는 PS-DVB 다공성 입자(지름 100 nm)에 phenyl, poly(ethylene glycol) 등을 결합시킨 것이 대표적이다. 대부분의 유기화학물 구조는 역상 고정상과 상호작용 할 수 있는 소수성 부분을 갖고 있기 때문에 RP-HPLC의 응용범위는 매우 넓다. 특히 동족체(homologous series), 소중합체(oligomous series)의 분리에 적합하다.

Oligomer는 분자량이 커지면 소수성이 증가하므로 머무름 시간이 길어진다. 가지난 사슬분자(branched chain molecule)는 곧은 사슬분자(straight chain molecule) 유사체(analog)보다, 불포화 화합물은 포화 화합물 유사체보다 먼저 용출된다. RP-HPLC의 이동상은 물을 사용하므로 유기용매에 불용성인 극성분자 혹은 정상모드로는 흡착제에 강하게 흡착되어 용리가 잘 안 되는 극성물질의 분리에도 이상적이다. 생물학적 시료가 그 대표적인 예이다.

역상 칼럼은 비이온성, 이온성 화합물에 모두 사용할 수 있고, 이온억제, 이온쌍, 리간드교환 등을 이용하여 선택성을 조절하면 이온성 화합물에 대한 응용범위가 더욱 확대된다. 소수성 양이온을 함유한 이동상은 비극성 고정상 속에서 음이온과 이온쌍을 형성하여 소수성 고정상과 상호작용하게 된다.

이것은 역상 칼럼이 마치 이온교환 칼럼과 비슷한 역할을 하는 것처럼 보인다. 역상결합상은 상대적으로 안정하며 표면에너지가 작기 때문에 분석이 신속하고 재평형에 소요되는 시간도 짧다. 용질용매를 이동상보다 더 약한 것을 사용하면 용질을 칼럼 앞부분에 예비농축시킬 수도 있다. 또한 물리화학적 상수 측정도 가능한 장점이 있다. 이러한 장점들 때문에 오늘날 HPLC의 80~90%를 RP-HPLC가 차지하고 있다. 단백질이나 효소와 같은 생물학적 고분자 화합물의 분리에도 RP-HPLC가 응용될 수 있어 관심이 더욱 커지고 있다.

다. 칼럼의 보수와 보관

칼럼이 열화하는 원인으로는 물리적인 것과 화학적인 것이 있다. 앞의 것은 칼럼에 강한 충격을 가한다든지, 건조시킨다든지 하면 내부에 틈이나 균열이 생기게 된다. 또한 완충액을 포함한 칼럼에 불용의 유기용매를 흘린다든지, 완충액에 넣은 채로 칼럼을 장기간 방치한다든지 하면 침전이나 결정을 생성하여 충진제가 부분적으로 파괴되게 된다.

생체시료의 분석에는 여러 가지 단백질과 같은 생체고분자가 칼럼 상단의 필터를 막아 칼럼 입구의 압력을 높이게 되므로 칼럼을 교체하여야 한다. 칼럼 내의 상단이 비특이적으로 흡착물로 오염된 경우에는 그 부분을 제거하고 같은 충진제를 채워 사용해도 된다. 칼럼 열화의 원인으로서는 알칼리에 의한 실리카겔의 용해가 가장 많다. 또한 실리카겔과 화학결합기와의 Si-O-Si 결합은 산에 의해서 절단되기 쉽기 때문에 실리카겔 충진제는 pH 2~7.5의 범위에서 사용하는 것이 원칙이다.

할로겐 계 화합물은 스테인리스제 chromatographic tube를 침투하기 때문에 칼럼을 장기간 보관하는 경우에는 무해한 용매로 치환해 두어야 한다. 표 4-29에 각종 칼럼의 대표적인 보존용매를 나타내었다. 또 용출액에 구연산 계, 인산 계 등의 완충액이 포함되어 있는 경우에는 장치를 오랫동안 사용하지 않으면 이동상 저장고, 라인, 칼럼 등에 미생물이 번식하기 쉽기 때문에 조심하지 않으면 안 된다.

표 4-29. 칼럼 보존용 용매

충진제	보존용매
실리카겔, 알루미나	헥산
실리카겔계 역상충진제(ODS-실리카 등)	80% 메탄올 또는 아세토니트릴
Porous polymer	80% 메탄올 또는 아세토니트릴
이온 교환체	물
GPC용 수지	제조회사가 지정한 것

역상 칼럼은 메탄올을 채워 공급하고 있다. 따라서 새로운 칼럼을 사용하기 전에 미리 물로 충분히 세척한 다음 사용하다. 보관할 때에도 물로 충분히 세척한 다음 60~70% 메탄올 또는 아세토니트릴로 채워서 보관한다. 정상 칼럼은 헥산 또는 isooctane을 채워서 보관한다.

4) 장치의 구성

물질을 어떤 칼럼을 통하여 분리하고 어떤 검출기에서 검출할 것인가를 결정한 단계에서는 장치를 이에 맞게 구성하여야 한다. 실제로 HPLC를 사용하기 위해시는 고가의 큰 장치나 기구만 필요한 것이 이니라 실험실의 여건에 따라서는 장치와 장치를 연결하는 여러 가지의 작은 소모성 부품들이 수도 없이 필요하며, 이미 구성된 경우에도 반드시 필요한 것인지도 판단하여 필요한 부품만으로 재구성 할 수도 있다.

특히, 칼럼은 필요에 따라 사용자가 직접 부착하거나 떼어내야 할 경우가 많다. 예를 들면, 시료 주입기와 칼럼 사이에도 연결관과 연결관 전후의 ferrule, 보호칼럼, 연결관과 ferrule의 순으로 칼럼에 연결하게 된다. 따라서 필요한 부속품을 충분히 확보하고 이를 사용하는 적당한 공구도 준비하여 구성한다.

시료의 분석 시에는 기본적인 펌프, injector, 칼럼, 검출기, integrator 이외에 자동 시료 주입기와 칼럼 오븐을 추가하거나 형광 유도체화가 필요한 경우는 필요한 펌프나 반응 장치를 연결하여 구성한다. 그러나 일반적인 분리, 정제에는 시료 주입기의 loop 크기가 $100\,\mu\ell$ 이상의 것으로 치환하고 추가적인 장치는 없어도 무방하다.

5) 용매의 선택과 조제

HPLC의 분리 양상은 이동상과 고정상에 대한 용질의 상호작용에 의존됨을 이미 말하였다. GC에서는 이동상이 He, Na, H_2 등의 몇 가지 기체에 한정되어 있고 이동상이 분리의 선택성에 미치는 영향은 고정상의 그것에 비하여 적다. HPLC에선 이동상의 선택 범위가 매우 광범위할 뿐 아니라 무수한 용매 조성 중에서 분석 목적성분의 분리에 최적한 용매계를 선택하는 것이 매우 중요한 연구과제이며 경험적 지식이 필요하다.

RP-HPLC에서는 octadecyl silane, octyl silane 화학결합형(chemical bonded) 고정상이 주로 이용되며, 경험과 자료를 축적해 가면서 이동상 선택 요령을 터득하는 것이 바람직하다. RP-HPLC의 이동상으로서 극성이 큰 메탄올/물, 아세토니트릴/물, tetrahydrofuran/물이 널리 이용되고 있는데, 용매의 선택성은 메탄올 > 아세토니트릴 > tetrahydrofuran > 물 순이며, 메탄올/물이 보편성이 크다.

그러나 다양한 화학종이 섞여 있는 혼합시료의 경우 용량계수의 범위가 넓어서 메탄올/물의 일정 조성비 용매만으로는 분리가 어려워 기울기 용리가 필요한 경우가 많다. 또한 메탄올/물 또는 tetrahydrofuran/물은 유기용매의 비율이 낮을수록 선택계수가 커지는 경향이 있는데 비하여 아세토니트릴/물은 혼합비의 변화가 선택계수에 미치는 영향이 적다. 대부분 다음 과정과 같이 시행착오법에 의한 반복 실험에 의존하여 이동상을 선택하게 된다.

① 메탄올(화학결합형 고정상 = 10~50%, porous polymer 정지상 = 70~100%) /물로 분리를 개시한다.

② 용량계수 값이 1~10 범위에 오도록 메탄올의 혼합비를 조정한다. 용량계수 값이 너무 작으면 물 비율을 높이거나 pH 조절, 반대 이온을 첨가한다. 용량계수 값이 너무 크면 메탄올 비율을 높이거나 pH를 조절한다. 이동상을 산성으로 해주면 염기성 용질은 해리가 촉진되어 고정상에 머무르는 시간이 줄어들기 때문에 용량계수 값이 작아지는데 비하여 산성 용질은 해리가 억제되어 고정상에 더 오랫동안 머물게 되어 용량계수 값이 커진다. 염기성(pH < 8.5)이 되도록 하면 반대결과가 된다. pH 조정에는 초산, 인산, 과염소산, 암모니아, triethylamine 등이 보편적으로 쓰인다.

③ 머무른 시간이 적당한가 관찰하여 너무 느리면 흐름속도나 온도를 높인다.

④ 분리능이 적당한가를 검토한다. 분리능은 적당하나 tailing이 심하면 온도를 높이거나 제3의 용매나 염을 첨가시킨다. 분리능이 부적당한 경우 용질성분

수가 5개 미만이면 제3의 용매나 염을 첨가하거나 pH 조절, 반대이온의 첨가, 용매조성의 변경을 시도한다. 산성의 용질에는 alkyl ammonium 염을, 염기성 성분에는 alkyl sulfonate 염을 반대이온으로 첨가하여 RP-IPC를 시도한다. 이온쌍이 형성되면 고정상에 대한 친화력이 커져 용량계수 값을 크게 할 수 있다. 반대이온의 농도는 $0.001 \sim 0.1$ M 범위이다. 용질성분이 5개 이상이면 칼럼효율이 더 좋은 칼럼을 선택하거나 칼럼 길이를 더 길게 한다.

⑤ 이상의 조치로도 분리가 불량하면 고정상을 변경하거나 분리모드를 바꾼다.

6) 이동상 용매의 탈기

모든 이동상 용매는 $0.2 \sim 0.8 \, \mu\text{m}$의 fluorocarbon membrane filter 및 sintered glass filter로 감압 여과한 다음 부피 백분율로 혼합하고 탈기(degassing) 시켜야 한다. 용매 혼합 시 발열반응 또는 흡열반응에 의하여 조성비가 달라질 수 있다. 이동상 속에 녹아있는 기체는 바탕선을 들뜨게 하거나 spike noise, 유령(ghost) 피크를 나타내게 한다. 산소(물에 대한 용해도가 $0.03 \, \text{m}\ell/\text{m}\ell$)는 고압하에서 용매, 분석목적성분, 칼럼고정상 등의 변질을 일으키게 한다.

표 4-30. 기포의 발생요인

Ⅰ. 온도변화(기체의 용해도 변화)
  a) 용매의 가열
  b) 용매와 장치 내 접액부 사이의 온도차
  c) 서로 다른 용매의 혼합에 의한 용해열, 밀도변화
Ⅱ. 압력변화
  a) pump 내의 압력변화
  b) 직경이 다른 배관
  c) 배압의 저하
Ⅲ. pH 변화에 의한 가스의 발생
  a) 산에 의한 휘발성 산성물질의 유리(예 : $Na_2CO_3 + H^+ \rightarrow CO_2 \uparrow$)
  b) 알칼리에 의한 휘발성 염기성물질의 유리
     (예 : $CH_3COONH_4 + OH^- \rightarrow NH_3 \uparrow$)

탄산가스가 이동상 중에 녹으면 pH 변화를 일으켜 분리조건의 변화를 일으킨다. 질소(물에 대한 용해도가 0.15 ㎖/㎖)는 기포를 발생시켜 칼럼효율을 떨어뜨리고 검출기(특히 굴절률 검출기) 잡음의 원인이 된다. 이동상을 감압여과한 다음 pyrex 저장용기를 초음파세척기 물중탕에 담가 감압하면서 탈기시키면 공기나 기포 등이 제거된다. 이동상 저장용기에 He parger filter를 달아 He을 10 ㎖/min 속도로 30분간 흘려 탈기시키기도 한다. 또한 저장용기와 펌프 사이에도 용매 필터를 연결한다.

모든 필터는 오랫동안 사용하면 막히는 경우가 있다. 필터가 막힌 경우에는 떼어내고 끝을 주사기로 연결하여 물 또는 메탄올 용기에 담가 주사기 plunge를 밀어주면서 초음파세척을 한다. 극히 심하게 막힌 경우엔 묽은 질산용액으로 세척한 다음 물로 씻는다. 표 4-30은 용매 중에서 기포가 발생되는 몇 가지 요인을 예로 나타내었다.

7) 혼합용매 만드는 방법

대부분의 이동상은 두 종류 이상의 용매를 혼합하여 조제하지만 유기용매와 수계용매를 사용할 경우에는 조제방법에 따라 실제로 얻어지는 조성이 다르기 때문에 주의를 요한다. 예를 들면, 50%(v/v)의 메탄올을 400 ㎖ 조제하는 경우를 생각하면 아래의 세 가지 방법이 있다.

A법 : 메탄올 200 ㎖와 물 200 ㎖를 별도로 취하여 양자를 혼합한다.
B법 : 메탄올 200 ㎖에 물을 가하여 400 ㎖로 한다.
C법 : 물 200 ㎖에 메탄올을 가하여 400 ㎖로 한다.

세 가지 방법으로 조제한 이동상을 사용하여 역상 HPLC로 분리한 methyl-parapene의 지속시간을 그림 4-20에 나타내었다. A법, B법, C법에 따라 조제한 이동상을 사용한 경우의 머무름시간은 각각 7.19, 7.69, 6.80분이고 실제의 정확한 메탄올 농도는 각각 50, 48.7, 51.1%이다.

그림의 결과는 유기용매와 물의 기체의 용해도가 확실히 다르다는 것을 이해해야만 한다는 뜻이다. 즉 물에 비해서 몇 배의 공기가 녹은 유기용매를 물과 혼합시켰을 때 용존가스는 발포되고 유기용매의 체적이 감소했기 때문이다. 여기에서 나타났듯이 이동상의 조제법에 따라서 그 조성은 확실히 다르다. 역상 HPLC에서는 이동상 중의 유기용매 농도가 약 1% 증가하는 만큼 지속시간이 절반으로 되는 예도 나타나고 있으므로 이동상조제법의 통일이 바람직하다. 현시점에서는 재현성의 관점에서부터 앞의 A법이 적당하다고 생각된다.

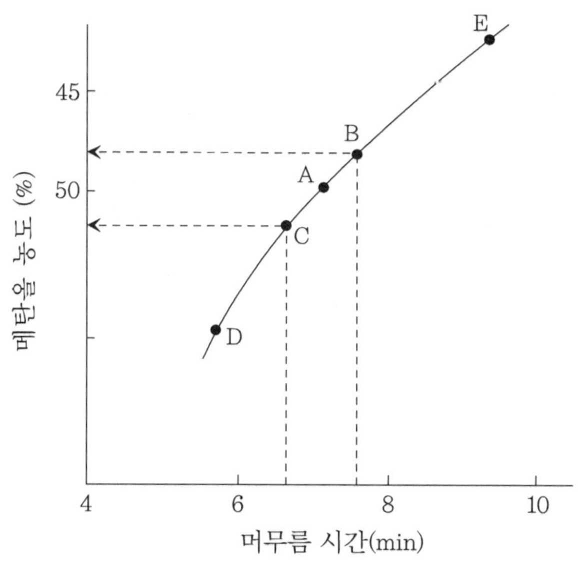

그림 4-20. 이동상 중의 메탄올 농도와 머무름시간과의 관계

조제를 마친 이동상은 $0.45\,\mu$m 정도의 membrane 필터에 통과시켜 사용해야 한다. 칼럼의 필터(최근에는 $2\,\mu$m가 많다)나 line 필터가 이동상 중의 미립자 때문에 막히기도 한다. 또 이동상 중의 공기는 미량성분을 산화시키지 않고 펌프의 체크밸브나 기포를 생성시켜 노이즈의 원인이 된다.

따라서 이동상은 반드시 탈기해야만 한다. 최근의 HPLC 장치에서는 탈기 기구가 내장되고 있지만 이것이 없는 경우에는 시판의 탈기장치를 사용해도 좋다. 이동상을 특수한 합성 수지막으로 된 관에 통과하여 막의 외측을 감압함으로 분자량이 적은 기체성분(N_2, O_2, CO_2 등)을 막외측으로 투과시키는 것이다. 이외 탈기조작으로서는 아스피레이터에 의한 감압, 초음파처리, 헬륨치환 등이 있다.

8) 용출방법의 선택

HPLC의 용출법은 칼럼 크로마토그래피와 마찬가지로 isocratic 용출법, 단계 (stepwise) 용출법, gradient 용출법이 있다. 각각의 특징은 표 4-31에 정리했다.

표 4-31. 각종 용출법의 특징

	용출법		
	isocratic	stepwise	gradient
용출력	일정	불연속으로 변화	연속적으로 변화
유령피크의 출현	무	유	적다
base line의 변동	무	유	유**
재평형화	불요	필요	필요
다성분의 분리	부적합	적합	최적
재현성	우수	불량	불량
정량성	우수	불량	불량
사용빈도	크다	적다	중간

Isocratic 용출법은 처음부터 끝까지 용매의 세기가 변하지 않으므로 재현성이 우수하고, 베이스라인의 불안정성이 없어 고감도의 분리나 분석에 적합하다.

그러나 일정 조성의 용매로는 분리가 불완전할 경우 분리 도중에 이동상 용매의 조성(농도 또는 pH)을 변화시켜 주면 용출 시간도 단축되며, 용출밴드가 좁으면서도 높고 뾰쪽한 피크가 얻어져 감도가 높아지고 분리능이 훨씬 개선된다. 이와 같이 연속적으로 농도를 변화시키는 것이 단계 용출법과 gradient 용출법이다.

Gradient 용출법은 흡광도 검출기나 형광도 검출기를 사용하는 경우엔 기울기 용출이 가능하지만 굴절률 검출기나 전도도 검출기, 전기화학 검출기를 사용하는 경우엔 기울기 용출이 불가능하다는 점을 유의해야 하며, 재평형화에도 시간이 많이 걸린다.

한편 단계 용출법에서는 용매 대체에 의한 가상 피크가 나타나고 gradient 용출법의 특별한 우수한 점이 없어 정밀한 분리나 분석에는 잘 쓰이지 않지만 아미노산분석의 분리에는 단계 용출법이 사용되고 있다.

9) 시료의 용해 및 전처리

HPLC 장치에 주입한 시료를 용해하는 용매는 용출액(gradient 용출의 경우에는 초기용매)으로 하는 것이 원칙이다. 시료용매의 용출력이 용출액보다도 큰 경우에는 주입량이 많으면 시료액의 주입에 의해 성분이 흘러나와 피크가 퍼진다든지 모여진다든지 한다. 이 같은 경우 목적성분이 휘발성이면 시료용매를 한 번 증유하고 용출액에 녹여 넣어 주입하는 것이 좋다. 또 시료액이 탁하다든지 부유물이 확인된 경우에는 원심분리하든가 혹은 보다 정밀히 membrane 필터를 통과하여 분순물 입자를 제거하는 것이 바람직하다.

분석 시에 목적 성분의 농축, 방해성분의 제거 혹은 이 양쪽을 목적으로 측정에 앞서 행하는 조작을 일반적으로 전처리(pretreatment)한다. 많은 목적 성분의 화학구조에 변화를 주지 않는 방법이지만 화합물의 가수분해나 유도체화와 같이 화학구조를 적극적으로 변화시키는 방법도 광의의 전처리에 포함된다. 전처리에 사용하는 원리 자체는 특히 새로운 것은 아니지만 전처리용 기자재의 보급과 전처리의 온라인화가 최근 발전되었다. 어떠한 전처리를 실시하는 가는 상황에 따라 각각 다르기 때문에 여기에서는 생화학 영역에서 많이 사용되는 방법을 표 4-32에 나타내었다.

전처리나 물질의 분석을 보다 효율적으로 하기 위한 다른 방법으로 유도체화가 있다. 지방족 알코올이나 아민을 비롯하여 그대로는 HPLC에 고감도로 검출 불가능한 생체 관련물질도 많다. 그러나 이러한 고감도 검출기로 검출되는 것으로 유도체화 함으로써 검출감도를 향상시키는 것이 가능하다. 칼럼 분리에 앞서 행하는 유도체화를 precolumn derivatization, 분리 후에 행하는 것을 postcolumn derivatization이라 한다.

표 4-32. 생화학영역에서 사용되는 HPLC 분석용의 대표적인 전처리법

전처리조작	시약 및 기자재	비　고
1. 제단백		
a) 산 변성법	과염소산, trichloroacetic acid, meta 인산 등	침전한 단백질을 원심분리하여 제거
b) 유기용매 변성법	아세톤, 에탄올, 메탄올, 아세토니트릴, isopropanol 등	1~4배 첨가하여 원심분리하여 단백질의 침전을 제거
c) 겔 여과	Sephadex G, Bio-Gel A	보통 mini column을 사용
d) 한외여과법	Centriflo	한외여과막 튜브 중에서 원심분리
2. 유기용매추출	초산에틸, 에테르 등	목적성분이 비해리형으로 되는 pH에서 추출(염석의 병용으로 추출률 향상)
3. 고상추출	Sep-Pak(Waters Assoc.), Extrelut(E. Merck)	C_{18}, 실리카, florisil 지용성물질 추출용 불활성규조토
4. 칼럼 switching	mini column(분자채용, 이온교환용 등)과 조절 valve의 조합	단백질제거, 미량물질 농축 등에 사용

10) 분리, 분석 및 분취

이와 같이 장치의 구성과 용매의 조제에 이어 HPLC에 따라 각종 분리나 분석 조건을 설정하고 장치를 작동하여 정상적으로 base line이 얻어지면 시료를 주입하여 목적 성분의 분리나 분석을 행하게 된다.

자세한 방법은 각 기계의 작동 방법 설명서에 준하여 하면 되나 안전에 특히 유의하여야 한다. 분리, 정제의 경우는 검출기에서 모니터링하면서 필요한 부분만을 분취하든지 분취 장치를 이용하여 일정 시간이나 용량별로 분취하면 된다.

시료를 너무 다량 주입하거나 이동상 용매와 시료가 녹아있는 용매가 다르면 순간적으로 칼럼에 고압이 걸려 장치가 멈추거나 문제가 될 수 있으므로 최초의 한두 번은 소량을 주입하여 예비 실험을 할 필요가 있다.

6-4. 분리, 분석 결과의 해석

1) 크로마토그램(chromatogram) 보는 법

HPLC에서 물질의 분리나 분석 시 물질을 육안으로 보거나 물질의 성질은 확인할 수 없으며, 우리가 얻을 수 있는 유일한 정보는 일정 시간에 기록지에 나타나는 피크(peak)뿐이다.

칼럼에서 분리되어 나오는 결과를 적당한 검출 수단으로 기록지에 나타내는 것을 크로마토그램이라 하는데, 크로마토그램은 횡축에는 시간 또는 이동상의 소비량, 종축에는 검출기의 응답을 plot한 것이고, 불질이 이상적으로 분리된 경우에는 물질의 분석 결과 피크가 좌우 대칭이다.

시료를 칼럼에 주입하여 물질의 분리대 중심이 칼럼을 나오는 시간, 실제로는 검출기에서 검출될 때까지의 시간을 머무름 시간(retention time, T_r, 또는 유지 시간)이라 하고, 용출액(eluent)의 용적을 머무름 부피(retention volume, V_r, 또는 유지 부피)라 한다. 다음은 HPLC로 분석했을 때 나타나는 크로마토그램의 예이다(그림 4-21).

그림 4-21. HPLC 크로마토그램

머무름 시간(T_r) : 시료 주입 시부터 peak의 정점을 경과할 때까지 걸린 시간

머무름 부피(V_r) : 시료 주입 시부터 peak 정점을 경과할 때까지 흐른 이동상의 부피

hold up 부피(V_o) : 칼럼 내의 고정상을 제외한 빈 공간의 부피, void volume이라고도 한다.

여기서 이동상의 유속을 F(㎖/min)라고 하면 물질의 머무름 부피(V_r) = F

× T_r이 된다. 한편 크로마토그램에서는 base line이 일직선상으로 되어 있는가, 기계적이거나 불순물에 의한 noise나 drift가 너무 심하여 성분의 피크와 혼동되지 않는가, 피크에서 너무 심한 leading이나 tailing은 생성되지 않는가, 분리시간이 1시간 이상 장시간이 소요되지는 않는지 등에 의하여 정상적으로 분리되는지를 판단한다. 일반적으로 분리되는 데 소요되는 총 시간이 30분 이내에, 원하는 피크는 칼럼 부피의 2~3배 사이에 용출되는 것이 바람직하다.

2) 칼럼의 성능과 분리도의 향상

피크는 시료를 주입했을 때의 용적이 분리의 과정에서 어느 정도 넓은 지를 나타내는 것이고, 가능한 한 피크는 대칭이고 예리한 것이 좋으며, 다른 성분들의 피크와 완전히 분리되는 것이 바람직하다. 따라서 가능하면 단시간에 분리를 좋게 하기 위하여 칼럼과 물질과 용매의 관계를 최적화하기 위한 부단한 노력이 필요하다.

보통, 칼럼의 성능을 나타내는 데 이론단수(N) $= 16(Tr/Tw)^2 = 16(Vr/Vw)^2$와 이론단 높이(H) $=$ L/N(L은 칼럼의 길이)를 사용한다. 이 식은 이론단수가 클수록 피크의 폭(Tw)이 좁고 칼럼의 성능이 좋은 것을 말하며, 이론단 높이는 적어진다.

한편, 2개 이상의 피크들이 분리되는 정도(분리도) S_d는 다음의 식으로 표시된다.

$$Sd = \frac{Tr2 - Tr1}{1/2(Tw1 + Tw2)} \quad \text{또는} \quad \frac{1}{4}(\alpha - 1)\sqrt{N}\left(\frac{K1'}{K1' + 1}\right)$$

단, K'는 용적비(capacity factor)로서 $K' = (Tr\text{-}To)/To$, α는 분리계수 $\alpha = K2'/K1'$을 나타낸다.

일반적으로 두 개의 성분이 1:1의 함량비로 섞여 있을 경우 S_d가 0.4 이하이면 두 개의 피크가 완전히 겹치게 되며 1.25 이상 되어야 완전하게 분리된다. 이들 성분의 함량비와 분리도의 관계를 그림 4-22에 나타내었다.

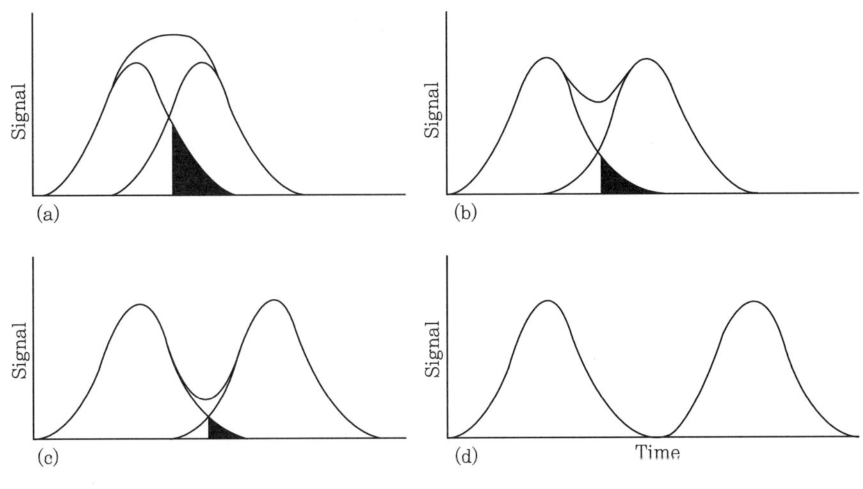

(a) Sd = 0.50, (b) Sd = 0.75, (c) Sd = 1.00, (d) Sd = 1.50

그림 4-22. 분리도와 성분 조성비의 관계

위의 식에서 알 수 있는 바와 같이 Sd를 크게 하기 위해서는 α를 크게 하거나 이론단수 N을 늘리거나 K'를 크게 하여야 한다. 그러나 이러한 방법은 간단한 수식의 계산에 의하여 되는 것이 아니라 수많은 경험을 통하여 얻어지게 된다. 즉,

① α를 크게 하려면 일반적으로 이동상이나 고정상을 바꾸거나 분리 온도를 변화시키면 된다. α-1의 값이 0.1 이하이면 우선적으로 α를 바꾸는 것이 분리도를 좋게 하는 데 유용하다.

② N을 크게 하려면 칼럼의 길이를 길게, 충진제의 입자 크기를 작게, 이동상의 점도를 낮게, 이동상 유속을 느리게, 시료량을 적게 주입하는 등 여러 가지 방법이 있다. 그러나 유속을 느리게 하거나 칼럼길이가 길면 분리 시간이 길어지게 되므로 실험실의 여건에 맞추어 적절한 방법을 써야 한다.

③ K'를 조절하려면 용출력이 다른 용매를 쓰거나 용매의 용출력을 변화시키면 된다. K'가 크게 되면 Sd의 변화는 작아지고, 10을 넘게 되면 피크의 폭이 너무 커지며 분석시간도 길어지게 된다. 따라서 $1 \leq K' \leq 10$ 사이가 적당하다. 농도구배 용출법의 경우는 이동상의 용출력을 점점 크게

하여 뒤에 나오는 피크도 항상 이 범위 내에 있도록 하는 것이다. 이들의 관계를 그림으로 나타내면 그림 4-23과 같다.

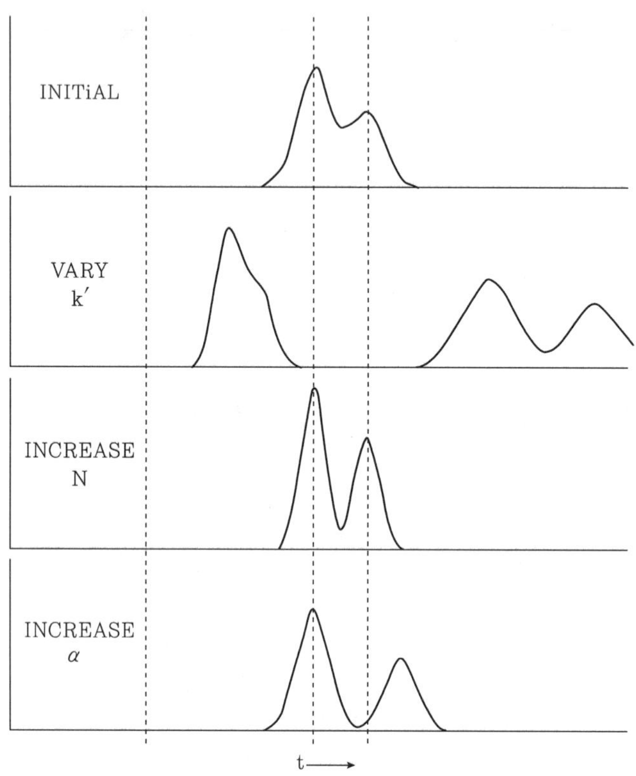

그림 4-23. α, N, K'의 증가와 분리도

6-5. 정성 및 정량

HPLC에서 시료 중의 미지성분을 동정할 경우에 사용되는 방법을 표 4-33에 정리했다. 여러 가지 조건에서 표준품과 머무름 시간이 일치하는 것으로는 불충분하고 정밀히 동정하기 위해서는 피크성분을 분취하여 각종 기기분석법에 의해 확인하는 것이 필요하다.

최근에는 UV/Vis 스펙트럼이나 형광 스펙트럼이 측정 가능한 검출기가 시판되고 있기 때문에 이것을 이용하면 편리하다.

표 4-33. HPLC로 사용되는 피크성분의 확인법

방　법	확　인　조　건
1. 지속시간(용량)의 비교	칼럼이나 용출액을 바꾸어도 표준품과 일치하는 것
2. 검출기 응답성의 비교	복수의 검출기에 있어서 응답성이 표준품과 동일한 것
3. 중타법	시료에 표준품을 첨가하여 주입했을 때 보지시간이 일치하고 피크가 크게 되는 것
4. 피크 shift법	효소반응에 의해 피크가 소감 또는 새로이 생성하는 것
5. 유도체화법	유도체의 지속시간이나 검출기에의 응답성이 표준품과 마찬가지인 것
6. 분취법	분취한 피크성분의 UV, 형광, IR, NMR, MS 스펙트럼 등이 표준품과 일치하는 것

피크성분의 함량을 측정할 때에는 피크면적 또는 피크높이를 측정하여 시료와 동일의 조작으로 만든 표준품의 검량선을 구한다. 피크면적을 구하는 방법으로는 반치폭법, 삼각형법 등의 작도법이 있지만 피크가 현저히 tailing하는 경우에는 적용 불가능하다.

이 외에 피크를 잘라 중량을 측정하는 방법(평량법), 파라메타법 등도 있지만 최근에는 피크높이, 피크면적에 대해서도 데이터 처리장치에 의한 측정이 주류를 이룬다. 정량법으로서는 절대검량선법(외부표준법, external standard method), 내부표준법(internal standard method), 표준첨가법(standard addition method), 면적백분율법 등이 있다. 자주 사용되는 것은 앞의 세 가지로 그림 4-24에 나타난 바와 같이 검량선을 만들어 정량을 한다. 절대 검량선법은 최종적으로 주입한 절대량으로 정량을 행하기 때문에 복잡한 전처리를 요하는 시료나 회수율이 낮은 시료에는 적용 불가능하다.

내부표준법은 목적 성분과 화학적 성상이 유사한 내부표준을 시료에 첨가하여 전 조작을 통해서 양쪽의 존재비를 일정하게 함으로써 목적성분의 흡착 손실, 분해, 추출 등을 보정하는 방법으로 복잡한 매트릭스(matrix)를 가진 생체시료 등의 분석에 가장 적합하다. 표준첨가법은 적당한 내부표준이 나타나지 않는 경우나 피크간의 분리가 불충분하다든지, 큰 피크가 방해할 경우에 효과적이다. 또 이러한 방법에 대해서도 데이터 처리장치에 의한 해석이 가능하다.

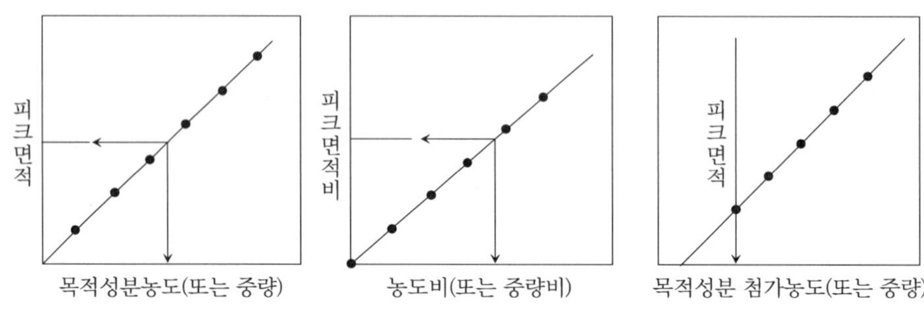

그림 4-24. 세가지 정량법에 의한 검량선

6-6. 기타 HPLC

분배 크로마토크래피(patition chromatography, LLC), 흡착 크로마토그래피 (adsorption chromatography, LSC), 이온교환 크로마토그래피(ion exchange chromatography, IEC), 겔 크로마토그래피 등에 관하여는 앞 장에서 설명한 칼럼 크로마토그래피 항을 참고하기 바라며, 여기서는 새로운 것만 간단히 언급하고자 한다.

1) 이온 크로마토그래피(ion chromatography, IC)

무기 이온의 분석을 대상으로 한 크로마토그래피로서 여기에서는 칼럼 충진 제와 용매를 적당히 선택하여 전기전도도 검출기로 검출하는 non suppressor형 IC와, 칼럼에서 이온을 분리한 다음 제거 칼럼에서 용매의 background를 억제 함으로써 전기전도도 검출기로 고감도의 분석을 하는 suppressor형 IC와 같은 두 종류가 있다. IC는 시료 중의 여러 가지 무기 이온들을 동시에 분석할 수 있어 생체 시료뿐 아니라 환경 시료의 분석에도 널리 쓰인다.

2) 소수성(상호작용) 크로마토그래피(hydrophobic interaction chromatography, HIC)

HIC는 충진제 매트릭스에 화학 결합한 소수성기와 용질분자의 소수성기와 의 상호작용(소수결과, van der Waals 힘)을 이용하는 새로운 LC이다. 주된 대

상은 단백질, 핵산 등의 생체고분자이고 활성을 유지한 채로 분리 가능한 것이
특징이다.

3) 사이즈 배제 크로마토그래피 (size exclusive chromatography, SEC)

SEC는 삼차원적인 망목구조를 가진 다공성 충진제를 고정상으로 하여 충진
제 내부에의 침투성의 차이를 이용하여 용질을 분리하는 LC이다. 용질분자가
충진제의 미세공보다 큰 경우에는 내부에 침투 가능한 충진제 외측의 공격을
통해서 빠르게 용출한다. 이것에 대해서 세공에 들어있는 분자는 충진제 내부
에까지 침투되기 때문에 용출에 시간이 걸린다. 이 같이 SEC에서는 사이즈가
큰 분자가 먼저 용출하고 사이즈가 적은 분자가 늦게 용출하게 된다.

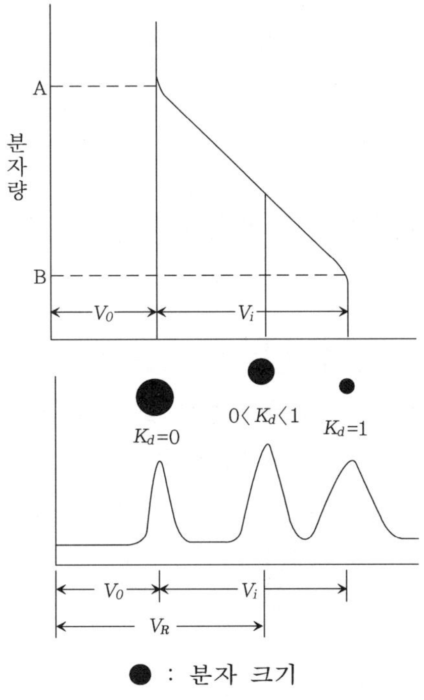

그림 4-25. 사이즈 배제 크로마토그래피의 교정곡선

그림 4-25에서 알 수 있듯이 분자량이 A보다도 큰 분자는 모두 같은 머무름
부피($V_R = V_0$)를 가지고 분자량이 B보다 작은 분자는 충진제 내부에 자유로이

침투하여 마찬가지로 머무름 부피($V_R = V_O + V_i$)를 가진다(이 같은 A를 배제한계 분자량, B를 전 침투한계 분자량이라 부른다). 분자량이 A와 B 사이에 있는 경우에는 교정곡선의 직선부분을 이용하여 분자량이 추정 가능하다. 생화학 영역에서 사용되는 SEC는 겔 여과라 부르며 수계 이동상(물 또는 완충액)과 친수성 충진제의 조합이 사용되고 있다.

친수성 충진제로서는 다공성 실리카겔이나 다공성 유리에 silanol기를 거쳐서 알코올성 수산기를 도입시킨 것이나 폴리비닐알코올 겔 등 친수성 다공성 polymer이지만, 단백질, 펩타이드 등 무기계 충진제가 좋은 결과를 나타낸다.

또 tetrahydrofuran, 클로로포름, 톨루엔 등의 유기용매를 이동상으로 하여 polystyrene 겔 등의 소수성 폴리머를 고정상으로 하는 비수계 SEC를 겔여과 크로마토그래피(gel permeation chromatography, GPC)라고 하지만 생화학 분야에서의 사용빈도는 상당히 적다.

7. 기타 분리, 정제에 이용되는 방법

7-1. 증 류

물질에는 각각 고유의 증기압이 있고, 그 증기압의 차를 이용하여 분리 또는 정제하는 수법으로서 분별증류, 수증기증류 및 승화 등의 방법이 옛날부터 사용되어 왔다. 지금까지 이러한 방법은 유기화학의 연구에서는 가장 기본적인 조작의 한 가지이고 유기화합물의 분리, 정제에 자주 사용되어진다.

1) 분별증류

가. 단증류

실험실에서 사용되는 시판의 용매류 또는 시약류는 보통 순도를 높이거나 탈수 때문에 보통 재증류를 하여 실험에 사용한다. 이 경우에 비교적 비점이 낮고(bp. 150℃ 이하일 경우) 안정한 물질은 보통 적당한 정류관을 만들어 단증류를 행하여 비점을 나타내는 증류분을 모은다.

나. 감압증류

비점이 높고 상압에서는 분해 또는 중합가능성이 있는 물질은 감압증류에서 분리한다. 실험실에서 보통 사용되는 장치는 그림 4-26에 나타내었다. 장치는 비교적 소량의 불순물을 함유한 용질을 분별증류에 적용한다. 두 성분 이상의 혼합물 분류에는 칼럼에 걸고 분리효율을 좋게 한다.

여러 가지 증류관을 그림 4-27에 나타내었다. 증류관은 증류하는 물질의 비점이나 점도 등 성상에 의해 적당한 것을 선택한다. 보통 실험실에서 행하는 감압증류는 수류펌프($15\sim30\,\mathrm{mmHg}$) 또는 진공펌프($0.5\,\mathrm{mmHg}$ 이상)를 사용하지만 어떤 경우에도 반드시 역류방지를 해야 한다. 또한 수기와 역류방지턱 사이에 압력계를 삽입하여 수시로 비점과 기압의 관계를 기록하도록 한다. 각 기구의 연결에는 압력 고무관을 사용한다.

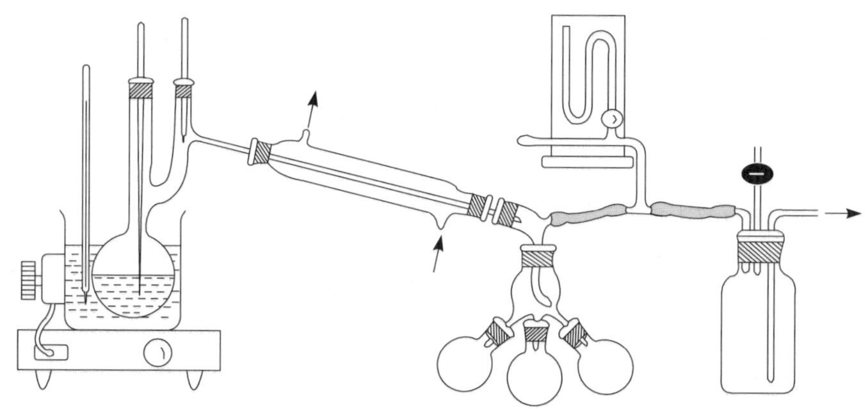

그림 4-26. 감압증류 장치

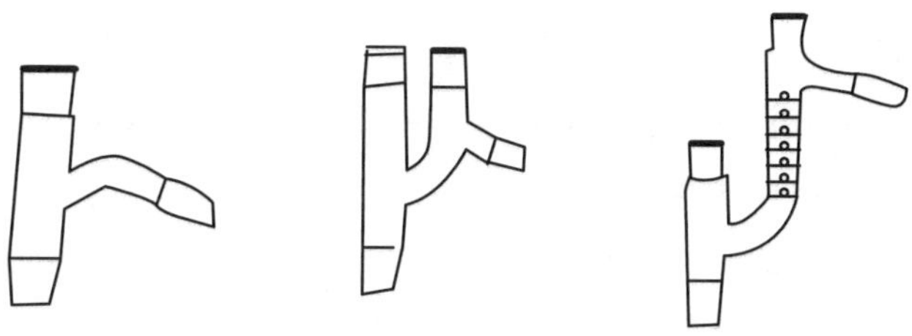

그림 4-27. 여러 가지 증류관

다. 미량증류

미량성분의 증류는 천연물질을 다루거나 구조해석, 합성연구 등에서 자주 필요로 하게 되는 기법으로 수십에서 수백 mg 단위의 경우가 많다. 이때는 기구에 약간의 개량이 필요하다. 소위 micro 증류장치의 예를 그림 4-28에 나타내었다. 그림(a)의 장치는 가장 간단한 것으로 불휘발성 협잡물의 제거에 사용되지만 그림(b), (c)의 장치에서는 비점이 다른 화합물의 분별증류에 적합하다. Micro 증류에서는 특히 저비점 성분의 보충에 주의를 기울여야 한다. 필요에 따라서 유리관의 선단을 U자관으로 하고 드라이아이스로 냉각하여 증류분을 모으는 것도 있다. 또한 그림(a)과 같이 빙수를 넣은 거즈를 말아서 냉각하는 방법도 있다.

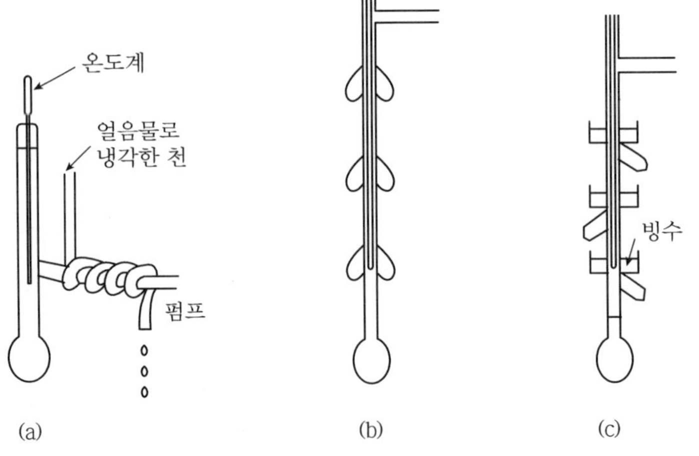

그림 4-28. 미량증류 장치

2) 분자증류

보통의 증류법으로 분해되기 쉬운 물질도 고진공($10^{-3} \sim 10^{-4}$ mmHg) 하에서 분자의 평균 자유행정 이내에 증발면과 응축면을 두면 증발한 분자가 방해를 받는 것은 없고 응축면에 도달하여 증류시킨다. 분자증류는 보통의 증류와 다르고 온화한 방법으로 행해지기 때문에 열에 불안정한 물질이나 분자량이 크고 유출 곤란한 화합물에도 적용 가능한 점이 특징이다. 따라서 지금까지도 지용성 비타민, 유지성분, 광유성분 등의 정제에 널리 이용되고 있다.

3) 수증기 증류

비교적 높은 증기압을 가지므로 비점이 높기 때문에 보통의 증류법으로 분해가 곤란한 물질은 수증기 증류로 분리한다. 어떤 온도에서 그 물질의 증기압과 수증기압이 1기압으로 되면 물과 물질의 혼합물이 증류하기 때문에 복잡한 협잡물을 포함하는 생체성분이나 반응생성물의 정유, 고급알코올, 방향족 화합물 등의 일차적 분리에 널리 사용되고 있다. 수증기 증류는 그림 4-29에 나타낸 것과 같은 장치가 사용된다.

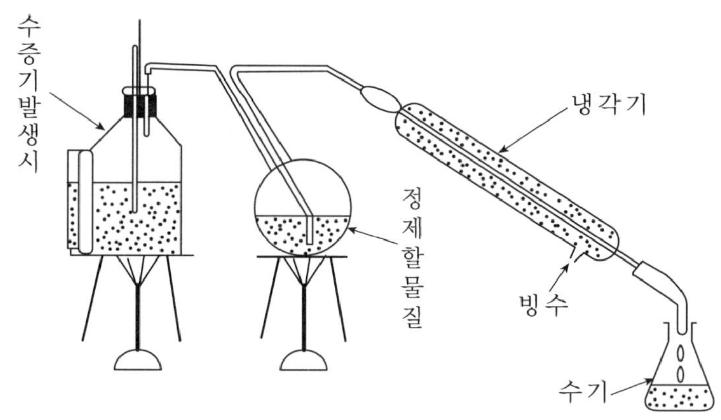

그림 4-29. 수증기증류 장치

4) 승 화

가. 상압승화

보통 상압에서도 비교적 높은 증기압을 가진 고체물질은 옛날부터 승화에 의해서 정제가 행해지고 지금까지도 유효한 수단으로 사용되고 있다. 승화를 이용한 정제법에는 상압법과 감압법이 있으며, 여러 가지 장치로 고안되고 있다.

특히 요오드와 같은 유독한 물질의 경우는 반드시 흄 후드(fume hood) 내에서 실험을 해야 한다. 비교적 승화하기 어려운 물질도 불활성화기체를 불어넣어서 증기의 확산을 빠르게 함으로 승화가 촉진되도록 할 수 있다. 이 목적으로 사용하는 기체로서 세척 건조한 질소 가스나 공기가 사용된다.

나. 감압승화

상압에서 충분한 증기압을 얻기 어렵기 때문에 승화하기 어려운 물질도 감압하면 쉽게 승화하는 경우가 많다. 진공승화에서는 특히 펌프와 직결을 피하고 도중에 U자관의 드라이아이스를 넣고 충분히 응축하지 않는 물질이 피하는 것을 막아야 한다. 특히 미량시료의 실험에서는 충분한 주의를 요한다.

7-2. 투석(Dialysis)

셀로판막으로 만든 튜브에 식염과 같은 무기염 혹은 설탕과 같은 저분자 유기화합물의 수용액을 넣고 이것을 수중에 침지하여 두면 용질은 셀로판막을 투과하여 확산하게 된다. 이 현상은 투과라 불리고 천연물유기화학이나 생화학의 분야에서 많이 이용된다. 다음은 투석에 있어서 나타나는 여러 가지 문제를 간단히 설명한다.

1) 반투막에 의한 투석

셀로판 튜브에 단백질과 같은 고분자 화합물의 수용액을 넣어서 투석을 행하는 경우에는 단백질분자가 셀로판막의 구멍에 비해서 크기 때문에 막을 투과시키지 못하고 외액으로의 이동은 일어나지 않는다. 이 같이 용질분자의 크기에 의해서 선택적 투과성을 가지는 막을 반투막이라 한다. 적당한 반투막을 사용한 투석법에 의해 여러 가지 화합물을 분자의 크기에 따라 분리하는 방법은 물질의 분리, 정제에 이용되고 특히 효소의 정제에 잘 사용된다. 물질의 분리, 정제법으로서 투석법을 행할 때에는 다음과 같은 사항을 주의해야 한다.

① 투석에 요하는 시간은 상당히 길다. 따라서 장시간 투석을 행할 경우는 미생물에 의한 물질의 변화를 피해야 한다.

② 투석속도는 온도와 밀접한 관계가 있으므로 가능한 한 높은 온도에서 행하는 쪽이 유리하다. 그러나 단백질은 열에 의해서 변성하고 또 열에 의해서 화학변화가 촉진되기 쉬운 불안정한 물질이므로 주의를 요한다.

③ 물질에 따라서는 다른 물질의 존재에 의해서 안정화하는 것도 있지만 그 같은 물질은 공존물이 투석에 의해 제거되기 때문에 변하는 것이다. 또 일반적으로 투석을 행하면 용액의 pH는 변화하지만 그것에 의해서 용질이 변화하는 것이다.

④ 투석에 사용한 반투막에 용질이 비가역적으로 흡착되는 것이 있다.

⑤ 농후한 용액을 투석하면 높은 침투압으로 용매가 용액에 들어간다. 따라서 시료용액을 반투막 주머니에 넣어 두면 이것이 파손되는 것이다.

2) 투석용 반투막

투석용 반투막에는 동물의 위, 장이나 물고기의 부래 등 동물성 막과 셀로판, 황산지 등의 인공막이 있다. 반투막을 사용하는데 먼저 고려하지 않으면 안 되는 것은 투과공의 크기이다. 동물조직의 막의 경우 목적에 따라 큰 구멍을 가진 것을 임의로 선택하는 것은 곤란하며, 구멍의 균일성을 가지지 않는 결점이 있다. 인공막에는 여러 가지 크기의 투과공을 가지는 것이 있고, 목적에 따라서 적당한 것을 선택하는 것이 가능하다. 실험실에 있어서 구멍의 크기가 다른 적당한 형태의 막을 단시간에 만드는 것이 가능하다.

그러나 현재 품질이 일정한 여러 가지 셀로판 튜브가 시판되고 있기 때문에 이것을 사용하는 것이 좋다. 반투막에 있어서 다음으로 중요한 성질은 막 자체가 가지고 있는 전하이다. 일반적으로 동물성 막은 정전하를 띠고 인공막은 음전하를 띠지만 투석을 행하는 용질의 대부분은 전해질이 있기 때문에 반투막의 전하에 의해 그 투석에 있어서 이동이 크게 좌우된다. 따라서 피투석액 중 용질의 성질에 대하여 반투막의 하전적 성질을 적당히 이용해야 한다.

3) 투석장치

간단한 투석을 행할 경우에는 피투석액을 반투막 주머니에 넣고 물 등의 용매를 채운 비커에서 행하면 된다. 그러나 효율 좋은 투석을 행하기 위해서는 반투막의 면적을 가능한 한 크게 할 필요가 있다. 용질의 막투과의 속도는 반투막에 의해서 분리된 양쪽 액의 농도차에 의존하는 것으로 자기교반기를 두어서 외액을 교반하는 쪽이 좋다. 많은 경우 투석은 반투막을 통과하는 저분자 화합물이나 무기염류를 제거하여 사용하지만 그 같은 경우에는 피투석액에 넣은 주머니를 유수 중에 침지하여 두면 좋고, 이 목적을 위해서는 그림 4-30에 나타나 바와 같은 장치가 편리하다.

투석액은 처음에는 수도수도 괜찮지만 투석조건이 끝나는 시기에 있어서는 증류수를 사용해야 한다. 이 같은 조작은 고분자 화합물과 공존하는 저분자 화합물을 제거하는 경우에 자주 행해진다. 반투막을 통과하는 물질을 필요로 하는 경우에는 투석용액을 가열 증류하여 농축하고 유출한 투석용액을 순환시키는 방법도 있다. 피투석액이 소량인 경우에는 특별한 장치를 사용하지 않아도 되는 soxhlet 액체추출기를 이용하는 것도 가능하다.

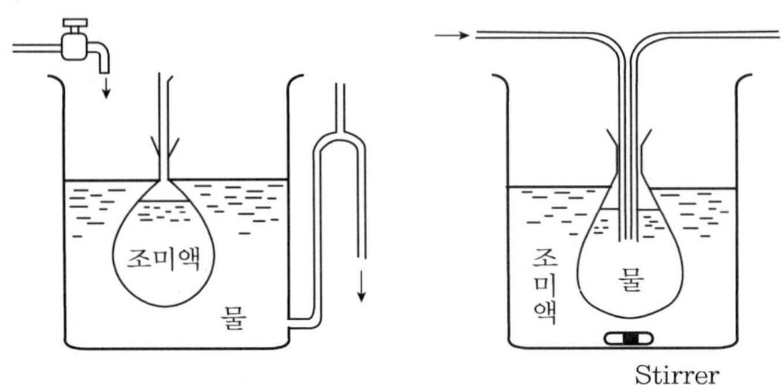

그림 4-30. 간단한 투석장치

4) 전기투석법

피투석 용액에 포함되는 물질인 경우에 해리하여 이온으로 되는 것은 피투석액과 외액으로 전극을 두어서 전위차를 주는 것으로 투석된다. 이 같은 방법으로 행하는 투석을 전기투석법이라 하지만 전극의 부분에서는 전기분해가 일어나기 때문에 전해투석법이라고도 한다. 전기투석법으로 사용되는 장치에는 여러 가지 형태가 있지만 기본적으로는 그림 4-31과 같이 나타낼 수 있다.

즉 피투석액 및 외액을 넣는 부분은 A, B, C의 3실로 나누고, 중심 B에는 피투석액을 넣으며, A와 C에는 투석용매를 넣는다. A와 C에는 각각 양극과 음극을 둔다. 앞서 말한 바와 같이 동물조직의 막은 양전하를, 인공막은 음전하를 띠는 경향이 있기 때문에 각각 A와 B, B와 C 사이에 둔다. 양 전극에 직류전압을 걸면 전기투석이 행해지지만, 투석된 물질을 농축하기 위해서 장치를 조합하는 것도 있다.

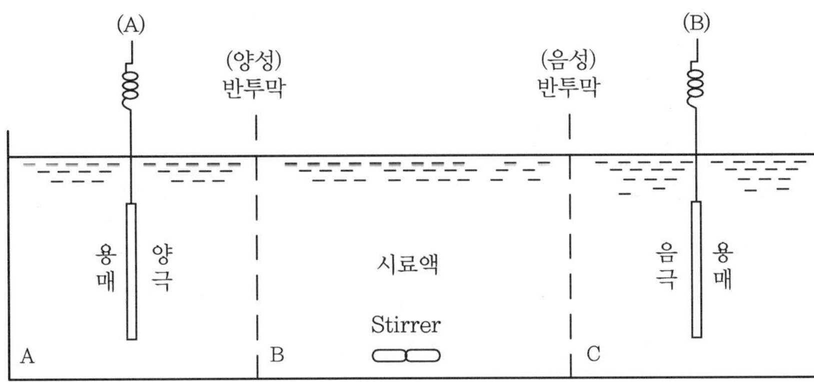

그림 4-31. 전기투석장치

전기투석을 행하면 전해질은 신속히 투석되지만 비전해질은 보통 투석과 마찬가지로 낮은 속도로 투석된다. 전기투석에 있어서 여러 가지 문제로 되는 것은 피투석액의 pH가 급속히 변화하는 것이다. 이것을 방지하기 위해 필요에 따라서 산이나 알칼리를 가하여 중화한다. 이 때문에 pH 메타기의 전극을 액 중에 삽입하여 두고 pH 변화를 관찰하면서 투석을 행하는 것이 좋다.

7-3. 한외여과(Dialysis-filteration)

액 중에 존재하는 각종 고체입자를 기계적으로 분리하는 것으로 가장 간단한 방법은 여과이다. 여과를 행하는 데에는 매체로서의 액체와 고체입자를 분리하기 위한 체가 필요하다. 이 목적으로 가장 일반적으로 사용되는 망목인 여지에서부터 세균의 분리에 사용되는 상당히 망목이 가는 여과기 등이 사용되고 있다. 그러나 이러한 경우 가장 망목이 가는 것을 사용하여도 통과공이 크기 때문에 콜로이드나 고분자 화합물의 입자와 저분자 화합물을 분리하는 것은 불가능하다. 그래서 앞서 말한 투석용 반투막의 이용을 생각할 수 있다. 즉, 여지 대신에 반투막을 사용하여 여과를 행하면 액체에 분산하여 존재하는 각종 화합물은 막의 통과공의 크기에 따라서 분리되는 것이다. 이 방법은 역사적으로는 금세기에 시작되어 한외여과법으로서 개발되었고 많은 고분자 화합물과 저분자 화합물의 분별에 이용되어 왔다.

한외여과법의 장치는 기본적으로는 그림 4-32(a)에 나타내었다. 즉, A, B 두 가지의 부분과 지지판 D 및 그 위에 있는 반투막 C로 이루어지고 C와 D는 액의 흘러내림을 방지하기 위하여 A, B로 싸서 단단히 묶는다. A에는 여과하고자 하는 액을 넣고 A 내에 압력을 걸든가 혹은 B 내를 감압하든가 하여 여과를 행하는 것이지만, 그것은 압력을 가하여 투석을 행하는 것으로 되기 때문에 filteration-dialysis라고도 불린다. 이 같은 장치를 사용함으로써 시료의 농축, 정제 등을 행하는 것이 가능하지만, 이때 투석법에 대해서 설명한 일반적인 주의사항에 유의하여 실험을 행하는 것이 바람직하다.

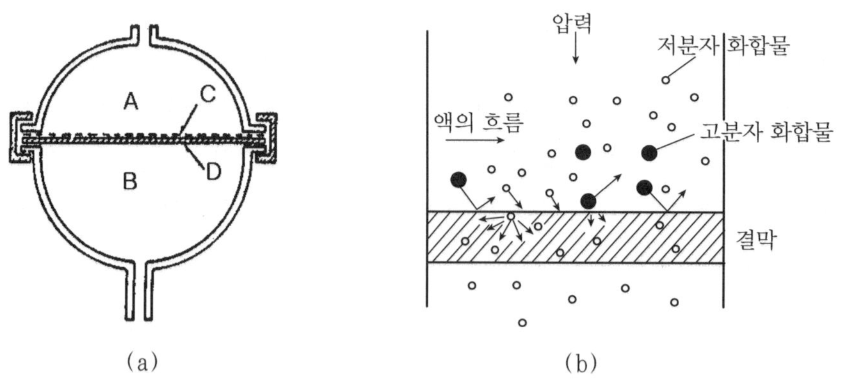

그림 4-32. 한외여과장치의 개요 및 막분리 원리

과거에도 여러 가지 막이 사용되었으나 잘 찢어진다든지 하는 결점이 많아 최근에는 한외여과용 막으로서 개발된 여러 가지 겔 여과막이 있다. 이 겔막은 한외여과용의 막으로서 기존의 막보다는 여러 가지 점에서 우수하지만, 그것을 사용한 여과원리도 지금까지 사용되어 왔던 투석용 반투막을 사용하는 경우와는 확실히 다르다. 즉 그림 4-32(b)에 나타난 바와 같이 막에 접촉한 액에 압력을 걸면 용매의 물은 겔막 중에 다량으로 들어있는 물분자와 바뀌어 확산하고 최종적으로는 막 밖으로 유출한다. 이때 용매로서 존재하는 저분자 화합물도 물과 함께 겔막 중에 확산하여 여과되어 막 밖으로 유출한다. 한편 입자가 큰 고분자 화합물은 겔막 중에서의 확산속도가 저분자 화합물의 그것에 비해서 상당히 적고 사실상 거의 여과 되지 않기 때문에 결과적으로 저분자 화합물과 고분자 화합물의 분리가 행해진다.

이같이 겔막을 사용한 한외여과법은 투석막 구멍의 크기에 의해 체분리가 없기 때문에 소위 여과는 일어나지 않는다. 겔막 종류는 투과하는 입자의 크기에 대한 여러 가지가 있고 분리하고자 하는 물질에 대해서 적당히 선택하여 사용되면 된다. 각각의 막에는 어느 정도의 분자량을 가진 화합물에 사용되어야 좋은지를 기록하는데, 분자량 50,000 전후에의 체분리에서부터 분자량 500 정도의 체분리까지 여러 종류가 있다. 막의 전하는 보통 중성이지만 음성의 것도 있고 그 성질을 전해질의 분리에 적극적으로 이용하는 것도 가능하다.

겔막을 사용한 한외여과는 단백질, 효소, 핵산 등의 분리, 정제 및 농축 등 생화학분야에서 이용되고 있다. 이 같이 한외여과는 주로 고분자 화합물을 다루는 데 사용되는 것이 많지만 상당히 분자량이 적은 것도 체분리가 가능한 겔막이 있으므로 저분자화합물에의 적용도 충분히 생각해 볼 수 있다. 특히 이 방법은 상당히 온순한 조건인 수용액의 상태에서 행해지는 것이기 때문에 불안정한 극성 화합물의 분리, 정제에 위력을 발휘한다.

7-4. 초원심분리

초원심분리에 의한 물질의 분리는 rotor의 회전에 의해 얻어지는 강력한 원심력에 의해서 생기는 물질의 침강속도 또는 부유밀도의 차를 이용하여 행하는 것이다. 따라서 유기용매를 써서는 안 되는, 살아 있는 시료나 물질의 분리에 적합한 방법이다. 원심분리기는 4,000 rpm 정도까지의 저속원심기, 20,000 rpm 정도까지의 고속원심기(냉각장치가 내장되어 냉각원심기라 불리는 것이 많다) 및 20,000 rpm 이상의 회전수가 얻어지는 초원심기로 구분한다. 초원심기에 있어서는 공기저항을 적게 하기 위해 rotor의 회전은 보통 진공 중에서 행해진다. 초원심기에는 물질의 침강계수나 분자량을 구하기 위해 사용되는 분석용 초원심기와 세포 내 구조체나 단백질, 헥산 등의 고분자 화합물의 분리, 정제에 사용되는 조제용 초원심기가 있지만, 여기에서는 초원심기를 사용한 물질의 분리, 정제법에 대해서 설명하고자 한다.

현재 사용되고 있는 초원심기는 그것에 의해 얻어지는 가속도가 높이 5×105 ×g 정도이기 때문에 주로 고속원심기에서는 침전되는 것이 불가능한 비교적 적은 구조체(예를 들면, 리보좀이나 막소편, 바이러스 등)를 침전시켜 정제를 행한다든지 단백질이나 헥산 등의 거대분자의 정제, 분석 등에 사용된다. 초원심기를 사용한 분리, 정제법은 ① 분획원심법, ② 밀도구배 원심법, ③ 밀도구배 평형 원심법의 세 가지 방법으로 구별된다. ①과 ②는 물질의 침강 속도차에 의한 분리이고 ③은 물질의 부유밀도 차이를 근거로 하는 분리법이다. 이러한 초원심분리를 이용한 물질의 분리, 정제에 대응하기 위해 기초적인 이론과 기술을 간단히 설명한다.

1) 분획 원심법

분획 원심법의 기본은 물질의 침강속도 차이를 이용한 분리방법이다. 분획 원심법은 초원심법의 경우에 가장 간단하고 기본적인 방법이지만 특히 거대한 고분자 화합물의 경우를 제외하면 보통의 생체고분자 화합물의 침전, 분리에 사용되는 경우는 적다. 또 이 방법으로 특정의 물질을 고순도로 정제하는 것은 곤란하지만 저속 및 고속의 원심분리를 몇 번 반복하여 상당히 순수한 시료를 얻는 것이 가능하고, 밀도구배 원심법, 밀도구배 평형 원심법과 조합함으로써 양호한 결과를 얻는 것이 가능하다. 분획 원심법의 특징은 다량의 시료를 손으로 처리할 수 있다는 점이고, 각종 물질을 정제하는 첫 단계에서 사용되어 조분획을 얻기 위해 이용되는 경우가 많다.

2) 밀도구배 원심법

분획 원심법에 있어서는 균일한 밀도를 가진 용매 중에서 각 물질의 침강속도의 차에 의해 분리가 행해지지만 밀도구배 원심법에 있어서는 밀도가 연속적 혹은 단계적으로 변화하는 용액 중에서 입자를 침강시켜 분리를 행한다. 이 같이 용매의 밀도에 구배를 주는 것으로 분획 원심법에서는 분리하는 것이 곤란한 물질간의 분리를 행해는 것이 가능하게 된다. 이때 밀도 구배에 의해 입자의 침강상황은 다르게 된다. 만약 농도구배를 직선적으로 설정하여 일정의 회전수로 원심을 행하게 되면 입자의 침강거리는 근사적으로는 시간과 비례한다. 밀도구배를 만들기 위해 사용되는 용질은 설탕이 가장 일반적이고 또 글리세린, 중수 등도 사용된다. 밀도구배를 원심관 내에 만드는 것은 그림 4-33과 같은 장치가 일반적으로 사용된다. A에는 저농도의 용액, B에는 고농도의 용액을 넣고 B 중의 용액을 교반하여 원심관에 액을 가볍게 넣는다. A, B의 단면적을 똑같이 하면 직선적인 밀도구배가 형성된다. 밀도구배 작성 후 소량의 시료용액을 그 위에 가볍게 중층한다. 이때 시료용액이 밀도가 밀도구배 상단의 그것보다 낮게 되어야 한다.

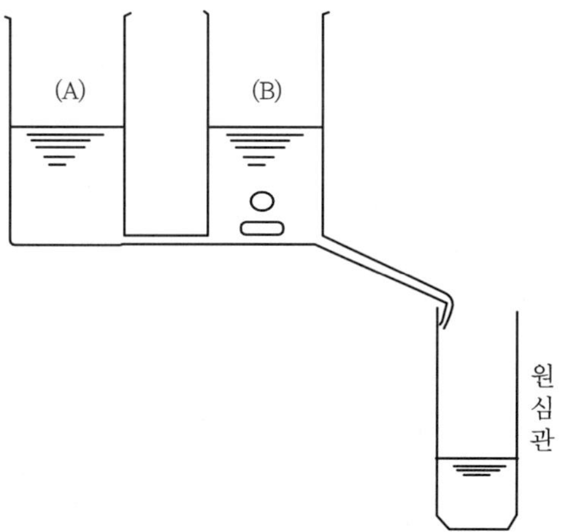

그림 4-33. 밀도구배 조제장치

분취방법으로서는 원심관의 바닥에 침으로 구멍을 뚫는다든지, 고농도의 설탕용액을 밑바닥에 보내어 액을 눌러서 분획하는 방법이 있다. 밀도구배 원심법의 이점은 이물질의 혼입을 방지하는 것이 가능하고 밀도구배가 비교적 안

정하기 때문에 원심에 의한 기계적 교반, 대류 등이 일어나기 어려운 것이다. 또 분석용에서도 이용되는 것이 가능하고 물질의 침강계수나 분자량을 계산하는 것도 가능하다. 밀도구배 원심법은 주로 단백질, 핵산 등의 고분자 화합물의 정제나 분석에 사용되고 있다.

3) 밀도구배 평형 원심법

밀도 구배법이 물질의 침감계수 차이를 이용하여 분리, 정제를 행하는데 반하여 이 방법은 입자의 부유밀도의 차이에 의해서 분리를 행하는 것이다. 직선적 혹은 단계적 밀도를 가진 용액 중에 ρ로 되는 부유밀도를 가진 물질인 경우, 용액의 밀도 ρ_m이 ρ보다 큰 경우의 입자는 부상하고 적은 경우는 침강한다. 따라서 충분히 장시간 원심을 행하면 입자는 그 부유밀도가 같은 밀도를 가진 용액이 존재하는 장소에 모이게 된다.

이 방법에서는 보통 침강속도 차에 의해 분획한 경우보다도 높은 밀도의 용액을 사용하고 장시간의 원심을 할 필요가 있다. 분획 원심법 및 밀도구배 원심법에서는 ρ_m에 대해서 ρ가 충분히 큰 것이 필요하다. 이것에 반해 밀도구배 평형 원심법에서는 분리하고자 하는 물질의 밀도와 같은 정도의 밀도를 가지는 용액을 사용한다.

결국 부유밀도를 가진 물질을 밀도구배를 가진 용액 중에서 원심분리 하는 것으로서 그것이 밀도구배 원심법으로 된다든지 또는 밀도구배 평형 원심법으로 된다든지 하게 된다. 충분히 높은 밀도로부터 충분히 낮은 밀도까지를 자유롭게 만드는 것이 가능한 적당한 밀도가 있으면 이 밀도구배 평형 원심법은 상당히 유용하다.

하지만 생체물질을 다룰 경우 여러 가지 제약이 있으므로 만능인 용액은 없다. 실제로는 $CsCl$, CS_2SO_4 등의 무기염이나 설탕, Ficoll(설탕의 중합물, 평균 분자량 400,000), 덱스트란 등을 용질로 한 수용액이 사용된다.

예를 들면, DNA, RNA, 리보좀 등은 일정 농도의 $CsCl$ 또는 Cs_2SO_4를 함유한 균일 시료를 직접 원심분리하여 원심 중에 자연히 가능한 밀도구배를 이용하여 분리하는 방법이 주로 사용된다. 이 경우 원심에 제공되는 시료용액의 밀도를 목적으로 하는 물질의 밀도와 같은 정도로 조제하여 두면 목적물은 원심에 의해서 원심관 중앙에 모이게 된다. 형성된 밀도구배는 rotor의 회전수가 높고 또 원심시간이 길면 평형상태에 가깝게 된다. 헥산이 시료인 경우 40,000 rpm, 18~36시간 정도로 사용하여 행하는 것이 많다. 설탕에 의한 밀도구배 평형 원심법에 의해 각종 세포나 세포 내 과립을 분리, 정제하는 경우가 많지만 이 경우 문제로 되는 것은 고농도의 설탕에 의한 침투압의 영향이다. 막에 존재하는 세포 내 과립 등은 고농도 설탕용액의 침투압 때문에 외형이나 내부의 상태가 변화하고 본래 가지고 있는 제반 성질이 소실되는 경우가 있다.

이 같은 경우에는 덱스트란이나 Ficoll 등을 사용하면 침투압이 적게 되고 밀도가 큰 용액을 만드는 것이 가능하다. 게다가 Ficoll 등의 용액 중에 적당한 당이나 염 등을 가해 침투압에 관해서는 생체 세포 내와 마찬가지인 조건을 만들고 이것에 의해 온순한 상태에서 분리, 정제를 행하는 것이 가능하다.

초원심분리는 미세한 분자량 등의 차이가 큰 물질들 간에는 비교적 수월하지만 미세한 경우는 분리가 잘 되지 않는다. 또 분리가 완전하지 못한 요인들로서는 분리 후 감속 및 정지하는 과정에서 일어나는 기계적인 교란으로 물질이 다시 떠오른다든가 원심관 내의 온도차에 의하여 발생하는 대류와 원심관 벽의 문제로 난류가 발생하기도 한다. 초원심분리는 고속으로 회전하는 rotor에 의해 매우 강한 힘을 받고 있어 사용 시 부주의로 인한 원심기의 고장이나 사고에 특히 주의하여야 하며, 보수 점검도 철저히 하여야 한다.

7-5. 향류 분배 크로마토그래피

(Counter current chromatography, CCC)법

이미 앞에서 설명한 바와 같이 분배형 HPLC와 칼럼 크로마토그래피에서는 움직이지 않는 분배형 고정상을 칼럼에 충진하여 사용하는데 비하여 향류 분배에서는 이와는 달리 서로 섞이지 않는 액체를 반대로 흐르게 하면서 물질의 분배가 일어나게 하여 분리하는 것이다. 이 방법의 큰 장점은 고가의 칼럼이 필요 없으며, 칼럼에 너무 강하게 흡착하여 회수가 안 되는 일은 전혀 없다. 그러나 극성이 전혀 없거나 너무 강한 물질의 분리나 온도에 따라 분배계수가 바뀌는 것에는 사용이 곤란하다.

일반적으로 한 가지 용매를 쓰기보다는 비극성에서는 헥산이나 클로로포름과 잘 섞이는 용매계를 그리고 극성용매로서는 물과 잘 섞이는 메탄올계의 용매를 적당한 비율로 섞어 상층과 하층 용매로 분리하여 각각 용매로 사용한다. 그 외에도 여러 가지 서로 섞이지 않는 용매들의 조합에 의하여 이동상과 고정상 용매를 만들 수 있다. 그리고 용매의 적합성 여부는 이렇게 만든 용매를 전개 용매로 하여 TLC 등으로 확인해 보는 방법도 있다.

간단한 향류 분배 장치는 초기에 Craig에 의해 고안된 것을 개량하여 쓰지만, 이것을 크로마토그래피에 접목시킨 것이 액적 향류(droplet counter current)와 원심 향류(centrifugal count current) 크로마토그래피이다. 즉 액적 향류에서 비중이 큰 용매를 고정상으로 하였을 경우에는 이동상 용매를 아래쪽에서부터 위쪽으로 한 방울씩 한 방울씩 흘러가게 하여 물질의 분배도 차에 의해 분리가 일어나게 하는 것이다. 비중이 작은 용매를 고정상으로 할 경우는 반대로 비중이 큰 용매를 위에서 아래로 서서히 흘려 방울 형태로 자연 낙하 시키면서 분리시킨다.

반면 이를 좀 더 고성능으로 만든 것이 원심 향류이다. 칼럼은 단순히 직경 1 mm 이하의 가느다란 테플론 관 수십 미터를 원통에 감아서 비중이 다른 어떤 용매를 고정상으로 하고 다른 용매를 이동상으로 하여 흘리면서 회전을 시키는 방법이다. 따라서 물질은 회전하는 가느다란 관을 지나면서 두 액상간의 분배의 차에 의하여 분리된다. 최종적으로 이들은 UV 검출기에 의하여 모니터링을 하면서 분리를 확인하게 되며, 고정상 액체가 완전히 이동상 액체로 바뀌게 되면 크로마토그래피는 종료하게 된다. 따라서 중간에 흡착이 되거나 하는 일이 없으며, 분리가 잘 안 되었을 경우는 모든 용액을 회수하여 농축하면 원래의 시료 그대로 되는 것이다.

그러나 아직까지 이에 관한 자료가 많이 축적되지 않아 어떤 물질의 분리에 어떤 용매 조성으로 사용해야 하는가, 최적 유속은 얼마인가 등에 대하여는 각각의 실험실에서 많은 노력이 있어야 하겠다.

7-6. 분별 침전법

용액 상태로 되어 있는 시료 추출물에서 어떤 물질만을 침전시켜 분리하거나 필요없는 물질을 제거하려고 할 때, 칼럼이나 다른 방법으로 분리가 잘 안될 때 매우 유용하게 이용할 수 있다. 이것은 추출의 초기 단계에서 또는 어느 정도 정제가 진행되어 물질이 상당히 농축된 상태에서도 가능하다. 즉 단백질과 같은 거대분자는 등전점 부근으로 pH를 조정하여 침전시키면 분리가 가능하며, 저분자의 유기산이나 염기성 물질은 쉽게 난용성 염으로 변하는 성질을 이용하거나 저온에서의 용해도 차를 이용한 침전, 또는 불용성 용매를 이용하거나 재결정화를 유도하여 분리하는 방법 등이 있다.

1) 침전제에 의한 침전

카르복시기와 같은 산성 관능기를 가진 저분자 물질은 물에 불용성인 구리, 아연, 납, 바륨, 칼슘 등의 염으로서, 염기성 관능기를 가진 물질은 picric acid와 같은 유기산의 염이나 몰리브텐인산과 같은 복합 무기물의 염으로서 침전된다. 이와 같은 불용성의 염으로서 침전된 것에서 무기물은 금속 유화물로 침전시켜 유기산을 분리하든지, 유기용매에 녹이거나 이온교환 수지를 통하여 무기물을 제거하면 된다. 아민류나 알칼로이드류의 염기성 물질에는 오래전부터 nitrobenzoic acid와 같은 결정성 침전제를 이용하여 분리하는 데 사용하였다. 그러나 여기에는 물질에 따라 결정이 생성되지 않는 것도 있어 안정하고 결정성이 큰 물질을 선택하여야 한다.

2) 재결정, 분별결정

가. 결정화

결정화(crystallization)란 분리기술의 일종으로 액체 혹은 기체의 균일상으로부터 조작을 통하여 고체입자, 즉 결정(crystal)을 얻는 것을 말한다. 우리 주위의 실생활에서 자연발생적으로 결정화 현상을 볼 수 있는데 이것이 바로 눈(snow)의 경우이며, 바닷물을 증발시켜 소금을 얻는 것 또한 결정화이다. 결정은 물질을 구성하는 원자가 일정한 공간격자에 배열하여 생기는 것으로서 성질이 다른 분자는 이 과정에서 제거되어 버린다. 따라서 재결정이나 분별결정은 천연물의 분리, 정제의 마지막 단계에서 고순도의 물질을 얻는 데 종종 이용되는 중요한 정제 수단이다. 제대로 된 결정은 한 개만 있어도 X선 회절 분석을 통하여 그 입체 구조까지도 알아낼 수 있는 강력한 방법이라고 할 수 있으나, 결정을 만들어 내기는 그렇게 쉽지 않다.

일반적으로 결정화는 물질을 용매에 용해시킨 다음 냉각시켜 결정을 유도하는 방법과 물질이 녹아 있는 용액에 서서히 불용성 용매를 가하여 결정을 석출하게 하는 방법이 있다. 물질을 분리, 정제하는 동안에 좀처럼 최종 분리 단계에서 불순물의 제거가 안 되던 차에 냉동고 속에 보관하여 둔 시료 용액에서 어느 날 갑자기 바늘 모양의 결정이 생긴 것을 발견하면 무엇보다 반갑기도 하다.

어느 경우에든지 중요한 것은 결정화에 가장 적당한 용매를 찾아내는 것이다. 적당량의 결정이 좀처럼 생성되지 않을 때에는 시료병의 벽면을 유리봉 등으로 가볍게 긁는다거나 약한 충격을 주면 결정이 생성되기도 한다. 또 이미 결정이 소량이라도 만들어 진 경우에는 그 결정을 용액에 넣어주게 되면 그것을 핵으로 하여 결정이 서서히 성장하기도 한다.

결정의 생성은 아무런 기계 장치 없이 극히 단시간에 일어나기도 하지만, 경우에 따라서는 수개월씩 걸리기도 하므로 그렇게 수월한 것만은 아니다. 또 같은 물질이라도 용매에 따라서는 다른 형태의 결정이 만들어 지기도 하며, 복합 결정이 생성되기도 한다. 따라서 결정화는 정제가 상당히 진행되어 불순물이 거의 없는 상태에서 시도하는 것이 바람직하며, 일단 결정이 생성되었다 하더라도 다른 융점이나 분광 분석 자료를 확인하여 볼 필요가 있다. 복합 결정의 경우에는 재결정을 통하여 순도를 높이든지 하여야 한다.

필자들의 경우, 유기용매로서 에탄올을 사용하는데, 밑바닥이 뾰족한 농축용 시료병에 물질을 에탄올에 녹여서 넣은 다음 물질이 불용성이 되지 않을 정도로 증류수를 넣어 뚜껑을 헐겁게 닫아 암소에 보관하여 둔다. 시간이 경과함에 따라 에탄올은 물보다 먼저 서서히 증발되어 가면서 물질은 농축되고 물의 비율이 많아지면서 물질의 결정화가 진행되는 것을 볼 수 있다.

한편, 광학 활성체의 분리에도 이러한 재결정법이 쓰이고 있다.

나. 결정의 구조

결정을 이루는 구조는 3차원적 구조의 공간적 배열을 이루기 때문에 결정 구조에서 결정질 구조와 비정질 구조를 구분하는 원자 배열의 규칙성을 설명하기 위하여 단위 셀(unit Cell)이라는 정의가 필요하다.

표 4-34. 7가지 결정계

구　　분	각 변의 길이	축의 각도	입체형태
입방정계 (Cubic System)	$a = b = c$	$\alpha = \beta = \gamma = 90°$	
정방정계 (Tetragonal System)	$a = b \neq c$	$\alpha = \beta = \gamma = 90°$	
사방정계 (Orthorhombic System)	$a \neq b \neq c$	$\alpha = \beta = \gamma = 90°$	
육방정계 (Hexagonal System)	$a = b \neq c$	$\alpha = \beta = 90°, \; \gamma = 120°$	
단사정계 (Monoclinic System)	$a \neq b \neq c$	$\alpha = \beta = 90° \neq \gamma$	
삼사정계 (Triclinic System)	$a \neq b \neq c$	$\alpha \neq \beta \neq \gamma \neq 90°$	
삼방정계 (Trigonal System)	$a = b = c$	$\alpha = \beta = \gamma \neq 90°$	

단위 셀이란 원자 배열의 규칙성을 나타낼 수 있는 최소 단위를 말한다. 단위 셀을 특성짓는 방법에는 두 가지가 있는데 한 가지는 모양에 따라서 구분이 되어지고, 그 모양을 구분하는 두 가지 기준은 단위 셀을 이루는 두 면이 만나서 이루는 각도와 3개의 변의 길이로서 구분한다.

이를 위해 x, y, z의 좌표계를 단위 셀의 한 모서리로 원점으로 만들고, 이 원점과 접하고 있는 세 변은 오른나사 법칙에 따라 x, y, z축이 결정되며, 각 변의 길이가 단위 길이가 된다. 이처럼 3개의 각도와 3개의 변의 길이로써 단위 셀의 모양을 결정한 결정구조를 결정계(crystsl system)라고 하며 7가지의 결정계가 존재한다(표 4-40).

이러한 방법으로 7개의 다른 가능한 a, b, c와 α, β, γ 의 조합을 갖는 결정으로 구분될 수 있으며 이것을 격자상수(lattic parameter)라고 한다. 그리고 각각은 다른 결정계(crystal system)를 나타낸다.

제2부
해양 천연물의 구조 해석

제1장 천연 유기화합물 구조해석 방법과 정성분석

1. 구조해석의 방법

지구상에는 비교적 안전한 상태로 존재하는 원자들만도 수십여 종에 이르며, 탄소나 수소, 질소, 산소 등의 조합으로 이루어진 천연 유기물의 종류는 천문학적인 수에 달한다. 이 중, 비교적 간단한 구조를 지닌 아미노산에서부터 분자량 수천의 천연물이나 수십만의 단백질의 입체적인 화학구조에 이르기까지 과연 어떻게 하여 구조를 알아내는 것일까 의아해 하는 사람도 많을 것이다. 물론 최신의 분석 기술을 구사하여 화학 구조를 결정하는 일은 매우 복잡한 과정과 끈기를 필요로 하는 일임에는 틀림없으나 불가능한 것은 아니다.

천연물의 화학 구조를 결정하기 위해서는 당연한 말일지 모르지만 우선 실험에 사용되는 물질은 적어도 95% 이상 순수하게 정제되어야만 한다. 완전히 정제되지 못한 시료로 기기분석을 행하면 구조에 대한 정보를 완벽하게 얻을 수 없고 또 우리가 얻고자 하는 물질이 어느 것인지도 모르게 되기 때문에 구조해석은 불가능하다. 따라서 최대한도로 순수하게 정제를 행한 다음에 실험에 임해야

할 것이다. 이러한 물질로 기기분석을 행하게 되는데 그 과정은 특별히 정해져 있는 것이 아니고, 먼저 가급적 시료의 회수가 가능한 실험을 행하고, 다음에 소량의 시료가 소모되는 분석부터 하는 것이 좋다. 또 생물활성도 최종적으로 구조가 밝혀진 다음에 행할 수도 있다.

구조해석은 사실상 천연물의 분리, 정제 단계에서부터 이미 시작되고 있다고 보아도 될 것이다. 분리, 정제 중에 이미 물질의 극성이나 용해도 등 물질의 물리화학적 성질의 실험이 병행하여 이루어지며, 이러한 것들도 구조해석의 기초적인 자료로 쓰이기 때문이다. 또 여러 가지 정색반응 등을 통하여 기본적인 물성과 물질의 개략적인 종류를 파악하여 두면 어떤 기기분석을 먼저 하는 것이 좋은지 알기 쉽다. 그러나 이 방법이 반드시 필요한 것은 아니다.

일반적으로 정제된 후의 천연물 구조해석에는 다음과 같은 수단들이 주로 이용된다. 즉, 분석수단으로서는 크게 나누어 빛과 같은 전자기파를 파장별로 분광하여 분자의 흡수나 발광에 의하여 분석하는 방법(자외/가시선 흡수, 적외선 흡수, 핵자기 공명 등)과 그 외의 방법(원소 분석, 질량분석, X-선 회절 분석 등)이 있다. 자외/가시선(UV/VIS) 흡수 스펙트럼은 예상되는 물질의 스펙트럼과 비교함으로써 화합물의 관능기나 작용기를 동정하거나 불순물 등의 존재를 추정할 수 있으며, 적외선(IR) 흡수 스펙트럼으로는 화합물의 관능기와 불포화결합 등과 같은 화합물의 side chain의 존재를 추정할 수 있고, 질량분석으로는 분자량 및 각종 관능기 등과 같은 구조단위뿐만 아니라 분자식도 구할 수 있으며, ^{1}H-NMR로는 상대적인 수소의 수 및 골격구조를, ^{13}C-NMR로는 탄소의 수, 다중도 및 탄소 결합 형태 등을 알 수 있다.

이렇게 하면 간단한 골격 구조를 가진 미지물질의 구조를 추정할 수 있으나 복잡한 골격을 가진 천연물이나 고분자량의 물질 해석에는 무리가 따른다. 이를 위해서는 DEPT NMR 등의 분석을 통하여 methine(-CH), methylene(-CH$_2$), methyl(-CH$_3$) 및 quternary carbon(수소부재탄소)의 수도 파악할 수 있으며 이차원 NMR로는 COSY, HMQC, HMBC 등을 통하여 수소와 수소 및 수소와 탄소간의 결합상태를 추정하는 것이 가능하므로 전체적인 구조를 해석하기 위해서는 다양한 분석기기와 기법을 적용하여 행하여만 구조해석이 가능하다.

다만 수소와 수소간의 공간적인 입체구조를 파악하기 위해서는 NOESY와 같은 분석을 행하기도 한다. 이렇게 하여 추정한 구조가 모든 스펙트럼에 모순이 되지 않는지 검정함으로써 최종적으로 구조를 해석할 수 있다. 표 1-1은 일반적으로 미지의 물질의 분리, 정제 과정에서부터 분리된 물질의 구조를 어떻게 해석하는가를 여러 가지 분석기기로 조사된 결과에서 얻을 수 있는 정보를 아래에 간단히 나타내었다.

표 1-1. 구조해석을 위한 단계별로 얻을 수 있는 정보

분석순서	알 수 있는 자료 및 정보
추출	·어떠한 용매(극성, 비극성)에 잘 녹는지를 검토 : 물질이 극성(수용성물질)인지 비극성(지용성물질)인지를 확인 가능
분리, 정제	·정제과정 중 물질의 특성 조사로 대략적인 물질군을 확인 또는 추정 가능 : 추출물의 화학적 시험(예들 들면, dragendorff 시약에 의한 alkaloid 확인 등)
VIS · UV	·이중결합이 없는 물질의 추정(예를 들면, 포화지방산, 유기산, 지방족 아미노산 등은 UV 흡수를 일으키지 않음)이나 공액 2중결합이 많은 색소류(400~500 nm 에서 특징적인 3개의 흡수 피크가 나타남)
IR	·각종 특수 관능기의 존재 예측가능(예를 들면, OH($3,600\,cm^{-1}$ 부근), CH($3,000\sim2,700\,cm^{-1}$) 등)
MS	·물질의 분자량 확인, 동정 및 미지물질의 구조추정과 동위체 존재량으로 분자 중의 Cl, Br 등의 원자수 확인 가능
^{1}H NMR	·수소의 상대적인 수(피크 면적비에 의한 수소수)와 수소의 결합상태(추정 가능)
^{13}C NMR	·분자 중의 탄소수 및 탄소의 결합형태 추정 가능(예를 들면, 카르복시기 (-COOH)의 탄소의 경우 170 ppm 부근에서 특징적인 peak가 나타남)
DEPT NMR	·분자 중의 탄소결합 형태 확인 가능(예를 들면, C, -CH, -CH$_2$, -CH$_3$ 등)
2D NMR	·COSY, HMQC, HMBC 및 NOESY NMR 분석으로 분자 내의 수소와 수소 혹은 수소와 탄소간의 직접 또는 간접적인 결합상태 추정 가능하여 구조해석 가능

2. 유기화합물의 정성 분석

천연물에서 분리한 물질은 일반적으로 자외부에 광흡수를 나타내는 경우가 많다. 그 때문에 분석의 높은 선택성과 감도를 나타내는 분석대상물질을 가시부에 강한 광흡수를 나타내는 물질로 유도체화 하는 것이 많다. 다음은 추출된 성분의 구조연구에 참고가 될 수 있는 화학적 반응을 시킴으로써 추정 가능한 시험방법에 대해서 예를 나타내었다.

2-1. 아 민

NH$_3$의 H원자를 alkyl기 혹은 aryl기로 치환한 구조를 말한다. 치환기의 수에 따라서 제1, 제2 및 제3 아민으로 나누어진다.

1) 아민 공통반응

가. Diazo coupling에 의한 정색

방향족 제1 아민은 산성에서 아초산나트륨에서 diazo화한 후 2-나프톨, N,N-dimethyl-1-naphthylamine, N-(1-naphthyl)N'-diethylethylenediamine등과 축합하여 적자색의 azo 색소를 생성한다. 제2, 제3 아민은 azo 색소를 생성하지 않는다.

나. 1,4-Benzokinone에 의한 정색

지방족 제1 및 제2 아민은 클로로포름 용액 중에서 1,4-벤조키논과 가열하면 적색을 나타낸다. 시약도 발색액도 빛에 의해 분해되기 때문에 조작은 암소에서 행하는 것이 바람직하다.

다. 구연산과 무수초산에 의한 정색

지방족 및 방향족 제3 아민은 구연산과 무수초산과 가열하면 적~자색을 띤다. 구연산의 aconitic acid를 사용하는 것도 가능하고 이 경우는 황색으로 정색한다.

라. Fluroxamine에 의한 형광

Fluroxamine(4-Phenylspiro [furan-2(3H), 1´-phthalan]-3,3´dione, fluran)은 제1 아민과 수용액 중에서 순간적으로 반응하여 형광성(발기파장 390 nm, 형광파장 475 nm)의 물질을 생성한다. 과잉의 시약은 빠르게 가수분해되어 lacton환이

열린다. 시약도 가수분해물도 무색으로 형광이 없다. 이 시약과 제2 아민이 반응하여 만들어진 물질은 무형광성이지만 이것에 제1 아민을 작용시키면 형광물질로 변환하기 때문에 제2 아민의 형광분석에도 이용 가능하다.

마. o-Buthalaldehyde와 2-mercaptoethanol에 의한 형광

o-Buthalaldehyde는 2-mercaptoethanol과 같은 티올화합물의 존재 하에서 제1 아민과 pH 8~10의 붕산염 완충액 중 상온에서 단시간으로 반응하여 형광성의 isoindole 유도체(발기파장 340 nm, 형광파장 455 nm)를 형성한다.

바. 4-Fluoro-7-nitrobenzofurazan에 의한 형광

이 시약은 제1 및 제2 아민과 온화한 조건에서 반응하여 형광물질을 생성한다. 이것과 동계열의 형광시약으로 4-chloro-7-mitrobenzofurazan이 있고, 주로 제2 아민의 분석에 사용되어진다.

2) 생체아민 특유의 반응

가. 암모니아 및 요소

암모니아는 차아염소산의 산화제 존재 하에서 알칼리성으로 페놀과 산화축합한 indophenol 색소(λ_{max}, 625 nm)를 생성한다.

이 반응에 sodium nitroprusside를 가하면 암모니아의 산화가 촉진되고 정색이 강하게 된다. 요소는 urease에 의해 특이적으로 가수분해 되어 암모니아를 생성하기 때문에 이 반응에 의해 정량도 가능하다.

나. Histamine

Histamine은 알칼리성으로 o-buthalaldehyde와 선택적으로 반응하여 강발형광성의 물질로 유도된다. 이 형광물질은 o-buthalaldehyde와 histamine이 각각 2 : 1로 축합한 dihydrophenantrin 유도체이다. 이 반응에 의해 1 ng의 histamine이 검출가능하고 생체시료 중 histamine의 고감도인 정량이 가능하다.

다. Guanidino 화합물

Guanidine, arginine, creatine 등 guanidino기를 가진 화합물은 다음의 정색

혹은 형광반응에 의해서 선택적으로 측정하는 것이 가능하다.

2-2. Carbonic acid

R-COOH으로 나타나는 구조를 말하고 생체 중에서는 지방산, prostagladin 등 다수의 유기산이 존재한다.

1) Carbonic acid 공통의 반응

가. Hydrokisam산과 철(Ⅲ) 이온에 의한 정색

Carbonic acid를 hydrokisylamine과 dicyclohexylcarbodiimide(DCC)에 의해 처리하여 hydrokisam산으로 유도한다. 여기에 Fe^{3+}(염화제2철)을 작용시키면 생성된 착체는 적색 내지 자색을 띤다.

이 방법에는 아미노산 및 하이드록실산을 함유한 많은 carbonic acid가 수십 μg 이상으로 양성을 나타내지만 수산은 시약을 분해하기 때문에 음성이다. Carbonic acid의 비색정량법(측정파장 525 nm)으로서도 사용되고 있다. 또 본 반응이 함수용매 중에서도 행해지는 점을 이용하여 HPLC에 의한 수용액 carbonic acid의 post-column 검출에도 사용되고 있다.

나. Griess의 반응에 의한 정색

Carbonic acid의 전리에 의해 성성한 H^+를 surfamic acid 나트륨 및 아초산 나트륨으로 처리하고 diazonium 화합물을 생성한다. 이것은 1-naphthylamine과 작용하여 등색 내지 적색의 화합물을 생성한다. Carbonic acid의 수십 μg의 존재에서 양성을 나타낸다. 고급지방산은 발색에 수십 분 걸리는 것도 있다. Phenol은 음성이다.

다. Acryflavin에 의한 정색

Griess의 반응과 마찬가지로 carbonic acid로부터 H^+와 아초산나트륨에 의해 acryflavin을 diazol화하여 생성된 diazonium 이온의 적자색 정색을 관측한다. Phenol, enol, thiophenol은 양성을 나타내지 않고 물에 전혀 불용의 carbonic acid도 음성이다.

라. *o*-Nitrophenylhidrazin에 의한 정색

Carbonic acid에 *o*-nitrophenylhidrazin 염산염 및 DCC를 작용시키면 산 hydradide가 생긴다. 이것은 일종의 지시약으로 알칼리성에서 자색을 띤다.

이 반응은 저급으로부터 고급에 이르기까지의 지방족 및 방향족 carbonic acid가 잘 정색한다.

2) 1,2-Dicarbonic acid 특유의 반응

1,2-Dicarbonic acid는 resorcine과 황산으로 용융하면 fluorescein형 색소를 생성한다. 이 알칼리성 용액은 강한 녹황색의 형광을 발힌다.

또 carboxyl기에 붙은 탄소에 수산기를 가지는 1,2-dicarbonic acid에서는 농황산에 의해서 처리하고 게다가 resorcine을 반응시키면 발형광성의 umbelliferone 유도체를 생성한다.

3) α-Hydroxy crabonic acid 특유의 반응

산성조건 하에서 α-hydroxy carbonic acid의 수산기 및 carboxyl기에 Fe^{3+} 이 배위하여 황색을 띤다. 수용성 α-hydroxy산에 공통의 발색반응이 있고, 감도는 낮지만 지방산, 규산, 아미노산 등의 carbonic acid 산류의 영향을 받기 쉽다.

4) 1,2-Diamino-4,5-dimethoxybenzene(DDB)에 의한 형광

본 시약(염산염)은 염산산성에서 α-ketocarbonic acid와 반응하여 아주 강한 형광을 나타내는 dimethoxyquinoxaline 유도체를 생성한다.

2-3. Aldehyde 및 ketone

양자에 공통인 반응으로서는 carbonyl기 혹은 그것에 인접한 활성 methylene 기와의 반응이 사용되고 있다. 이것들의 반응이 양성일 때에는 다음의 aldehyde 특유의 반응을 행하고, 시료가 aldehyde가 ketone이라든가 활성 methylene 화합물인지의 구별을 한다.

1) 활성 methylene기와의 반응

활성 methylene기는 수산화나트륨 알칼리성으로 sodium nitroprusside의 잔기 내 NO와 반응하여 isonitroso 착합물을 생성하여 적색 내지 자색을 띤다. Acetophenon과의 반응을 다음에 나타내었다.

Carbonyl기에 인접한 활성 methylene기 이외의 것과도 반응하기 때문에 주의를 요한다.

2) Carbonyl기와의 반응

가. 2,4-Dinitrophenylhydrazine에 의한 정색

Aldehyde 및 ketone은 2,4-dinitrophenylhydrazine과 산성에서 쉽게 반응하여 2,4-dinitrophenylhydrazone을 생성한다. 이것은 알칼리성으로 적갈색 내지는 적색의 quidal 이온을 생성한다.

이 반응은 혈중 pyruvin산의 정량이나 α-ketocarbonic acid가 관여하는 효소(유산 dihydrokinase, glutamic-oxal 초산 transaminase 등)활성의 측정에 사용된다.

나. Azobenzene-p-phenylhydrazinesulfonic acid에 의한 정색

Aldehyde 및 ketone은 azobenzene-p-feniruhydrazinesulfonic acid와 산성하에서 쉽게 축합하여 hydrazone을 만들어 정색한다. 방향족 aldehyde는 적색, 지방족 aldehyde는 청색을 띤다. 이 반응은 aldehyde 쪽이 ketone보다 예민하다.

다. 2,3-Dimethyl-2,3-bis(hydroxylamine)-buthane에 의한 정색

본 시약은 지방족 aldehyde와 반응하여 축합물을 생성한다. 축합물을 과염소산나트륨으로 산화하면 강하게 착색한 화합물을 생성한다.

지방족 ketone도 마찬가지로 반응하지만 반응기구는 분명하지 않다. 지방족 aldehyde에 상당히 특이적인 반응이지만 방향족 aldehyde의 경우 benzaldehyde가 양성을 나타낸다.

라. N-Methylnicotinamide와 알칼리성으로 반응하여 산성으로서 가열하면 녹색 또는 자색의 강한 형광을 나타내어 정량 및 HPLC에 의한 분리정량에 사용되어진다.

3) Aldehyde 특유의 반응

가. *p*-Phenylenediamine 및 과산화수소에 의한 정색

p-Phenylenediamine은 aldehyde가 존재하면 중성 혹은 산성에서 과산화수소에 의해 흑색의 Brandrowski 염기에 산화되기 때문에 aldehyde의 검출에 이용 가능하다. 양성의 경우 초산산성에서 지방족 aldehyde는 흑색, 방향족 aldehyde는 일반적으로 황색을 띤다. 중성에서의 방향족 aldehyde도 흑색이므로 중성 쪽의 반응이 빠른 것이다. 이 반응은 일반적으로 예민하다.

4) 지방족 aldehyde 특유의 반응

Propionaldehyde(3-phenyl-2-quinoxanol)hydrazon에 의한 정색시약 자신의 색은 담황색으로 지방족 aldehyde와 축합하면 적색의 색소를 생성한다. 본 반응은 465 nm의 흡광도를 측정하는 것에 근거하여 비색정량법에도 적용되고 있다.

가. Hantzsh의 반응에 의한 정색과 형광

Formaldehyde는 acetylacetone 및 암모늄염과 축합 반응하여 황색의 3,5-diacetyl-1,4-dihydrorutidin을 생성한다. 이 rutidine 유도체는 황록색의 형광을 발한다. 본 반응은 온화한 조건에서 진행한다. 따라서 임상화학분석에 있어서 산화효소에 의해 과산화수소를 생성하는 물질(요산, coline, 당, 콜레스테롤 등)의 정량에 넓게 사용되어지고 있으며 과산화수소를 catalase의 존재 하에서 메탄올을 산화하여 formaldehyde로 한 경우 본 반응으로 정량한다.

식품 중의 formaldehyde의 검출, 비색정량에도 이용되고 있다. Acetylacetone 대신에 초산을 사용하여 formaldehyde를 특이적으로 형광 정량하는 방법도 있다. Formaldehyde 외의 지방족 aldehyde를 측정대상으로 할 때는 cyclohexanol-1,3-dione이나 dimedone을 이용한다.

5) 방향족 aldehyde 및 α, β-불포화 aldehyde 특유의 반응

가. Sodium pentacyanoanminpheroeid에 의한 정색

황화수소와 Soium pentacyanoanminpheroeid를 작용시키면 먼저 thioaldehyde가 생성되고 이것이 NH₃와 치환하여 강한 청색을 띤다.

나. o-Aminothiophenol에 의한 형광

황산산성 하에서 방향족 aldehyde를 o-aminothiophenol과 가열하면 형광성의 benzothiazol 유도체을 생성한다. Valine에서는 다음과 같이 반응한다. 방향족 aldehyde류의 형광정량에 이용되고 있다. Furfural과도 형광반응 때문에 당의 정량에도 이용되고 있다.

다. 2,3′-Dithiobis(1-aminonaphtalen)(DTAN)에 의한 형광

DTAN은 환원제(tri-n-buthanephosphin이 좋다)의 존재에서 방향족 aldehyde와 산성에서 상온중에 예민하게 반응하여 대상으로 하는 2-치환[1,2-d] thiazol을 생성한다.

이것은 산성에서도 알칼리성에서도 형광을 발한다. o-hydroxybenzaldehyde에서는 다음과 같이 반응한다.

라. 1,2-Diaminonaphtalen에 의한 형광

방향족 aldehyde는 산성에서 1,2-diaminonaphtalen과 반응하여 benzoimidazol 유도체를 생성한다. 반응액을 알칼리성으로 하면 형광을 발한다. Benzaldehyde와는 다음과 같이 반응한다. 이 반응은 aldehyde에 의해 여기 및 형광파장이 다르기 때문에 개개의 aldehyde의 선택적 정량이 가능하다.

마. 1,2-Diamino-4,5-dimethoxybenzene(DDB)에 의한 형광

방향족 aldehyde 혹은 방향성 지방족 aldehyde는 DDB와 산성에서 반응하여 대상으로 하는 2-치환-5,6-dimethoxybenzimidazol을 생성하여 알칼리성에서 형광을 띤다.

2-4. 알코올

C원자에 치환하는 OH기의 수에 따라서 제 1, 제 2, 제 3 알코올로 대별된다. 또한 복수개의 OH기를 가진 생체성분도 존재한다.

가. 질산 seliumammina에 의한 정색

제 1, 제 2, 제 3 alcohol의 어느 것이나 질산 seliumammina(NH_4)$_2$Ce(NO_3)$_6$ 와 질산산성에서 반응하여 배위화합물을 생성하여 적색을 띤다. 거의 전부 알코올이 양성을 나타낸다. Blank는 황색이다. 그러나 감도는 낮고 페놀, enol, 아민과도 적색 또는 흑갈색의 정색 혹은 침전을 생성하여 검출에 방해가 된다. 468 nm에서 흡광도를 측정하여 비색정량에도 이용된다.

나. Deniges 시약에 의한 정색

제 3 알코올은 Deniges 시약(황산수은의 농황산용액)을 첨가하여 가열하면 olefin을 생성한다. 이것에 수은염이 부가되면 황색 내지 적색의 침전을 생성한다. 제 1 및 제 2 알코올에는 음성이고 제 3 알코올에만 양성을 나타낸다.

1) 다가 알코올 특유의 반응

가. 붕산 및 Griess 반응에 의한 정색

붕산의 전리는 지극히 적기 때문에 Griess의 반응을 진행시키는 등 H^+를 유리하지 않는다. 그러나 1,2-thiol을 가하면 메타붕산이온은 비전리성 이온을 생성하기 때문에 붕산의 전리평균이 오른쪽으로 치우치는 강산으로 된다. 이렇게 되어 1,2-thiol을 Griess의 반응에 의해 검출한다. 다만 시료 중에 carbonic acid의 산성물질을 포함하지 않는 것이 필요하여 붕산을 가하여 시료를 행하고, 만약 산성물질을 포함할 때는 암모니아수에서 중화하여 과량의 암모니아를 가열하여 추출한 후 시험한다.

2-5. Thiol 및 sulforic acid

Thiol기는 -SH로 나타나는 구조를 말하며 mercapto 혹은 sulfuhydryl기라고도 불린다. Sulforic acid기는 -SO_3H로 표시되는 구조를 말한다.

1) Thiol 공통의 반응

가. 5,5′-ditiobis(2-nitro 안식향산)에 의한 정색

이 시약은 thiol 화합물과 반응하여 황색의 3-carboxy-4-nitrotiophenol 음이온(λ_{max}, 412 nm)을 생성하기 때문에 thiol의 검출 및 비색정량에 이용가능하다.

나. Phanazine metosulfate에 의한 정색

이 시약은 중성으로 thiol과 반응하여 적색-자색으로 발색한다. 이 색은 수일간 안정하다. Ascorbic acid, 글루코오스, 아황산염, 티오황산염 등의 환원제에 의해서 방해받기 어렵다. Disulfate는 아황산수소나트륨으로, 티올화합물로 환원하면 반응하여 정색한다. 종이 또는 박층 크로마토그래피로 검출시약으로 이용되고 있다.

다. 할로겐화 benzopurazan 유도체에 의한 형광

술폰산기 등을 도입한 수용성의 할로겐화 benzofurazan 화합물을 thiol과 붕산염 완충액(pH 8~10) 중에서 가온(50~60℃)하면 형광물질을 생성한다. 시약에는 4-chloro-sulfobenzofurazan, 4-fluoro-7-sulfobenzofurazan 및 4-fluoro-7-(aminosulfonyl) benzofurazan 등이 있다.

2) 술폰산 공통의 반응

가. Acetohydroxam산의 철염으로서 정색

술폰산에 thiolchloride를 작용시켜서 sulfonylchloride하여 이것에 hydroxylamine을 작용시켜서 sulfohydroxam산으로 된다.

또 acetoaldehyde를 작용시키면 acetohydroxam산과 sulfin산이 만들어진다.

나. 아황산의 생성에 의한 정색

술폰산의 알칼리염은 formic acid 나트륨과 가열하면 아황산 수소염이 가능하기 때문에 Fe(Ⅲ) → Fe(Ⅱ)의 환원반응에 의해 수 μg의 술폰산이 검출가능하다.

2-6. 페 놀

페놀은 벤젠환의 수소원자를 수산기로 치환한 구조를 말한다. 일반적인 검출방

법은 소량의 추출물을 물 또는 MeOH에 녹이고 10% FeCl · EtOH 용액 1~2방울을 가할 때 자색-청색의 정색여부를 확인하던가 또는 10% NaOH 1 ㎖를 가하여 알칼리성으로 할 때 황색-적색으로 정색하는가로 확인하는 것이 가능하다.

1) 페놀 특유의 반응

가. 아질산과 황산에 의한 정색(Lieberamnn의 반응)

페놀은 아질산과 반응하여 p-nitroso 화합물을 생성하여 농황산의 존재에서 과량의 페놀과 결합하여 indophenol을 생성한다.

Indophcnol은 일종의 산연기 지시야으로 산선과 알칼리성에서 색이 변화한다. 벤젠핵에 $-NO_2$, $-CHO$, $-COOH$, $-COCH_3$, $-OH$, $-NH_2$ 등의 치환기가 있으면 일반적으로 정색하지 않는다. p-치환 페놀은 반응하지 않는다.

나. Diazobenzenesulfonic acid에 의한 정색

Diazobenzenesulfonic acid와 축합하여 azo 색소를 형성하는 반응으로 방향족 아민도 마찬가지로 정색한다. 페놀의 p- 위에 축합은 그대로지만 p-치환 페놀의 경우는 o- 위에 있다.

다. 4-Aminoacetylphyrin과 산화제에 의한 정색

페놀에 약알칼리성으로 4-aminoacetylphyrin과 ferricyan화 칼륨을 가하면 indophenol과 같은 색소를 생성한다.

라. 2,6-Dibromo(cyclo)kinonechloroimide에 의한 정색

이 시약은 Gibbs의 시약이라 불리는 것으로 페놀과 축합하여 indophenol계 색소를 만들고 주로 paper chromatography에 있는 검출반응에 사용된다. p-치환 페놀은 정색하지 않는다.

2) 페놀 화합물 공통의 반응

가. 염화철(Ⅲ)에 의한 정색

페놀성 수산기를 가진 화합물은 수용액 혹은 pyridine를 가한 비수용매 중에

서 미량의 염화철(Ⅲ)과 반응하여 녹색, 청색 혹은 자색을 띠는 착염을 형성하기 때문에 페놀 화합물의 정성반응에 사용되고 있다.

나. 아질산과 질산수은에 의한 반응(Millon 반응)

페놀성 수산기를 가진 화합물은 아질산을 포함한 질산수은과 질산 중에서 반응하여 적색을 띤다. 이 반응은 tyrosine을 함유하는 단백질의 검출에 사용되고 있다.

다. Formyl화와 1,2-diamino-4,5-dimethoxybenzene에 의한 형광

p-Hydroxyphenyl기를 함유하는 화합물은 알칼리성으로 클로로포름을 작용시키면 aldehyderl가 선택적으로 수산기의 o-위에 도입된다(Reimer-Yiemann 반응). 생성 formyl화 phenol 화합물은 방향족 aldehyde의 형광시약, 1,2-diamino-4,5-dimetoxybenzene에 의해서 형광성의 물질로 된다.

3) Catechol 화합물 공통의 반응

가. 아질산과 알칼리에 의한 정색

Catechol 및 mono 치환 o-diphenol 화합물은 산성에서 아질산을 작용시킨 후 곧바로 알칼리성으로 하면 적색(λ_{max}, 500 nm)에서 정색한다. 이 반응에 의해 4~20 μg의 catechol 화합물이 검출 가능하다.

나. Ethylenediamine에 의한 형광

Catechol 및 3,4-dihydroxyphenyl 화합물(adrenaline, noradrenaline 등)은 ethylenediamine과 가온(50℃)하면 형광물질을 생성한다. 반응기구는 각 catechol 화합물에 의해서 달라진다.

2-7. 아미노산

아미노산을 가진 유기산을 아미노산이라 총칭한다. 아미노기의 위치에 의해 α, β, γ 등이 있다.

1) 아미노산 공통의 반응

가. Ninhydrin에 의한 정색

α-Amino acid에 ninhydrin(triketohydridene hydrate)을 가해서 가열하면 탄산가스를 발생하여 자색을 띤다. 이 색소는 Ruhemann purple이라 칭하며 570 nm에 흡수극대가 있다. Proline이나 oxyproline과 같은 환상 아미노산은 α-amino acid와는 색조가 다르고, 처음 황색으로 되어 장시간 가열하면 적자색으로 된다.

2) 아미노산 개별반응

가. Cystine 및 cysteine

Cystine은 아황산나트륨, 시안화나트륨 혹은 티올유도체 등의 환원제에 의해서 cystein으로 변하므로 정량된다. Cystein은 thiol기를 가지기 때문에 thiol의 정색 혹은 형광시약을 사용하여 측정 가능하지만 2,6-dichlorobenzokinone은 cystein이 측정가능하다.

나. Methionine

Methionene을 pentacyanoanmin철(Ⅲ)산 나트륨과 산성에서 반응시키면 적색(λmax, 515 nm)으로 정색한다. N-acylmethuionine도 정색하기 때문에 peptide의 methionyl 잔기의 검출에 이용 가능하다. Histidine은 갈색을 띤다.

다. Phenylalanine

Nitro화 한 후 알칼리성으로 hydroxylamine을 작용시키면 phenylalanine은 자색으로 발색한다. 이 반응에서 $50 \sim 200 \mu g$의 phenylalanine이 측정 가능하다. 또 제1 아민과 함께 ninhydrin을 작용시키면 phenylalanine은 형광을 발한다. 생성된 형광물질은 phenylalanine으로부터 생성된 phenylacetoaldehyde, ninhydrin 및 제1 아민이 축합한 것으로, fluorekamine과 제1 아민과의 반응에서 생성하는 것과 같은 화학구조를 나타낸다. 제1 아민으로 leucylalanine을 사용한 경우 leucine과 arginine이 4% 정도의 형광강도를 나타내지만 다른 아미노산과의 그것은 0.5% 이하이다. 펩타이드 쇄중의 phenylalanine은 반응하지 않는다.

라. Tyrosine

Tyrosine은 질산산성에서 1-nitroso-2-naphthol과 반응하여 불안정한 적색 물질을 생성한다. 이것을 가열하면 안정한 황색물질(λ_{max}, 450 nm)로 변화한 다. 이 색소는 형광(여기파장 460 nm, 형광파장 570 nm)도 나타내기 때문에 tyrosine의 흡광 및 형광분석에 사용되어진다. Tyramine, *p*- hydroxyphenyl 초산, *p*-hydroxyphenyl phyridine산 등도 반응한다. 또한 tyrosine의 측정에 Millon 반응이나 *p*-hydroxyphenyl 화합물의 형광유도체화 반응 등도 이용 가 능하다.

마. Tryptophan

Tryptophan은 ninhydrin과 산성에서 반응시키면 황색을 띤다. 다른 아미노 산은 음성이기 때문에 트립토판 및 peptide 쇄 중의 트립토판이 선택적으로 검 출(50 nmol 이상) 가능하다. 또 트립토판은 아미노산 중에서 가장 강한 자연형 광을 가진다. pH 11의 용액 중의 형광(여기파장 287 nm, 형광파장 348 nm)은 tyrosine의 자연형광에 비해서 약 100배이고, 단백질 중 트립토판의 정량에 이 용 가능하다.

바. Lysine

2-Mercaptoethanol 존재 하에서 *o*-diacetylbenzene을 작용시키면 lysine은 형 광을 발한다. 이 반응에 의해서 0.6~10 nmol의 lysine이 측정 가능하다.

R-CH₂-NH₂의 구조를 나타내는 화합물에 선택성이 있기 때문에 glycine, ornithine, histamine 등도 형광을 바라나 다른 아미노산은 형광을 발하지 않는다.

사. Arginine

2.3-Naphthalenedicarboaldehyde는 arginine과 반응하여 형광을 발한다. 이 반 응은 다른 아미노산, 생체 guanidino 화합물, 요소, 암모니아 등에 의해서 방해되 지 않지만 유리의 arginine에 대해서 아주 높은 선택성을 가진다.

아. Histidine

Diazo화한 sulfanyl산은 알칼리성으로 histidine의 imidazol기에 축합한 적색의

azotorth를 형성하는 것으로 histidine의 검출에 사용되고 있다(Pauly법). 그러나 페놀 화합물 및 방향족 아민도 정색하여 다른 아미노산, 요산, 암모니아가 다량으로 공존하면 발색을 방해하기 때문에 생체시료의 취급에는 주의를 요한다.

2-8. 펩타이드 및 단백질

아미노산이 amide 결합(펩타이드 결합)에 의해서 중합하는 것을 말한다. 펩타이드와 단백질과의 구조적 구별은 확실하지 않지만 아미노산의 중합도가 크게 되어 복잡한 입체구조(2차 또는 3차 구조)를 나타내는 고분자의 펩타이드를 단백질이라고 부른다.

1) Burrette법에 의한 정색

Burrette(carbamyl 요소)은 동 이온과 착염을 형성하여 청자색 내지 자홍색으로 정색한다. 단백질의 펩타이드 결합도 이것과 유사한 반응을 가지기 때문에 단백질의 비색정량에 사용된다. 이 방법은 다른 방법에 비해서 감도는 아직 높지 않지만 단백질의 종류에 따라서 측정오차가 적다.

2) Lowry법에 의한 정색

인몰리브덴산 및 인텅스텐산을 주성분으로 하는 페놀 시약은 알칼리성으로 페놀 화합물에 의해서 환원되어 심청색으로 발색한다(Folin 반응). 이 반응은 단백질 중 tyrosine의 페놀기 이외에 tryptophan의 인돌기, histidine의 imidazol기, cysteine의 티올기 등에 의해서도 일어난다. 따라서 페놀시약에 의한 발색은 특정 아미노산에 의존하기 때문에 아미노산 조성이 다른 단백질 간에는 정색의 정도에 차를 나타낸다. Lowry법에는 burrette법의 peptide 결합부에의 동착염으로 형성반응을 만들어 그 동착염에 의한 phenol 시약의 환원작용도 이용하고 있기 때문에 단백질의 종류에 의한 발색률의 변화를 적게 하고 있다. 감도는 burrette법에 의해 약 100배 높지만 시료에 환원성물질(당, phenol 화합물, 티올화합물, 아미노산, 아민, 요소, 황산암모늄)이 다량으로 존재할 때는 주의를 요한다. 또한 검량선의 직선범위가 좁기 때문에 시료를 적당히 희석하여 검량선의 직선범위 내에서 정량을 행할 필요가 있다. $5 \sim 100\,\mu g$ 정도의 단백질함량을 측정할 수 있다.

2-9. 당

-C-C(OH)-C(OH)-의 특징이 있는 잔기를 가진 carbonyl기가 aldehyde, ketone에 의해 각각 aldose, ketose라 불린다. 또한 carbonyl기가 수산기와 hemiacetal을 형성하여 환상구조를 가질 경우 그것들이 육원환이나 오원환에 의해 phyronose, fuanose로 분류된다.

1) 당 공통의 반응

가. 3,6-Dinitrobuthal산에 의한 정색

3,6-Dinitrobuthal산은 환원당과 알칼리성으로 가열하면 $1 \sim 2$분 뒤에 적색으로 되고 계속적으로 가열하면 점차로 등적색으로 변한다. 이 반응에 있어서 처음 나타나는 적색은 hydroxylamino 화합물에 의한 것이기 때문에 이것은 공기산화를 받아서 퇴색한다. 이것을 방지하기 위해서 티오황산나트륨을 가하여 가열을 계속하면 안정한 azo 색소로 등적색을 띤다. 이 반응은 당쇄의 환원말단의 검출에 사용된다.

나. 2-Cyanoacetoamide에 의한 형광

환원당은 붕산 존재 하에서 약알칼리성으로 2-cyanoacetoamide와 가열하면 형광을 발한다. 이 형광반응은 환원당의 aldehyde기와 2-cyanoacetoamide와의 결합, 폐환반응에 의한 cyanophyridon이나 cyanophyridon의 생성에 근거한 것이라고 추정된다.

또 taurine, 2-ethanolamine 및 arginine도 붕산 존재 하에서 중성 또는 약알칼리성의 용액과 함께 $100 \sim 150\,℃$로 가열하면 환원당과 반응하여 형광을 발한다. 또 ethylenediamine 및 malonamide도 각각 약알칼리성의 인산염 및 탄산염 완충액으로 환원당과 1시간 이상 비등수욕 중에서 가열하면 형광을 발한다.

다. 4-Methoxybenzamidine 혹은 benzamidine에 의한 형광

환원당은 4-methoxybenzamidine 혹은 benzamidine과 알칼리성에서 단시간 가열하면 강한 형광을 발한다. 양 시약은 uronic acid, 아미노당, cial산에도 형광을 준다.

2) Hexose 특유의 반응

가. 효소법에 의한 글루코오스의 정색 또는 형광

글루코오스 oxidase는 글루코오스를 특이적으로 산화하여 과산화수소를 생성한다. 따라서 생성한 과산화수소의 측정에 의해 글루코오스를 징량하는 것이 가능하다. 과산화수소의 측정에는 catalase의 존재에서 과산화수소에 의해 메탄올을 산화한 후 formaldehyde로 하여 Hantzich의 반응에서 발색되는 방법도 이용 가능하지만, beloxidase의 존재에서 과산화수소에 의해 적당한 물질을 발색시키는 방법이 잘 이용된다.

발색제에는 *o*-dianidin, 3-methyl-2-benzothiazolinonehydrazon과 N,N-dimethylanyllin, 4-aminoantiphyrine과 N,N-dimethylanyllin 등이 있고 다음과 같이 반응하여 발색한다. 또 N,N-dimethylanyllin은 물에 난용이고 4-aminoantiphyllin과의 축합물이 생체성분과 biliruvin의 흡수를 어렵게 하기 때문에, 이것에 걸쳐서 시약으로 sulfonic acid기 혹은 수산기를 도입하여 수용성으로 하고 4-aminoantiphyllin과의 축합물의 흡수가 장파장역에 있도록 다수의 anyllin 유도체가 합성되어 실용되고 있다.

나. 5-hydroxytetraron에 의한 형광

Hexose 또는 hexose로부터 온 다당의 수용액에 5-hydroxytetraron과 황산을 가해 가열하여 물로 희석하면 녹색의 형광을 띠는데, 이것은 hexose의 특이적 미량정성 및 정량에 사용된다.

이 반응에 미량의 동 이온을 가하면 예민하게 된다. 다량의 aldehyde는 이 반응을 방해하지만 소량이라면 영향이 없다. Hexose로부터 만들어진 형광물질은 benzonaphthendion이다.

3) Ketose 특유의 반응

가. Resorcine과 염산에 의한 정색

Ketohexose($5\sim50\,\mu g$)는 resorcine 및 염산과 가열하면 적색(λ_{max}, 500 nm)을 띤다. 이 반응은 ketose에 특이적으로 ketohexose는 청록색으로 정색하는데, 이것은 ketose기가 비교적 용이하게 furfural 유도체를 생성하기 때문이다.

Aldose($5\sim30\,\mu g$)는 요소 및 과염소산과 함께 가열하면 청색(λ_{max}, 605 nm)을 띤다. Aldose의 정색은 ketose의 1% 이하에서 ascorbic acid는 황색을 띤다.

4) Pentose 특유의 반응

Pentose는 철(Ⅲ) 이온을 함유한 염산용액 중에서 orcine과 가열하면 청록색(λmax, 660 nm)으로 정색한다. 이 반응은 RNA의 선택적인 정량법으로 사용되고 있다. 이 반응에 의해 hexose, ketohexose는 각각 적색, 황색을 띠지만 발색도는 상당히 적다. Uronic acid는 pentose와 같은 색으로 정색하기 때문에 이것이 존재할 때는 분리할 필요가 있다.

5) Deoxyaldose 특유의 반응

가. Diphenylamine과 초산에 의한 정색

Deoxy당은 초산용액 중 diphenylamine과 가열하면 정색한다. 2-deoxyribose는 청색으로, 2-deoxyglucose는 적색으로 발색한다. Aldose 및 ribose는 발색하지 않는다. 이 반응은 DNA의 정량에 이용 가능하다.

나. Indole과 염산에 의한 정색

Deoxyaldose는 염산용액 중에서 indole과 가열하면 황색을 띤다. 또한 DNA 중의 deoxyribose에도 마찬가지로 정색하여 유리의 deoxyribose보다도 강하게 발색한다.

6) Uronic acid 특유의 반응

가. Carbazol에 의한 정색

Uronic acid 및 uronide는 황산과 함께 가열하면 탈수하여 5-carboxy-2-formylfuran을 생성하여 여기에 carbazol이 축합하여 적색의 정색물질을 생성한다. Hexose는 적갈색, pentose는 황색을 띠지만 발색 후 물을 가하면 이것들의 정색은 자색으로 변화한다.

나. Ethylene diamine 황산염에 의한 형광

Uronic acid는 초산염 완충액(pH 6)과 함께 ethylene diamine 황산염과 비등수용 중에서 3시간 가열하면 형광(발기파장 308 nm, 형광파장 405 nm)을 발한다. Uronide는 이 조건에서 가수분해를 받지 않기 때문에 형광을 발하지 않는다. 또 초산염 완충액을 인산염 완충액(pH 8.0)에 치환하면 환원당에 대해서도 형광을 발하게 된다.

7) 아미노당 특유의 반응

가. Acetylacetone과 p-dimethylaminobenzaldehyde에 의한 정색

이 시약은 Elson-Morgan 시약이라 불리는 것으로 아미노당을 알칼리성에서 acetylacetone으로 반응시켜 산성으로 하여 p-dimethylaminobenzaldehyde을 작용시키면 등적색을 띤다. 이 반응은 아미노당과 acetylacetone으로부터 생성된 2-methyl-3-acetylphyrol과 p-dimethylaminobenzaldehyde와의 반응에 의한 것이라고 생각되고 있다.

나. 아질산과 3,5-diamino 안식향산에 의한 형광

아미노당에 아질산을 작용하여 아미노기를 분해한 후 3,5-diamino 안식향산을 가하여 가온하면 강한 형광(여기파장 422nm, 발기파장 514nm)을 발하기 때문에 아미노당의 측정에 사용된다.

8) Cial산 특유의 반응

Cial산은 과염소산 산화에 의해서 β-formylphyvin산을 생성하는데 이것에 thiobarbituric acid를 반응시키면 적자색으로 발색한다. 5~40 μg의 cial 산이 측정가능하다.

2-10. Steroid

Steroid는 골격을 가진 주된 생체성분으로서 steroid hormone, cholesterol, 담즙산이 있다.

유리접시에 무수초산 1방울을 떨어뜨리고 검체 0.5 mg을 용해한 후 주변에 농황산 1방울을 떨어뜨리고 초자봉으로 살짝 접촉시킬 때 양액의 경계부위가 적색-청색-녹색으로 정색되는가 확인한다.

1) Steroid hormone

Steroid hormone 중에서 현재 화학적 측정법이 사용되고 있는 것은 주로 뇨 중 17α-oxysteroid, 17-hydroxycholesteroid, estrogen 및 혈정 cholesterol이다.

가. 17-Ketosteroid의 정색(Zimmermann 반응)

Zimmermann 반응이라는 것은 polynitrobenzene이 활성 methylene과 반응하여 정색하는 반응을 말한다. 17-ketosteroid에서는 C-17 위의 수소가 활성화되어 있고, 예를 들면, m-dinitrobenzene(m-DNB)라는 것은 다음과 같이 반응한다. 이 반응은 오줌 중의 ketosteroid 정량에 이용된다. 오줌에는 C-17 위 이외에 keto기를 가진 steroid가 많이 포함되어 있지만 반응생성물의 몰 흡광계수가 적고 또한 파장도 달라서 이것들의 측정에 방해되지 는 않는다. 또한 재현성이 좋은 방법이다.

나. Estrogen의 정색 및 형광

Steroid의 A환이 phenol성 수산기를 가진 estrogen은 hydrokinone 황산용액과 가열하는 것에 의해 적색을 띤다. 이 반응액은 형광도 발하기 때문에 비색법과 형광법에 의해 분석된다.

다. Cortisol의 형광

Corticoid의 황산에 의한 형광은 옛날부터 알려지고 있다. 황산-ethanol에 의한 steroid에 비특이적이라고 생각되어 지지만, 특히 cortisol, corticosterone은 강한 형광을 생성하여 11-hydroxy-Δ4-3-keto-steroid에 특이적인 반응을 하고 있다.

2) Cholesterol

Cholesterol의 화학적 측정법은 Liebermann-Burchard 반응 또는 Kiliani 반응을 원리로 한 방법으로 대별되어 현재도 cholesterol의 측정에 사용되고 있다.

가. Liebermann-Burchard 반응에 의한 정색

클로로포름 용액 중의 cholesterol이 무수초산과 농황산에 의해 청록~자색을 띤다. Cholesterol, stigmasterol 등이 불포화 cholesterol과 반응하지만 cholestanol 등의 포화 sterol과는 반응하지 않는다.

나. Kiliani 반응에 의한 정색

Cholesterol의 빙초산용액에 염화 제2철을 가하고 거기에 농황산을 가해 가열하는 것에 의해 적자색을 띤다.

2-11. Alkaloid

소량의 추출물을 10% HCl 25 ㎖ 정도로 용해하고, 50 ㎖의 에테르로 진탕한 다음, 수층을 분리하여 10% NH_4OH로 알칼리성으로 한다. 그 다음 $CHCl_3$ 30 ㎖로 진탕하여 $CHCl_3$층을 취하고, 증발 농축한 후 소량의 10% HCl에 용해하며, 필요하면 여과한 후 Mayer 시약(Hg_2Cl_2 1.4 g과 KI 4.9 g을 물로 녹여 100 ㎖로 정용)에 의한 백탁 또는 백색침전의 생성 여부를 확인한다. 또 다른 방법으로 TLC에 전개한 점적에 dragendorff 시약을 분무하여 적자색을 띠는 것으로도 확인 가능하다.

2-12. 유기산

소량의 추출물을 물 또는 메탄올 2 ㎖에 녹이고, 필요하면 여과한 다음 5% $AgNO_3$ 알코올 용액을 가할 때 혼탁 또는 침전의 생성 여부를 관찰한다.

제 2 장 자외/가시선 분광분석과 천연물의 구조

1. 자외/가시선 분광분석의 원리

태양광과 같은 복사선은 파장이 다른 여러 종류의 빛이 혼합되어 있다. 이 중 가시광선(400~800 nm)이나 자외선(200~400 nm)을 각 파장의 단색광으로 나누어 용액에 통과시키면 용액 중에 들어 있는 기저 상태의 분자에 결합된 전자가 특정한 파장의 빛에너지($E = h\nu$)를 흡수하여 들뜬상태로 천이하게 된다. 이 흡수된 에너지의 크기는 파장에 따라 다르며 각 파장에서 흡수된 에너지(흡광도)를 연속적으로 나타낸 것을 자외선 흡수 스펙트럼(또는 자외/가시선 흡수 스펙트럼)이라고 한다.

이 흡수 스펙트럼은 물질에 따라 고유한 것으로서 이를 측정하면 어떤 관능기를 가지고 있는지, 전자 상태는 어떠한지 또는 이미 알고 있는 물질의 스펙트럼과 비교하여 동정이 가능하다. 또 흡수의 강도는 물질의 농도와 비례하므로 정량 분석이 가능하여 널리 이용되고 있다. 효소 반응에 있어서는 스펙트럼의 시간적 변화를 측정함으로써 반응의 진행상태를 관찰할 수도 있다.

이를 이용하여 분석하는 것을 자외/가시선 흡수 스펙트럼 분석법(UV/Vis spectroscopy)이라 한다. 그림 2-1은 전자기 스펙트럼의 자외선과 가시부 영역의 특징을 나타낸 것이다.

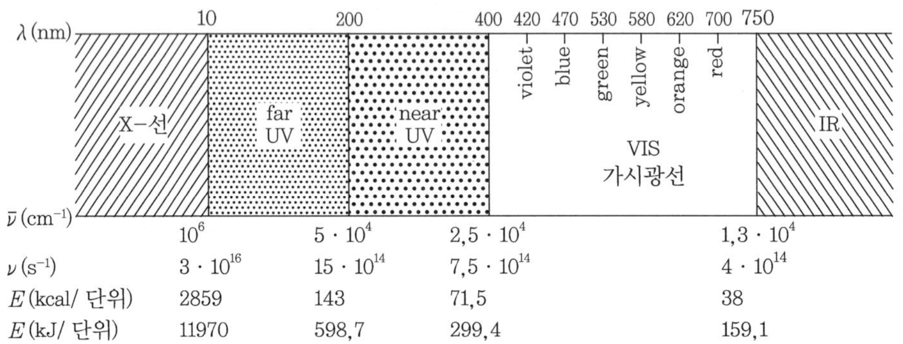

그림 2-1. 전자기 스펙트럼의 자외/가시선 영역

특정한 파장에서 강도 Io의 단색광이 물질층을 통과하여 일부는 흡수되고 강도 I로 감소 되었을 때의 물질의 투과 및 흡수 강도는 각각 다음과 같이 나타낸다.

투과도(t) = I/Io,　투과율(T)% = t × 100,　흡광도(A) = -log t

또, 흡광도(A)는 용액의 농도가 진할수록, 용액층의 두께가 두꺼울수록 증가하게 된다. 이들의 관계식을 나타낸 것이 Lambert-Beer의 법칙이다. 즉, 흡광도는 용액의 두께에 비례(Lambert의 법칙)하고, 용액의 농도에 비례(Beer의 법칙)한다.

$$A = K \cdot \ell \cdot c$$

A : 흡광도, K : 흡광계수, ℓ : 용액의 두께(cm), c : 용액의 농도(mol/ℓ)

흡광계수는 흡수계의 크기와 전자 천이를 일으키는 가능성에 따라 조절되며 0에서 10^6까지의 값을 가진다. 10^4 이상의 값이면 강한 흡수강도로, 10^3 이하의

값이면 약한 흡수강도로 취급된다. 또, 물질 1 mol/ℓ 의 용액 1 cm를 투과할 때의 흡광도는,

$$A = \varepsilon \cdot L(cm) \cdot c(mol/ℓ) \quad 단, \ \varepsilon : 몰 \ 흡광계수$$

Lambert-Beer 법칙에 따라 모든 파장(λ)이나 진동수(ν)에 대한 흡광도 또는 물질 특유의 ε 값을 측정한다면 흡광곡선을 얻게 되며 이것이 바로 자외선 또는 자외/가시선 스펙트럼이다. 개개의 스펙트럼은 위치, 강도, 모양 및 세부 구조에 있어서 특색이 있게 된다.

전자 천이는 이와 관련된 분자궤도의 도움으로 분류할 수 있다. 결합 $\sigma-$ 혹은 $\pi-$ 궤도로부터 혹은 비결합 $n-$궤도로부터 비어있는 반결합 π^*나 σ^*- 궤도로 전자 하나가 여기 할 수 있다. 전자 천이는 개개의 경우에 알맞게 $\sigma \rightarrow \sigma^*$, $\pi \rightarrow \pi^*$, $n \rightarrow \pi^*$, $n \rightarrow \sigma$ 로 간단히 표시한다(그림 2-2).

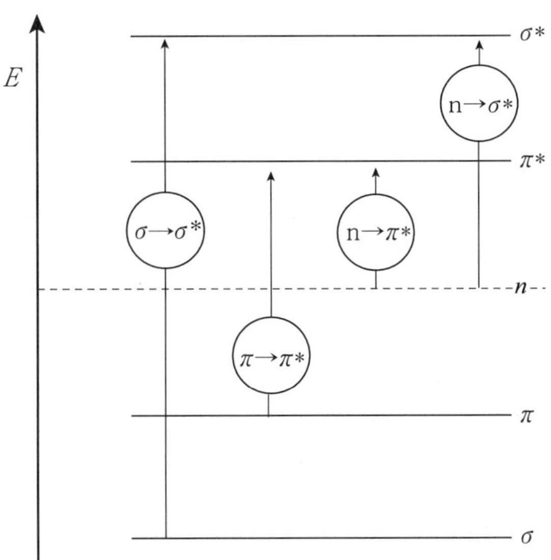

그림 2-2. 분자 궤도와 전자 천이

자외/가시선 스펙트럼에서 가로축은 파장(wavelength, nm)을, 세로축은

ε ·이나 log로 주로 표시하며, 천연물 연구에서는 일반적으로 전체 스펙트럼을 나타내지 않고 최대 흡수 파장(λ_{max})을 표기하는데, 이는 용매나 온도에 따라 달라지기도 한다.

2. 자외 / 가시선 흡수 스펙트럼의 측정

2-1. 시료 조제 및 측정

시료는 고체나 기체 상태보다 주로 용액 상태에서 측정한다. 용매는 순수한 것으로 시료를 완전히 용해하고, 녹지 않는 이물질이 없어야 하며, 농도를 잘 조절해야 한다. 이물질이 있을 경우는 여과하거나 원심분리하고, 보통 용액의 흡광도가 0.3~0.7가 되도록 시료 농도를 조절하는 것이 가장 좋다. 또한 측정하고자 하는 시료와 같은 영역에서 자외선을 흡수하지 않아야 한다. 용매에 따라 측정 할 수 있는 한계의 파장이 있으므로 이 범위 내에서 사용하여야 한다 (표 2-1).

표 2-1. 용매별 사용 가능한 파장

용　　매	사용 가능 파장(nm)
증류수, 아세토니트릴, 사이클로헥산	200 이상
메탄올, 에탄올, isopropanol, 에테르	220 이상
1,4-dioxane, 클로로포름, 초산	250 이상
dimethylformamide, 초산에틸,	270 이상
벤젠, xylene, 톨루엔, 사염화탄소	290 이상
아세톤, methylethyl 케톤, 피리딘	335 이상
이황화탄소	380 이상

시료를 담는 용기에는 유리로 만든 cell과 석영으로 만든 cell이 있는데, 유리로 된 것은 370 nm 이상의 파장 영역에서만 사용 가능하며, 보통 전 파장 영역에서 사용하는 것은 석영으로 만든 것이다. 기본적으로는 두께 1 cm의 cell에

최소 3㎖ 이상의 용액이 필요하고, 이보다 적거나 농도가 묽으면 별도의 cell을 사용한다. Double beam에서는 측정 전에 미리 cell에 용매만 넣어 보정을 한 다음, 한쪽 광로에는 측정용액을 담은 cell을 넣고 다른 광로에는 순수 용매만 을 담은 cell을 놓으면 모든 측정 범위에서 강도를 비교할 수 있다.

측정 시 cell의 투과면을 부드러운 티슈를 사용하여 더럽히지 않도록 하고, 사용 후에는 cell에 상처가 나지 않도록 조심스럽게 닦아 알코올 또는 증류수에 담가 보관하는 하는 것이 좋으며 수시로 교체해 주어야 한다. 증류수에 장기간 두면 곰팡이 등이 발생하여 cell을 오염시키기도 한다.

3. 자외 / 가시선 흡수 스펙트럼과 물질의 구조

3-1. 발색단과 조색단

분자 중 자외, 가시광을 흡수하는 관능기나 다중 결합을 발색단(chromophore) 이라 하고, 자신은 흡수하지 않으나 발색단에 결합하여 흡수 파장이나 흡광도 를 변화시키는 관능기나 비결합 전자쌍을 가진 치환기를 조색단(auxochrome) 이라 한다.

분자 중 동일한 부분구조를 가지는 발색단은 거의 동일한 파장에 동일한 몰 흡광계수로 흡수하기 때문에 이미 알고 있는 스펙트럼과 비교하여 분자구조를 추정할 수 있다. 일반적으로 조색단은 할로겐, 아미노기, 수산기나 alkoxy기 등 이 있으며, 조색단의 비결합 전자쌍 중 n 전자가 전자 천이에 관여하여 조색효 과를 나타낸다.

발색단과 대표적인 화합물의 흡수 파장 그리고 몰흡광도를 표 2-2에 나타 내었다.

한편, 흡수 파장이나 강도는 치환기의 도입이나 용매의 종류 등에 의하여 변 화하며, 장파장 영역으로 이동하는 것을 심색이동(Red shift), 단파장 영역으로 이동하는 것을 천색이동(Blue shift)이라 한다.

또 흡수강도가 증가하는 것을 농색효과(Hyperchromic effect), 감소하는 것 을 담색효과(hypochromic effect)라 한다.

표 2-2. 발색단과 대표적인 화합물의 흡수

발색단의 종류	대표적인 화합물	흡 수		천이의 형태
		λ_{max}	ε_{max}	
R-CH$_2$-CH$_2$R	에틸렌	< 180	1,000	$\sigma \rightarrow \sigma^*$
R-CH = CH-R		193	10,000	$\pi \rightarrow \pi^*$
R-CH = CHCH = CH-R		220	20,000	$\pi \rightarrow \pi^*$
R-CH = CHCH = CH-		270	34,000	$\pi \rightarrow \pi^*$
CH = CH-R	2-octyne			
R-C $\equiv$ C-R	아세톤	223	160	$\pi \rightarrow \pi^*$
R-CO-R		189	900	$n \rightarrow \pi^*$
	acetaldehyde	279	15	$n \rightarrow \pi^*$(R-band)
R-CHO		290	17	$n \rightarrow \pi^*$(R-band)
R-CH = CH-CO-R		220	20,000	$\pi \rightarrow \pi^*$
	초산	350	30	$\pi \rightarrow \pi^*$
R-COOH	acetamide	208	32	$n \rightarrow \pi^*$
R-CONH$_2$	nitromethane	220	63	$n \rightarrow \pi^*$
R-NO$_2$	아세토니트릴	201	5,000	$n \rightarrow \pi^*$
R-CN	아질산 amyl	338	126	$\pi \rightarrow \pi^*$
R-ONO	질산에틸	218.5	100	$n \rightarrow \pi^*$
R-ONO$_2$	nitrosobutane	270	1,120	$n \rightarrow \pi^*$
R-NO	azomethane	300	100	$n \rightarrow \pi^*$
R-N = N-R	cis-azobenzene	338	4	$n \rightarrow \pi^*$
	trans-azobenzene	324	15	$n \rightarrow \pi^*$
	cyclohexylmethyl	320	21	$n \rightarrow \pi^*$
R-SO	sulfoxide	210	1,500	$n \rightarrow \pi^*$
	dimethylsulfone			
R-SO$_2$-R	벤젠	< 180		$n \rightarrow \pi^*$
방향환		184	60,000	$\pi \rightarrow \pi^*$(E$_1$-band)
		204	7,900	$\pi \rightarrow \pi^*$(E$_2$-band)
	aphthalene	256	200	$\pi \rightarrow \pi^*$(B-band)
		221	133,000	$\pi \rightarrow \pi^*$(E$_1$-band)
		286	93,000	$\pi \rightarrow \pi^*$(E$_2$-band)
	anthracene	312	290	$\pi \rightarrow \pi^*$(B-band)
		256	180,000	$\pi \rightarrow \pi^*$(E$_1$-band)
	anisole	375	9,000	$\pi \rightarrow \pi^*$(E$_2$-band)
		217	6,400	$\pi \rightarrow \pi^*$(E$_2$-band)
	acetophenone	269	1,480	$\pi \rightarrow \pi^*$(B-band)
		240	13,000	$\pi \rightarrow \pi^*$(K-band)
		278	1,100	$\pi \rightarrow \pi^*$(B-band)
		319	50	$\pi \rightarrow \pi^*$(R-band)

3-2. R 효과(Resornance effect)

다중결합에서 공역 이중결합이 증가하게 되면 천이에 관여하는 π 전자가 활동할 수 있는 범위가 넓어져 이에 대응하는 λ_{max}는 장파장 영역으로 이동하게 된다. 즉, polyene R-(CH=CH)n-R에서 π 궤도의 공역에 의해 n의 증가가 최대 흡수 파장을 심색이동시킨다. 또 벤젠, naphthalene, anthracene과 같은 다핵 방향족 화합물에 있어서도 환의 증가가 최대 흡수파장을 심색이동하게 한다 (그림 2-3). 이와 같은 공역계의 확장에 의한 최대 흡수 파장의 심색이동을 R 효과라고 한다.

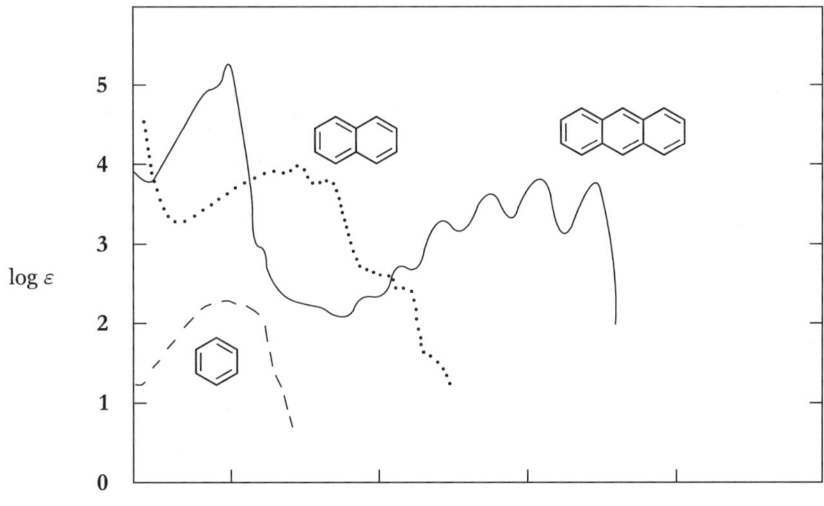

그림 2-3. 다핵 방향족 화합물의 스펙트럼

3-3. 입체 효과

Stilbene(C_6H_5-CH-CH-C_6H_5)과 같이 기하 이성체를 가진 화합물에 있어서는 *cis* 화합물이 trans화합물보다 입체적 구조가 공역하는 궤도의 중첩을 방해하게 되어 최대 흡수파장을 단파장 영역으로 천색이동시키며, 담색 효과를 나타낸다.

3-4. 용매 효과

일반적으로 극성용매 중에서는 분자 구조보다 더 극성을 가진 쪽이 정전기적 상호작용에 의해 무극성용매 중에서보다 n 궤도 에너지가 크게 안정화 하는 경향이 있다. 따라서 극성용매 중에서는 무극성용매 중에서보다 $\pi \rightarrow \pi^*$ 흡수대는 장파장 영역으로 심색이동하며, $n \rightarrow \sigma^*$, $n \rightarrow \pi^*$, 흡수대는 천색이동 하게 된다.

가시 및 자외선 흡수 스펙트럼을 분석함으로써 얻을 수 있는 정보로는 예상되는 물질에 대한 존재 가능성을 추정하는 것이 가능하며, 분자의 특징적인 스펙트럼(예를 들면, 포화지방산, 유기산, 지방족 아미노산 등과 같은 이중결합이 없는 물질은 UV 흡수가 없다든지, 공액 이중결합이 많은 carotenoid 등과 같은 지용성 색소류는 450 nm 부근에서 특징적인 흡수피크를 나타내는 등)으로 분자의 상태나 일부 성분 추정이 가능하고 또 정량분석이 가능하다는 점이다. 다음은 실제 분석 시 나타나는 피크의 해석에 대한 예를 몇 가지 나타내었다.

① 200~250 nm에서 주 흡수 피크가 나타나지 않고 250~360 nm에서 낮은 흡수강도를 나타낼 때는 $C=O$, $C=N$, $N=N$, $-NO_2$,$-COOR$ 또는 $-CONH_2$이 존재할 가능성이 높다.

② 최대흡수파장이 200 nm 이상인 중간 정도의 두 흡수대는 방향족 화합물의 존재 가능성이 높다.

③ 210 nm 이상에서 높은 강도의 강한 흡수대를 나타내는 것은 α, β-불포화 케톤이거나 diene 또는 polyene일 가능성이 높다.

④ 250 nm 및 300 nm 이상에서 2개의 흡수대가 나타나면 간단한 ketone, acid, ester, amide 등과 비공유 전자쌍을 가진 화합물이 존재할 가능성이 높다.

⑤ 이상의 정보를 적외선 스펙트럼 결과와 비교함으로써 보다 확실한 결과의 추정이 가능하다.

제 3 장 적외선 분광분석과
천연물의 구조

1. 적외선 분광분석의 원리

적외선 영역은 전자파 스펙트럼 중에서 가시 영역과 마이크로파 영역의 중간에 위치한다. 이 영역에서 모든 분자는 각각 고유의 진동을 한다. 따라서 분자에 적외선 영역의 파장($650 \sim 4{,}000\ \mathrm{cm}^{-1}$)을 연속적으로 변화시키면서 조사하면 분자의 고유 진동과 같은 주파수의 적외선이 흡수되어 특유의 스펙트럼을 나타낸다. 이러한 스펙트럼으로 분자의 구조를 해석하는 것을 적외선 흡수 스펙트럼법(infrared absorption spectroscopy, IR)이라 한다(그림 3-1).

IR 스펙트럼을 이용하면 이미 알고 있는 물질의 스펙트럼과 비교하여 물질의 동정이 가능하며, 다중 결합이나 특징적인 관능기가 가지는 흡수 위치를 통하여 부분 구조를 확인할 수 있다. 더 나아가서는 *cis*, *trans* 이성체, 환의 위치, 수소 결합이나 결합, 분해 반응의 확인도 가능하다.

그러나 IR은 실험자의 높은 숙련도와 얻어진 데이터의 해석이 중요한데 이것은 많은 경험이 요구된다. 따라서 이러한 해석을 위해서는 전문가나 전문서적을 구입하여 도움을 구해야만 할 것이다. 여기에서는 초보자들도 쉽게 이해하고 얻을 수 있는 정도의 정보와 기본적인 개념만을 설명한다. 점차 경험이 축적되면 보다 더 많은 정보를 해석할 수 있는 감각을 익힐 수 있을 것으로 생각된다.

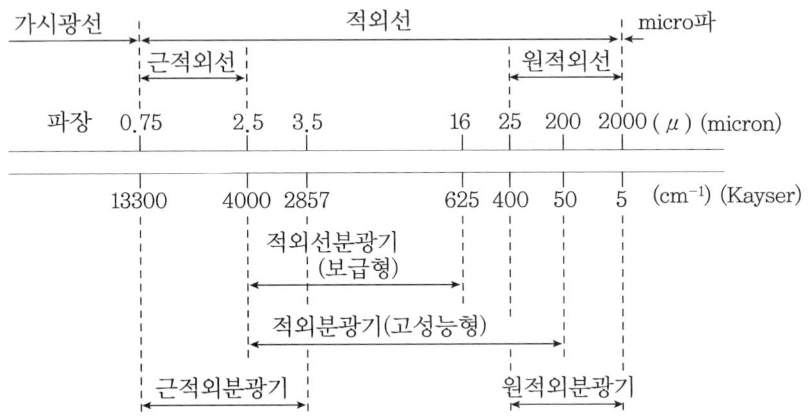

그림 3-1. 적외선의 영역과 적외선 분광기의 종류

2. 적외선 흡수 스펙트럼의 측정

2-1. 분석 시료 조제

IR 스펙트럼의 측정은 기체, 액체, 고체 어느 상태로든지 측정이 가능하다. 그러나 천연물의 경우는 대부분 고체 분말이거나 액체의 경우가 많으며, 중요한 것은 시료의 상태에 따라서 어떠한 방법으로 분석할 것인가를 결정하여 이에 맞도록 측정 시료를 조제하여야 한다. 시료는 단일 물질로 잘 정제하여야 하며, 특히 수분이 완전히 제거되고 측정 중에도 수분을 흡수하지 않도록 하여야 좋은 스펙트럼을 얻을 수 있다.

최근에는 미량의 시료로도 측정이 가능하게 되었으나 대개 $1 \sim 10 \, \mathrm{mg}$ 정도가 필요하며, 시료 조제법으로는 액막법, KBr법, 용액법, Nujoul법(유동 파라핀법) 등 여러 가지가 있으나 가장 대표적인 조제법으로는 KBr법과 용액법이 있다.

1) KBr법

KBr법은 석영으로 된 막자 사발에서 분말 시료 2~4 mg 정도를 충분히 건조된 KBr의 미세 분말 약 200 mg과 완전히 미세한 분말로 분쇄, 혼합한 다음, 정제 (tablet) 성형기에서 약 200 kg/cm^3 정도로 압착하여 투명한 원반(disc)을 만들어 원반 상태로 측정하는 방법으로, 고체 분말이나 결정의 측정에 주로 사용하며, 조작이 간단하다. 조제할 때는 반드시 시료와 KBr을 완전 건조시켜야 하고, 시료가 균일하게 KBr에 분산되도록 조제하여야 한다. 측정 후 시료를 회수하고 싶으면 원반을 다시 마쇄하여 적당한 유기용매로 녹여 여과하여 회수한다(그림 3-2).

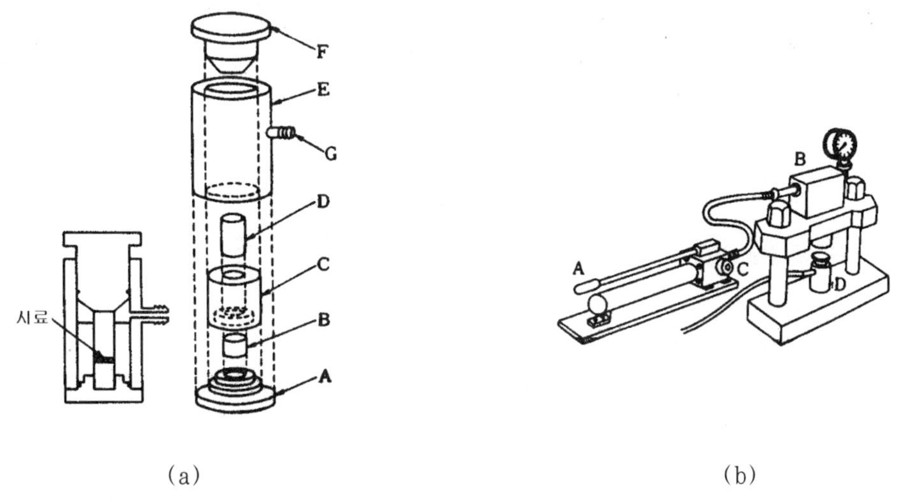

그림 3-2. Tablet 성형기

2) 용액법

고체 및 액체의 시료를 용매에 녹여 측정하는 방법으로 고정 cell을 조립하여 cell 안에 주사기 등으로 일정량의 용액을 주입하여 측정한다. 용매는 충분한 탈수가 된 것을 사용해야 좋으며, 실험에 사용하는 용매는 시료를 잘 용해하는 것으로 해야 하고, 용매의 흡수대가 시료의 흡수대와 겹치지 않도록 해야 한다. 주로 사용되는 용매로는 CCl_4나 CS_2가 가장 많이 사용되는데, 특히 용액 주입 시에 조그만 것이라도 cell 안에 기포가 발생하지 않도록 해야 한다. 이 방법은

시료의 회수가 편리한 반면, 측정 시마다 고정 cell을 분해 조립하여야 하는 번
거로움도 있다(그림 3-3).

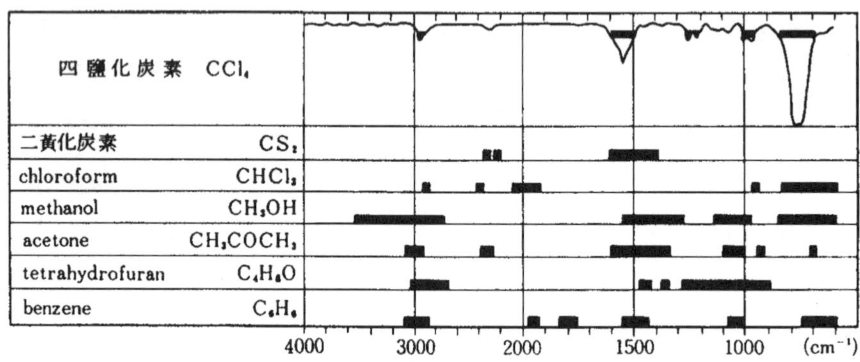

그림 3-3. 각종 IR용 용매와 흡수 위치

3. 적외선 흡수 스펙트럼과 천연물의 구조

3-1. 적외선 흡수 스펙트럼의 표시

적외선 흡수 스펙트럼은 가로축에 파수를 $4,000\,cm^{-1}$에서 $650\,cm^{-1}$까지 나타
내며 세로축에는 흡수 강도를 투과율(%)로써 $0\sim100\%$까지로 표시한다. 따라
서 보통의 UV 스펙트럼과는 달리 흡수가 강할수록 투과율은 작아지므로 피크
는 아래를 향하여 뾰족하게 나타난다.

3-2. 진동의 종류와 흡수 위치

IR에서 사용하는 단위는 UV/Vis 흡수 스펙트럼에서와 달리 파장(λ, nm)
대신에 파장의 역수($1/\lambda$)를 cm로 환산한 단위인 kayser(cm^{-1}) 단위를 사용한
다. IR의 흡수 상태는 분자 내에서 결합하고 있는 원자 사이의 진동(vibration)
을 나타낸다. 이 진동에는 신축진동(stretching vibration)과 변각진동(deformation
vibration)이 있다.

1) 신축진동과 흡수

2원자로 된 분자의 진동은 각 원자를 하나의 공으로 보고 이 두 공 사이를 용수철로 연결되어 있다고 가정할 때, 이 용수철이 늘어났다 줄어들었다 하는 진동이라 할 수 있다. 원자가 작고 용수철의 강도가 강할수록 진동은 빨라지게 되며 고파수 쪽에 흡수가 나타난다. 예를 들면, C-H 신축진동은 $3,000\ cm^{-1}$ 부근에, C-C 결합은 $1,000\ cm^{-1}$, C-X(할로겐 원소) 결합은 $600\ cm^{-1}$ 부근에 각각 흡수가 나타난다. 또, 다중결합이 증가할수록 용수철의 강도가 커지므로 $C=C$ 결합은 $1,650\ cm^{-1}$ 부군에, $C\equiv C$ 결합은 $2,200\ cm^{-1}$ 에 흡수가 나타난다.

같은 결합의 신축진동이 인접하여 있으면, 대칭과 비대칭의 신축진동이 있으며 대칭보다는 비대칭의 흡수가 고파수 영역에 나타난다. 주요 결합들의 신축진동 흡수 영역을 그림 3-4에 나타내었다.

2) 변각진동과 흡수

변각진동은 결합된 원자들 사이의 각도가 변하는 진동으로서 각의 변화가 같은 면 내에서 일어나는 면내진동으로 가위질과 같은 scissoring과 rocking이 있으며, 면외진동으로서는 twisting과 wagging이 있다. 변각진동은 $1,600\ cm^{-1}$보다 낮은 파수 영역에 흡수가 나타난다. 이 영역에는 여러 가지 양식에 의한 C, N, O 등의 원자간 결합에 기인하는 변각진동의 큰 피크가 있으며, 그 외에도 약하지만 기준진동의 두 배 위치에 나타나는 배음 흡수(overtone absorption)와 기준진동의 파수의 합과 차의 위치에 나타나는 결합음 흡수(combination absorption) 등으로 나타나기 때문에 스펙트럼이 매우 복잡하여 각 결합의 특성을 확인하기가 어렵다. 그러나 복잡한 스펙트럼을 나타내는 이 영역($1,300\sim650\ cm^{-1}$)은 사람의 지문과 같이 화합물에 따라 고유의 형상을 나타내기 때문에 지문영역이라 부르며 물질의 동정에 유용하게 쓰인다.

3-3. 진동에 영향을 주는 인자

분자를 구성하는 원자가 많을수록 진동도 무수히 많이 존재하게 된다. 그러

나 적외 영역에서 흡수되는 진동은 이들 원자들이 가지는 진동의 대칭성이나 쌍극자 모멘트가 동일하기 때문에 흡수는 그다지 많이 일어나지 않는다. 진동이 일어나는 파수는 결합의 부근에 있는 다른 관능기나 할로겐 원소의 영향으로 고파수 또는 저파수 영역으로 이동하게 된다(유기효과 또는 공명효과).

예를 들면, 아세톤에서 $-C=O$ 신축진동에 의한 흡수는 사염화탄소 용매 중에서 $1,790 \text{ cm}^{-1}$에 나타나지만, 메틸기가 염소로 치환되면 $1,799 \text{ cm}^{-1}$로 이동하게 된다. α, β 불포화 결합의 경우 cis형보다는 입체장해가 적은 trans형에서 저파수에 흡수가 나타난다(conformation 효과).

Carboxyl기의 O-H 신축진동에 의한 흡수는 단량체의 경우 $3,500 \sim 3,600 \text{ cm}^{-1}$에 중 정도의 흡수를 나타내지만 용액 중에서는 수소결합에 의한 이량체로 존재하여 흡수도 $3,000 \sim 2,500 \text{ cm}^{-1}$ 사이에 강하고 넓게 나타난다. 환의 경우는 결합각이 변함에 따라 흡수 위치가 변하고, 이온성 물질의 경우도 이온의 영향으로 흡수 위치가 달라지기도 한다.

3-4. 스펙트럼의 해석법

스펙트럼은 대략 $4,000 \sim 2,500$, $2,500 \sim 1,500$, $1,500 \sim 600 \text{ cm}^{-1}$의 3개 영역으로 나누어 생각할 수 있다. 앞서 언급한 바와 같이 $1,500 \text{ cm}^{-1}$ 이하는 지문영역으로 분자 전체의 진동에 대한 흡수도 내포되므로 매우 복잡하며, 명확하게 해석이 가능한 것은 $1,500 \text{ cm}^{-1}$ 이상의 두 영역이다.

따라서 이 두 영역에서 우선 흡수가 강한 피크들을 찾아 이에 대응하는 관능기나 구조를 귀속하여야 한다.

가. $4,000 \sim 2,500 \text{ cm}^{-1}$ 영역

이 영역에서는 우선 수소 결합에 의한 흡수 피크가 관측된다. OH기의 신축진동은 통상 분자간 수소결합으로 인하여 $3,500 \text{ cm}^{-1}$ 부근에 폭넓은 흡수로 나타나며, OH기가 단량체로 존재할 경우는 흔하지는 않지만 $3,600 \text{ cm}^{-1}$ 부근에 예리한 흡수가 관측된다. 아민의 NH도 OH와 같은 영역에 나타나 구분하기가 어렵지만 NH의 흡수는 OH보다 약하며, OH가 신축이 항상 $1,250 \text{ cm}^{-1}$ 부근에

CO를 동반한 carboxyl기의 경우는 1,730 cm^{-1}에 C=O 신축을 동반하므로 구분이 가능하다. Amide의 경우도 NH를 갖고 있기 때문에 이 영역에 흡수를 나타내지만, 이들은 NH의 변각진동이 1,690~1,520 cm^{-1} 영역에 나타나므로 확인이 가능하다.

CH 신축진동은 3,300~2,700 cm^{-1} 영역에 나타난다. 그러나 대부분의 유기화합물이 CH를 갖고 있으므로 관능기의 추정에는 효과적이지 않다. 그러나 말단 alkyne기는 CH 결합이 3,300 cm^{-1}에 강하고 예리한 흡수와 2,100 cm^{-1}에 C≡C 신축진동을 가지므로 OH와 alkyne 이외의 CH는 이보다 낮은 3,100 cm^{-1} 부근에 나타나며 강도도 비교적 작다. Aldehyde의 CH는 2,900~2,700 cm^{-1} 영역에 두 개의 흡수를 가지는데, C=O 신축 흡수에 의해 확인하여야 한다.

나. 2,500~1,900 cm^{-1} 영역

기본적으로 이 영역에 나타나는 것은 3중 결합으로 앞서 말한 치환 alkyne이 2,200~2,100 cm^{-1}에 흡수를 나타내나 강도는 약하다. 또 cyano기는 2,260~2,200 cm^{-1}에 특징적인 강한 흡수가 있으며, 특히 주의하여야 할 것은 이 영역에 이산화탄소의 흡수가 강하게 나타나므로 공기 중 이산화탄소에 의한 흡수인지를 확인할 필요가 있다.

다. 1,900~1,500 cm^{-1} 영역

이 영역에 흡수를 가지는 중요한 관능기는 C=O와 C=C 흡수이다. Carbonyl기의 신축진동은 매우 큰 쌍극자 모멘트를 가지므로 매우 큰 흡수를 가지며, 그 중에서도 COOH가 가장 강하고 1,700 cm^{-1} 부근에 나타난다. 정확한 위치는 종종 carbonyl기의 종류를 판별하는 데 이용된다. 즉 산무수물은 1,850~1,740 cm^{-1}, 산염화물은 1,815~1,790 cm^{-1}, ester, ketone, aldehyde는 각각 1,750~1,735, 1,725~1,705, 1,720~1,700 cm^{-1} 부근에 흡수를 나타낸다.

Alkene의 이중결합 흡수는 1,680~1,500cm^{-1}에 관측되며, carbonyl기와 공역하면 1,650cm-1에 부근에 강한 흡수를 보이나, C=O 흡수보다 항상 작다. Enamine과 enoester는 1,680 cm^{-1}까지 이동하며, 방향족환은 2개나 3개의 흡수를 1,600~1,500cm^{-1} 영역에 나타낸다.

라. 1,500~600 cm⁻¹ 영역(지문영역)

이 영역은 복잡하여 이미 알고 있는 물질과 스펙트럼을 비교하여 동정하는 데 유용하다.

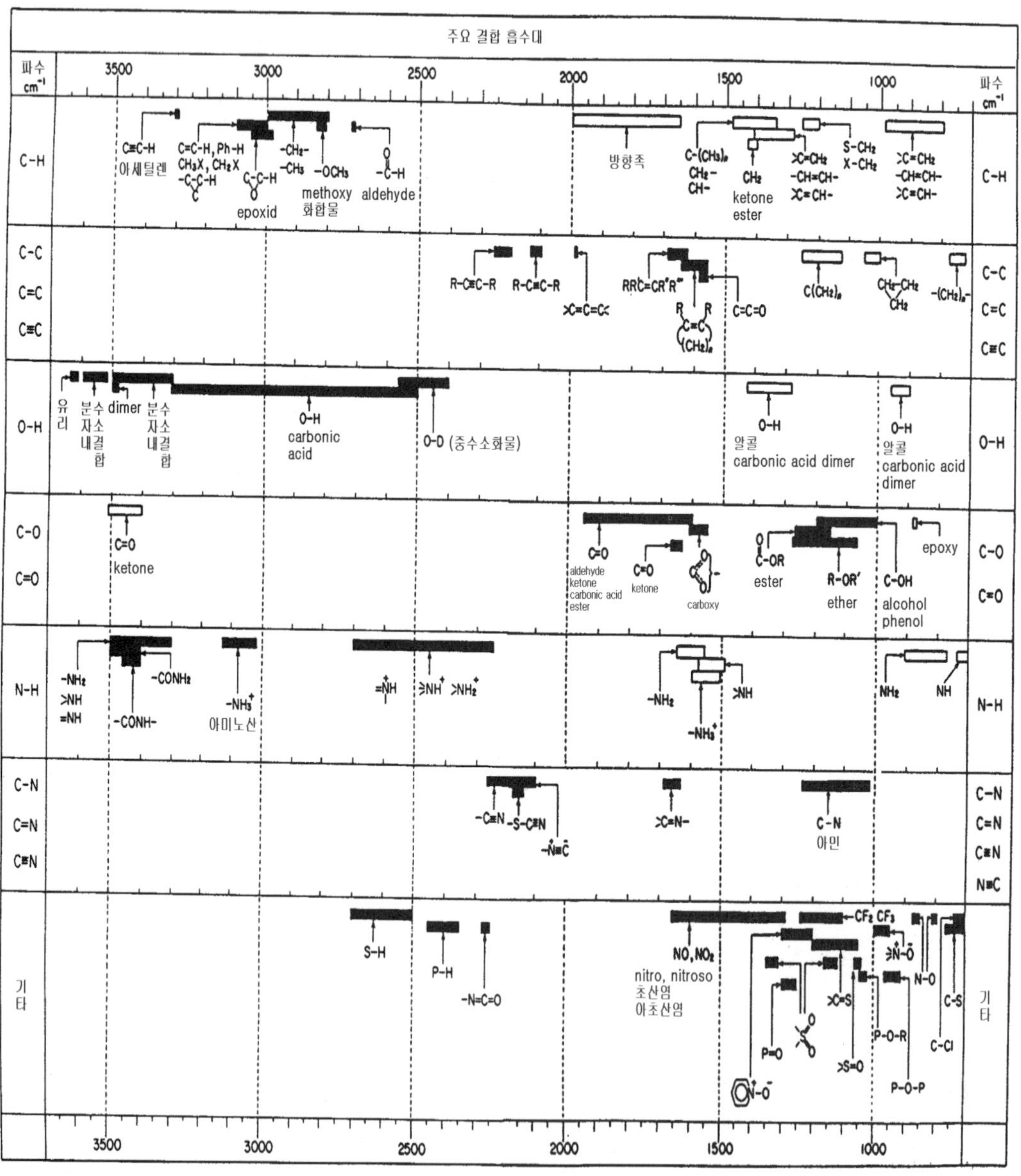

그림 3-4. 대표적인 결합 흡수대

그러나 C-O 신축의 $1,150 \sim 1,070\ cm^{-1}$ 흡수는 ester나 ketone과 구분하는 데 도움이 되고, nitro기와 sulfonyl기의 $1,550 \sim 1,350\ cm^{-1}$에 강한 흡수를 나타내며, 방향족환의 치환상태는 가끔 $850 \sim 730\ cm^{-1}$에 일련의 강한 흡수 형태로 결정할 수 있다.

이상으로 쉽게 확인이 가능한 몇 가지에 대하여 설명하였는데 분자중의 특정한 결합이 가지는 진동 에너지는 다른 부분의 관능기의 영향을 거의 받지 않는다. 이것은 물질에 결합된 여러 가지 관능기를 검출할 수 있는 것을 의미하며 적외선 흡수의 큰 장점이기도 하다. 이들 관능기들의 종류별 흡수를 표에 나타내었다. 그러나 IR 흡수만 가지고는 완전한 물질의 구조나 동정은 곤란하여 다른 분석 자료들과 함께 사용하여야 한다. 그림 3-4는 여러 가지 관능기와 특징적인 흡수 영역을 나타내었다.

제4장 핵자기 공명 분석

1. 핵자기 공명 분석의 기본 개념

1-1. 원 리

천연물을 이루고 있는 주된 원소는 C, H, O, N으로, 이 중 질량수가 홀수이 거나 원자번호가 홀수이거나 혹은 둘 다 홀수인 원자의 핵은 회전을 한다. 이 중 NMR에서 주로 다루는 원소는 수소와 탄소로 수소의 경우 원자번호 및 질량수가 각각 1로 회전할 수가 있으나, 탄소의 경우 원자번호가 12번이고 질량도 12로 일반적으로는 회전할 수가 없다.

그러나 탄소 중 동원소인 질량수가 13인 것이 질량수 12인 탄소의 1.08%가 존재하므로 이것을 분석에 이용한다. 이러한 원소에 일정한 자장을 걸면 핵이 공명을 일으키게 되는데, 예를 들어, 수소의 경우 자장 강도가 23,500 gauss에서 100 MHz의 빛을 흡수해야 한다는 것을 알 수 있으며, 탄소는 10,000 gauss에서 10.7 MHz의 에너지를 흡수한다는 것으로 나타난다.

일반적으로 NMR 분석기기는 수소의 경우 14,100 gauss 부근의 자장을 도입

하고 60 MHz의 진동수를 조사하며, 탄소는 10,000 gauss의 자장에서 10.7MHz 부근의 진동수를 조사한다. 이때는 분자 중 수소핵과 탄소핵만이 각각 효과적으로 공명을 일으킬 뿐 다른 핵은 공명이 일어나지 않는다.

이러한 공명현상을 설명하기 위해서 흔히 팽이를 비유하는데, 핵은 지구중력 장으로 축에 대해 세차운동(비틀거림)을 한다. 이때 외부에서 자장을 가해 주면 핵은 각 진동수로 자체의 핵 spin 주위를 세차하게 되며, 점차로 자장의 강도를 세게 하면 할수록 세차속도는 빨라지게 된다.

수소의 경우 자장강도가 14,000 gauss일 때 세차진동수는 약 60 MHz 정도인데, 세차운동 시 진동수와 수소의 전하가 같은 진동수가 되어 두 전장은 couple이 되고, 이때 에너지는 조사된 빛에서 핵으로 전이되며, 이로 인해 핵이 spin의 변화를 일으키는 것을 공명이라 한다. 마치 쓰러져 가는 팽이에 외부에서 채찍을 가하면 점차로 팽이는 힘차게 일어나기 시작하고, 외부강도가 최대로 되면 똑바로 회전하는 것으로 비유할 수 있다.

이러한 NMR을 통하여 얻을 수 있는 정보는 다음과 같다.

① 물질의 분자구조를 추정할 수 있다. 천연물에서, 특히 수소나 탄소의 분자 내 갯수, 존재형태, 가지 및 고리골격, 다중결합, 이성체 등의 해석에 효율적이다.

② 이미 알고 있는 물질의 스펙트럼을 비교분석함으로써 물질의 동정이 가능하다.

③ 혼합물의 정량도 가능하다.

1-2. 시 료

측정을 하고자 할 때 시료가 무엇보다도 중요한 것은 물질의 정제로 불순물이 함유되면 분석 결과의 해석이 곤란해진다. 시료가 액체이고 점도가 낮으면 그대로 측정하면 되고, 점도가 높거나 고체시료의 경우는 적당한 용매로 농도를 조제하여야 한다. ^{1}H NMR의 경우는 시료량이 1 mg 이하라도 측정할 수 있고, ^{13}C NMR은 보다 많은 시료량이 요구되며 측정에 요하는 시간이 많이 걸린다. 실제로 시료량이 1 mg일 경우 측정하고자 하는 물질의 분자량이 적을 경우는 ^{1}H NMR은 1분 정도 걸리지만 ^{13}C NMR은 수십분 이상의 시간을 요한다. 그리고 시료의 농도가 낮으면 스펙트럼의 미세구조의 해석이 약간 곤란해 질 수도 있고, 시료량이 많으면 예리한 스펙트럼을 얻기가 어려울 수도 있다. NMR 시료는 다른 분석기기와는 달리 분석 후 시료를 회수할 수가 있어 시료량이 극미량일 경우 먼저 NMR 측정을 하고 다른 분석 시험을 하는 편이 좋다.

1-3. 분해능(resolution)

분해능은 NMR 측정 시 분리도와 관계있는 것으로 측정 진동수(자장강도)에 의존한다는 것이다. 예를 들어, 60 MHz에서 360 MHz로 증가하는 동안에 6배만큼 커진다. 다시 말해서 고분해능의 360 MHz에서의 1차 스펙트럼은 저분해능의 60 MHz에서 고차의 스펙트럼일 수가 있으며, 따라서 분리형태가 전혀 다르게 된다.

1-4. 용 매

용매는 시료의 분석에 대단히 중요한 것으로

① 시료의 용해성이 좋은 것을 선택해야 한다. 시료의 점도가 높게 되지 않아야 되고, 고온에서 측정할 때는 휘발성이 낮은 용매를 사용하여야 한다. 참고로 양이 적은 시료의 경우, 중수소 치환 DMSO(DMSO-d_6)에 시료를 녹이고자 할 때는 다른 용매에 우선적으로 먼저 사용해보는 편이 좋다. DMSO는 시료를 회수하고자 할 때 끓는점(189℃)이 높아 상온에서 증발시키기 힘들기 때문이다.

② 시료의 분석피크의 신호와 겹치지 않아야 한다. 용매의 종류에 따라 화학적 이동이 많이 일어나게 되는 경우도 많고 또한 세밀한 분석 시에는 용매를 달리하면서 측정하기도 한다.

표 4-1. NMR 분광법에 사용되는 용매

용 매	1H (δ = ppm)	signal수	13C (δ = ppm)	signal수
초산-d_4	11.64	1	178.99	1
	2.04	5	20.0	7
아세톤-d_4	2.05	5	206.68	13
			29.92	7
아세토니트릴-d_3	1.94	5	118.69	1
			1.39	7
벤젠-d_6	7.16	1	128.39	3
클로로포름-d_1	7.27	1	77.23	3
Cyclohexane-d_{12}	1.38	1	26.43	5
Deuteruimoxide-d_2	4.80	DSS	NA	NA
	4.81	TSP		
N,N-Dimethylform-amide-d_7	8.03	1	163.15	3
	2.92	5	34.89	7
	2.75	5	29.76	7
Dimethylsulfoxide-d_6	2.50	5	39.51	7
1,4-Dioxane-d_8	3.53	m	66.66	5
에탄올-d_6	5.29	1	56.96	5
	3.56	1	17.31	3
	1.11	m		
메탄올-d_4	4.87	1		
	3.31	5	49.15	7
Methylenechloride-d_2	5.32	3	54.00	5
Pyridine-d_5	8.74	1	150.35	3
	7.58	1	135.91	3
	7.22	1	123.87	5
Tetrahydrofuran-d_8	3.58	1	67.57	5
	1.73	1	25.37	1
톨루엔-d_8	7.09	m	137.86	1
	7.00	1	129.24	3
	6.98	m	128.33	3
	2.09	5	125.49	3
			20.4	7
Trifluroaceticacid-d_1	11.50	1	164.2	4
			116.6	4
Trifluoroethanol-d_3	5.02	1	126.3	4
	3.88	4×3	61.5	4×5

③ 시료와 반응을 하지 않아야 하는 것이 좋다. 중수소화용매의 경우 시료 중의 수소와 수소교환반응(D ⇔ H)을 일으키는 경우도 있다.

④ 중수소화 시킨 용매 중에도 약간의 수소가 포함되어 있으므로 시료의 피크와 혼동해서는 안 된다.

표 4-1은 NMR 측정 시 사용되는 여러 가지 용매에 따른 화학적 이동값 및 용매의 signal수를 나타내었다. 예를 들어, 시료의 측정 시 사용된 용매가 클로로포름이라면 proton NMR 측정 시 7.27 ppm에서 한 개의 signal이 나타나고, carbon NMR 측정 시 77.23 ppm에서 3개의 signal(triplet)이 나타나는 것을 기준으로 화학적 이동값을 결정하여 기준으로 삼는다. 최근 분석에서는 표준용매 TMS를 사용하지 않고 이것을 기준으로 하기도 한다.

용매의 선택은 화학적 이동에 약간의 방해를 주기도 하는데, 이런 경우는 용매를 바꿈으로써 해결될 수 있고 특히 C_6D_6가 이러한 목적으로 많이 사용된다. Dimethylsulfoxide-d_6는 분자의 OH기의 전자 교환을 느리게 하므로 OH 전자의 coupling 형태를 관찰하려 할 때 용매로 적합하다. 보통의 스펙트럼을 얻는 데는 일반적으로 60, 80, 90 또는 100 MHz의 진동수를 갖는 핵자기공명분광기로 충분하다.

그러나 더 높은 분해능과 보다 효과적인 신호 대 잡음비(signal/noise, S/N)가 요구될 때는 400 또는 500 MHz의 NMR이 이용된다. 이러한 기계에는 액체 헬륨으로 냉각되어야만 하는 초전도성의 자석이 필요하고, 미량시료 측정 시 나타나는 좋지 않은 S/N비를 개선하기 위해 스펙트럼을 반복하여 차례차례로 찍어서 축적된 신호를 컴퓨터로 계산하는 방법이 있으나 시간이 많이 소요되는 단점이 있다.

2. ^{1}H 핵자기 공명 스펙트럼과 구조

^{1}H NMR 분석 결과 스펙트럼에서 가로축은 자장의 크기(δ, ppm)를, 가로 축에는 signal의 강도를 나타내며, 스펙트럼이 잘 얻어졌는지를 판정하기

위해서는

① 스펙트럼 상에서의 noise가 없는가를 살펴보고 피크와 noise를 혼동해서는 안 되며

② 분해능이 좋은가를 살펴본다. 피크가 예리하고 피크분열이 분명한 것이 좋으며,

③ 피크의 형태가 대칭이 되는지 또는 S/N의 값이 양호한지 등을 살펴보아야 한다.

2-1. 화학적 이동(chemical shift)

NMR 분석에서 중요한 용어의 하나로 화학적 이동을 표시하는데 이는 특정한 종류의 핵이 그 핵을 둘러싸고 있는 전자적인 환경에 따라 모두 동일한 진동수에서 공명을 일으키지 않는다. 예를 들어, 한 분자 중에 여러 개의 수소가 존재하는데 각각의 핵은 약간씩 서로 다른 전자에 의해 차폐(shield)되어 있어 외부에서 도입되는 자장에 반대되는 자장을 형성하고 있다.

만약 일정한 외부자장이 도입되어도 핵 주위의 전자밀도가 달라 실제로 핵에 전달되는 외부자장은 각각 다르게 되어 서로 다른 진동수의 에너지를 흡수하게 되는 것이다. 그 결과 약간씩 다른 공명진동수를 나타내게 된다. 이것이 NMR의 가장 큰 이점으로 분자 내 수소의 결합상태를 이해할 수 있게 되는 것이다. 천연물에서 수소는 100 MHz일 때 1 kHz, 탄소는 25 MHz 일때 6 kHz 정도의 범위에서 차이가 난다.

그러므로 원자핵이 흡수하는 전자파의 진동수는 그 환경에 따라 조금씩 다르고, 이러한 변화를 화학적 이동(chemical shift)이라고 하며, 이 차이는 아주 적어 수백 Hz에 지나지 않는다. 화학적 이동은 절대치를 측정하는 것이 아니라 표준물질로부터의 공명이 일어난 주파수 signal의 상대적 중심값을 나타낸다. NMR에서 사용하는 표준물질로서는 tetramethylsilane(TMS, $(CH_3)_4Si$)를 사용하는데 그 이유는 물질 중에 methyl proton이 대부분의 proton보다 가장 많

이 차폐되어 있기 때문이다. 즉 TMS의 공명점을 0으로 하고 각 signal의 공명점을 다음 식으로 정의되는 δ(ppm)으로 표시한다.

$$\delta(\text{ppm}) = \frac{\text{signal의 공명주파수(Hz)} - \text{TMS의 공명주파수(Hz)}}{\text{사용하는 발진기의 주파수(MHz)}} \times 10^6$$

최근에는 이러한 내부 표준물질을 사용하지 않고 실험에 사용되는 용매중에 들어있는 소량의 수소의 signal을 기준으로 하기도 한다. 예를 들면 실험에 많이 사용하는 클로로포름은 ^{1}H NMR 분석을 했을 경우 7.24 ppm에서 단일피크가 나타나고, ^{13}C NMR의 경우 77.0 ppm에서 triplet이 나타나는 것으로 확인 가능하다.

NMR은 외부에서 가해지는 주 자장에 의해 발생되는 ^{1}H 핵주위 전자의 순환이 2차적인 소자장을 만들고, 이것으로 본래는 같아야 할 ^{1}H 핵의 화학적 이동차가 나타난다. 이것은 분자 내 각각의 proton을 둘러싸고 있는 전자에 의해서 도입된 자장에 반대되는 반자장을 생성한다. 각각의 proton은 도입된 자장에서 차폐되는데, 그 크기는 proton을 둘러싸고 있는 전자밀도에 따라 달라지며 핵에 미치는 자장의 영향은 핵을 차폐하고 있는 반자장에 의해서 감소된다.

그 결과 핵에는 낮은 자장이 가해지게 되고 그 핵은 낮은 진동수로 세차하게 된다. 즉 낮은 진동수의 에너지를 흡수한다는 것을 의미하는 것으로 한 분자 중의 여러 핵은 약간씩 다른 화학적 환경에 있고 그 결과 서로 약간씩 다른 전자 차폐를 받아 서로 다른 공명진동수를 나타내게 되며, 이러한 변화로 공명을 일으키는 것이다.

예를 들어, aromatic proton은 보통 특징적으로 7~8 ppm 부근에서 공명을 일으키는 반면 methyl기는 2 ppm 부근에서 공명이 일어나는 것으로 화학적 이동값이 특징적이다(표 4-2). 한 분자 내에서 화학적으로 동일한 환경 하에서의 proton은 모두 다 같은 화학적 이동값을 나타낸다.

벤젠, 아세톤의 모든 proton은 제각기 특유의 공명값을 가진 동일한 화학적 이동값을 나타낸다. 다시 말해서 화학적으로 서로 다른 proton으로 된 분자는 NMR 스펙트럼에서 서로 다른 흡수 피크를 나타낸다는 뜻이다. 그러므로

NMR 스펙트럼은 분자 내에 화학적으로 서로 다른 proton이 몇 종류인가 하는 정보를 얻을 수 있을 뿐만 아니라 분자의 구성 proton형과 각 형이 몇 개의 수소로 되어 있나 하는 정보까지도 알 수 있다.

표 4-2. 분자환경에 따른 대표적인 공명범위

범위 (ppm)	분자내 환경
0.8～2.0	proton 주위에 O나 N과 같은 원자가 없는 탄소에 붙어 있는 proton으로 methyl > methylene > methine의 순으로 고자장에 나타난다.
2～3	아미노기, 카르보닐기에 인접한 탄소 및 3중 결합의 proton
3～4	주로 O와 결합한 proton
4～5	Nitro기에 인접한 탄소의 proton 또는 O가 두 개 붙어 있는 탄소의 proton
5～7	이중결합의 proton
6～8.5	방향족의 proton
9.5～10	알데히드의 proton
10.5～12	카르복실산의 proton

2-2. 피크의 분열과 결합상수

분자 내에서 동일한 위치 관계에 있는 경우 ^{1}H는 서로 화학적으로 등가라고 하며 이들은 동일한 공명 주파수를 가지고 보통 한 개의 signal로 된다. 그러나 인접하고 있는 다른 핵과 서로간에 영향을 주게 되면 이들은 coupling하고 있다고 하며, 이 경우 각 signal들은 singlet, doublet, triplet, quartet 및 multiplet 등으로 분열된 형태로 나타난다.

이것은 분자적 환경이 다른 2종 이상의 ^{1}H spin이 인접한 탄소에 결합된 ^{1}H spin에 영향을 주게 되는데, 이것으로 인해 서로 약간 다른 화학적 이동을 일으키게 되어 피크의 분열이 나타나는 것이다(그림 4-1). 이때 각 signal 사이

의 간격 혹은 같은 크기의 signal 간격을 결합상수(coupling constant, J)라고
하고 Hz로 표시한다(표 4-3).

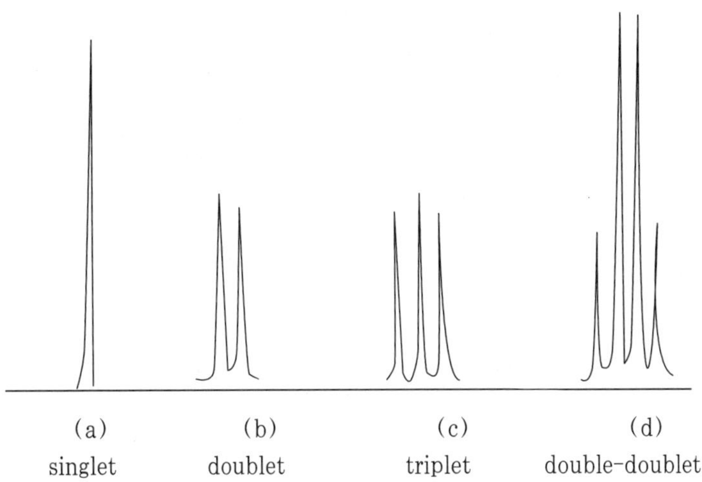

그림 4-1. Proton NMR 스펙트럼에서 나타나는 몇 가지 signal의 형태

표 4-3. 결합상수(Hz)의 예

H H ‖ ‖ C — C	6~8	(benzene, meta H)	meta 1~4
H C=C H	11~18	(benzene, para H)	para 0~2
H C=C H	6~15	(cyclohexene)	8~11
H C=C H	0~5	(cyclohexane)	a,a 8~14 a,e 0~7 e,e 0~5

일반적으로 ^{1}H 바로 옆에 붙어 있고 탄소원자에 붙어 있는 등가의 proton 수(n)에 따라 proton 분열 피크의 수는 n+1개가 되고, 분열된 각 선의 강도비는 (a+b)n의 전개식의 계수비로 된다. 이 값은 자장의 강도와는 무관하며 불포화화합물이나 입체이성체의 구조를 알고자 할 때 도움이 된다. 그러나 몇 개의 수소군으로 된 2차 spin 결합이 일어날 경우에는 이보다 훨씬 더 복잡한 분열 양상을 나타내어 구조 해석이 간단하지 않다.

2-3. 적분곡선

^{1}H NMR 스펙트럼에서 각 signal의 면적은 그 signal을 나타내는 수소수에 비례한다. 여기서 주의해야 할 사실은 signal의 면적이 실제의 수소수가 아니고 각형의 수소에 대한 상대적인 수라는 것이다.

다시 말해 면적으로 정보를 얻고자 할 때는 반드시 이와 비교할 상대적인 제2의 피크가 있어야 한다는 것이다. 실제의 실험에 있어서 클로로포름(chloroform-d_1)을 용매로 사용하였을 경우 용매 내에 한 개의 proton이 7.24 ppm에서 나타나기 때문에 이것의 면적비를 1로 했을 경우 다른 피크면적을 비교하면 쉽게 수소수를 구할 수 있다.

3. ^{13}C 핵자기 공명 스펙트럼과 구조

시료는 ^{1}H NMR과 마찬가지의 용매에 녹여 사용한다. 천연물 중에서 ^{13}C 함량은 1.08%로 낮고 자기 모멘트도 적기 때문에 시료량은 ^{1}H NMR 시료보다 많은 시료량을 필요로 한다. 용매는 중수소화된 용매를 사용하는데, 이들은 $^{13}C-^{2}D$-coupling에 기인한 multiplet의 분열로 분자 내 ^{13}C의 구조를 파악하는 데 많은 도움을 주며(표 4-4), ^{13}C NMR은 탄소수, 탄소골격(-CH, $-CH_2$, $-CH_3$, 4급탄소(수소와 직접 결합되어 있지 않는 탄소)) 등에 관한 정보를 얻을 수 있다.

표 4-4. 분자환경에 따른 탄소의 일반적인 공명범위

범위 (ppm)	분자적 환경	범위 (ppm)	분자적 환경
8~20	$-CH_3-C$	90~105	O-CH-O
20~45	$-CH_2-C$	90~110	O-C-O
45~55	-CH-C	115~170	-CH=C
55~75	$-CH_2-O$	120~180	C=C
65~90	CH-O, C-O	160~185	-COOR
80~90	-C-O-O-C-	190~210	-CHO
70~110	$-C\equiv C-$	190~220	C=O

3-1. ^{13}C 화학적 이동

^{13}C NMR의 흡수영역은 대략 200 ppm으로 화학적 이동은 폭넓은 범위에서 나타나기 때문에 중첩하는 경우가 적고, 복잡한 화합물의 탄소수 만큼의 피크가 나타나므로 탄소수를 바로 알 수 있으며, methine, methylene, methyl 및 quaternary(4급 탄소)의 구별이 가능하지만 이러한 탄소가 어디에 귀속하는지는 해석하기 어려운 점이 있다.

3-2. DEPT(distortionless enhancement by polarization transfer)법

이것은 분자 내에 붙어 있는 proton에 제3의 pulse를 가하여 그 펄스의 폭을 45°, 90°, 135°로 변화시켜 CH_3, CH_2, CH를 분류하는 것으로, 스펙트럼에 positive, negative로 나타나며, 4급 탄소(quaternary carbon)는 나타나지 않는다. 피크의 모양과 정량성이 좋아 각각의 스펙트럼을 더하거나 빼주어 CH_3만의 스펙트럼 또는 CH_2, CH만의 스펙트럼을 그릴 수도 있다. 다음은 ent-3,6-epidioxy-4,6,8,10-tetraehtyltetradeca-7,11-dienoic acid($C_{22}H_{38}O_4$)의 분석 예를 들어 아래에 나타내었다.

1) DEPT 45

Proton이 붙어 있는 모든 carbon의 피크는 위로 향한다. Carbon은 스펙트럼에서 4급탄소(부재탄소)를 제외하고는 모두 위로 향하게 나타난다
(그림 4-2).

2) DEPT 90

DEPT 실험에서 CH의 carbon 피크만 나타나며, quaternary carbon(4급 탄소), methylene carbon(CH_2)와 CH_3는 나타나지 않는다(그림 4-3).

3) DEPT 135

Methylene carbon의 피크는 아래로 향하고, methine carbon(CH), methyl carbon(CH_3)는 위를 향하여 스펙트럼에 나타난다(그림 4-4).

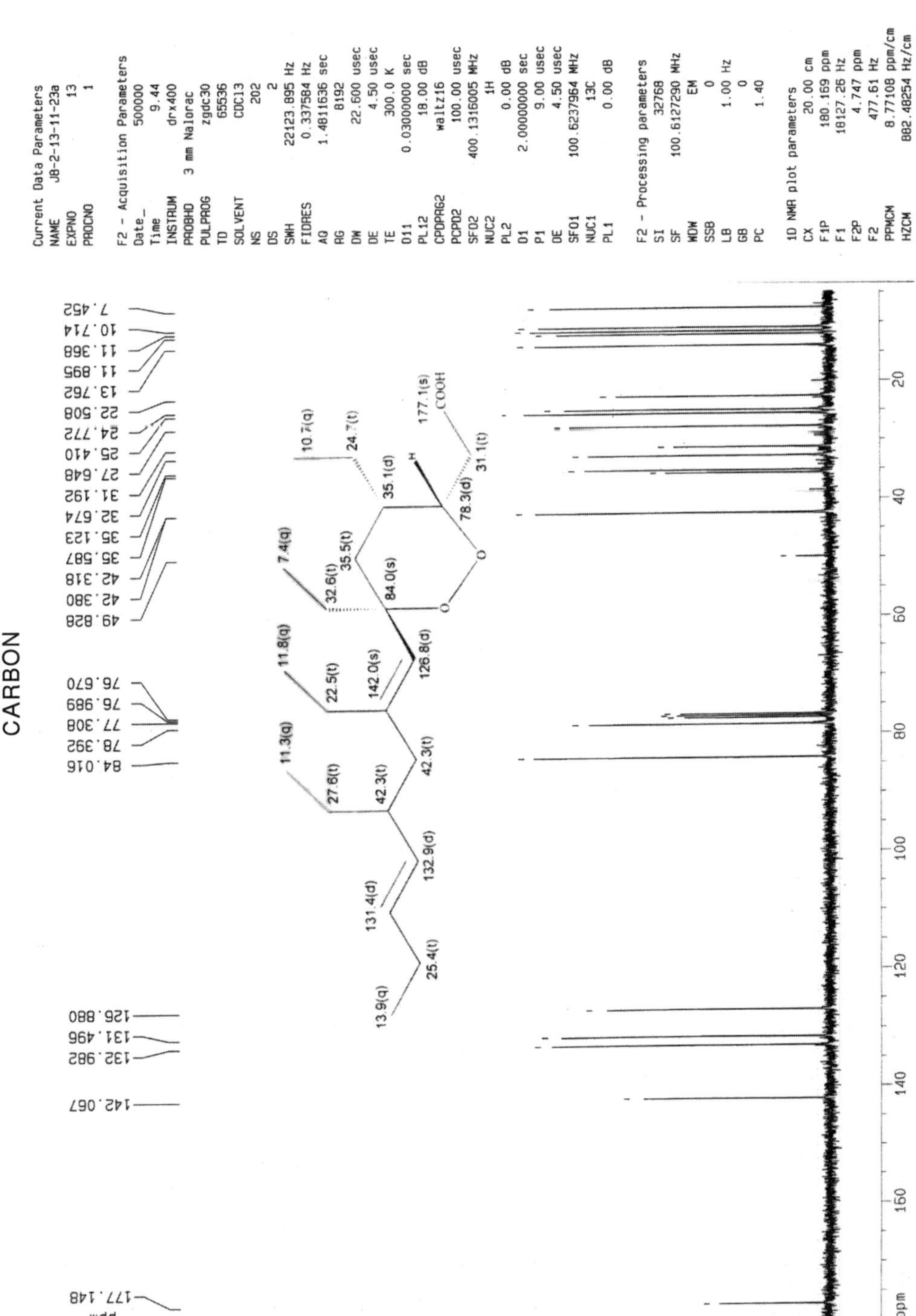

그림 4-2. DEPT 45의 예

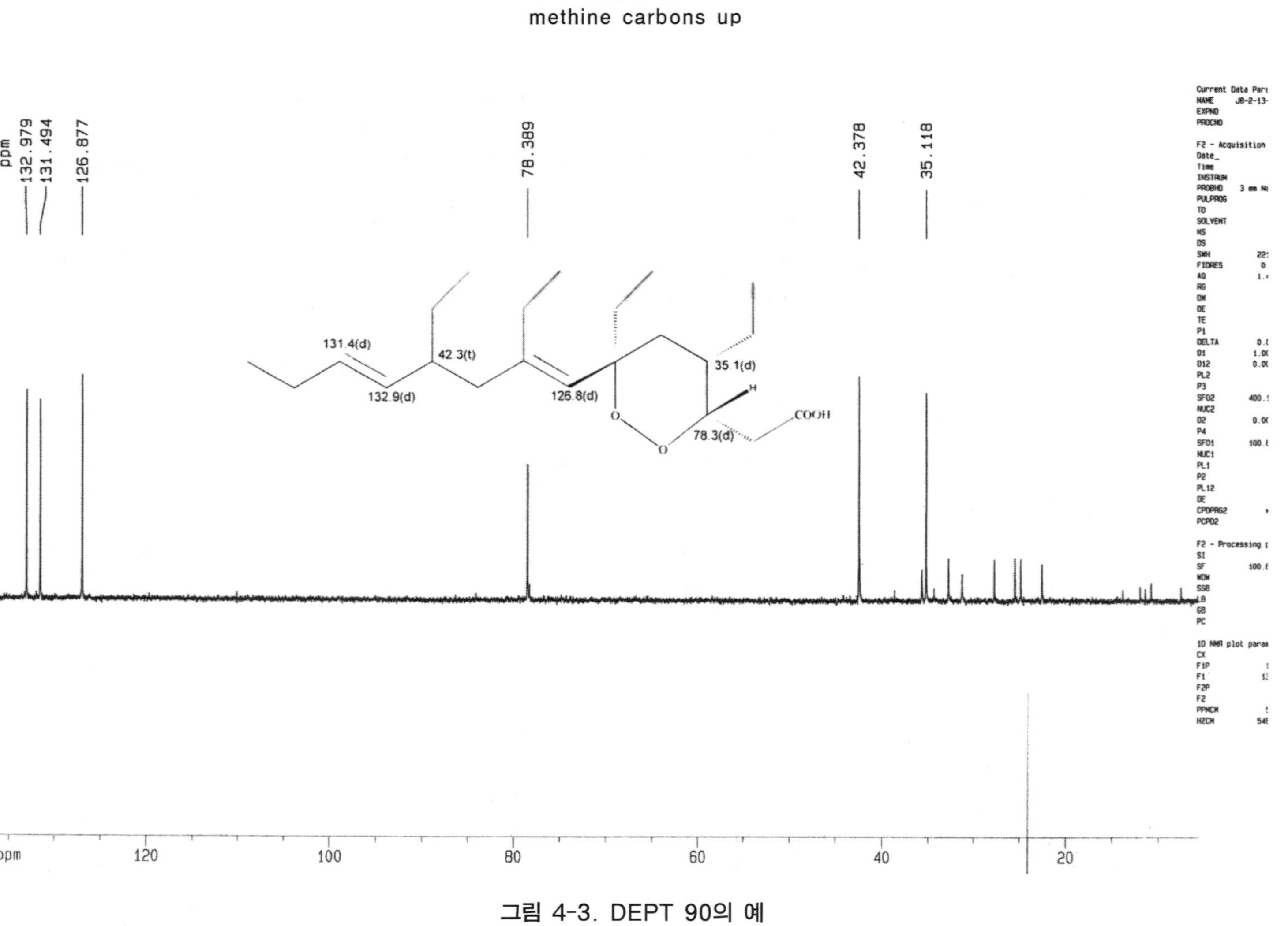

그림 4-3. DEPT 90의 예

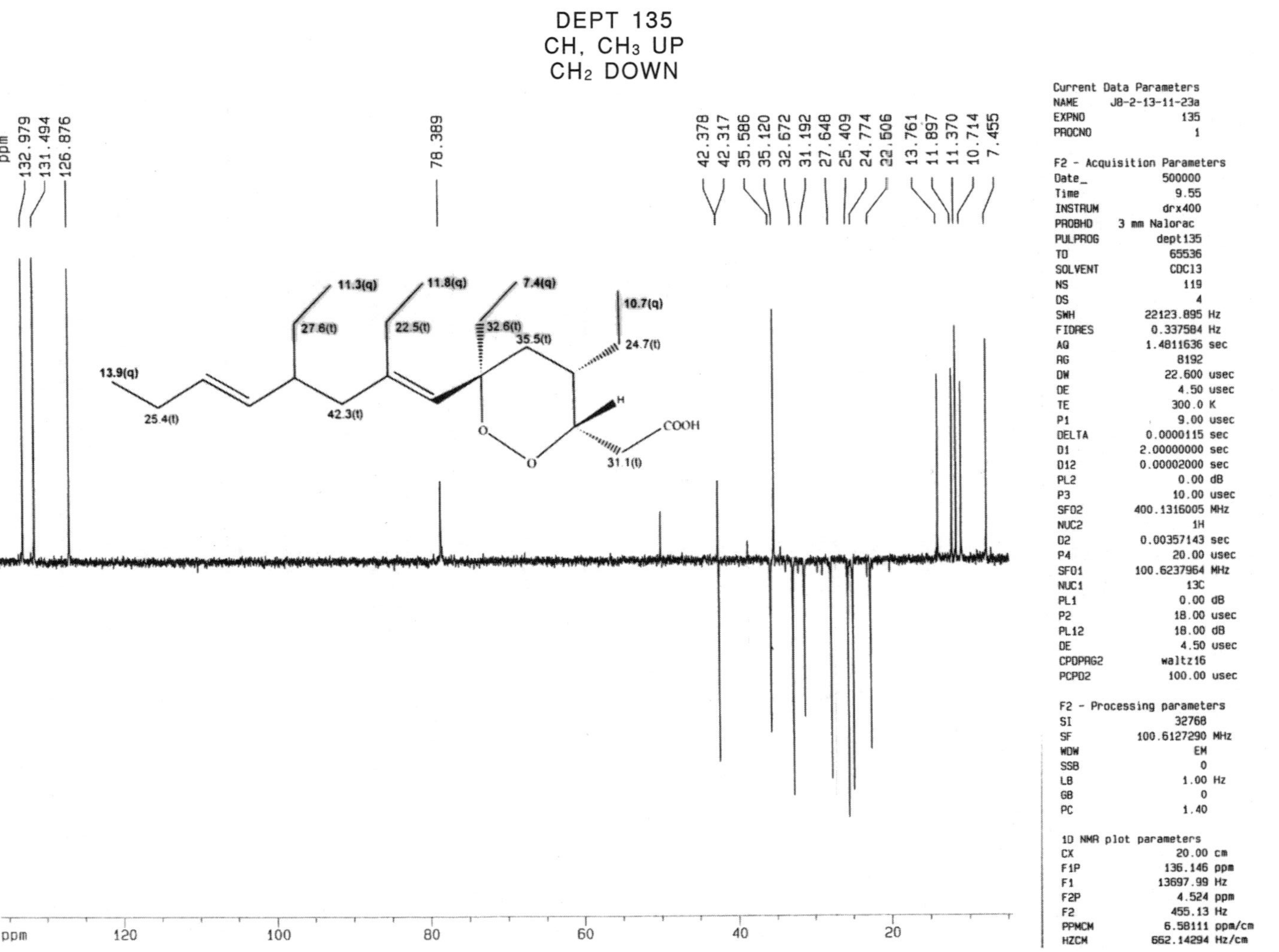

그림 4-4. DEPT 135의 예

그림 4-5는 carbon NMR의 side chain의 주된 signal을 예로써 나타내었다.

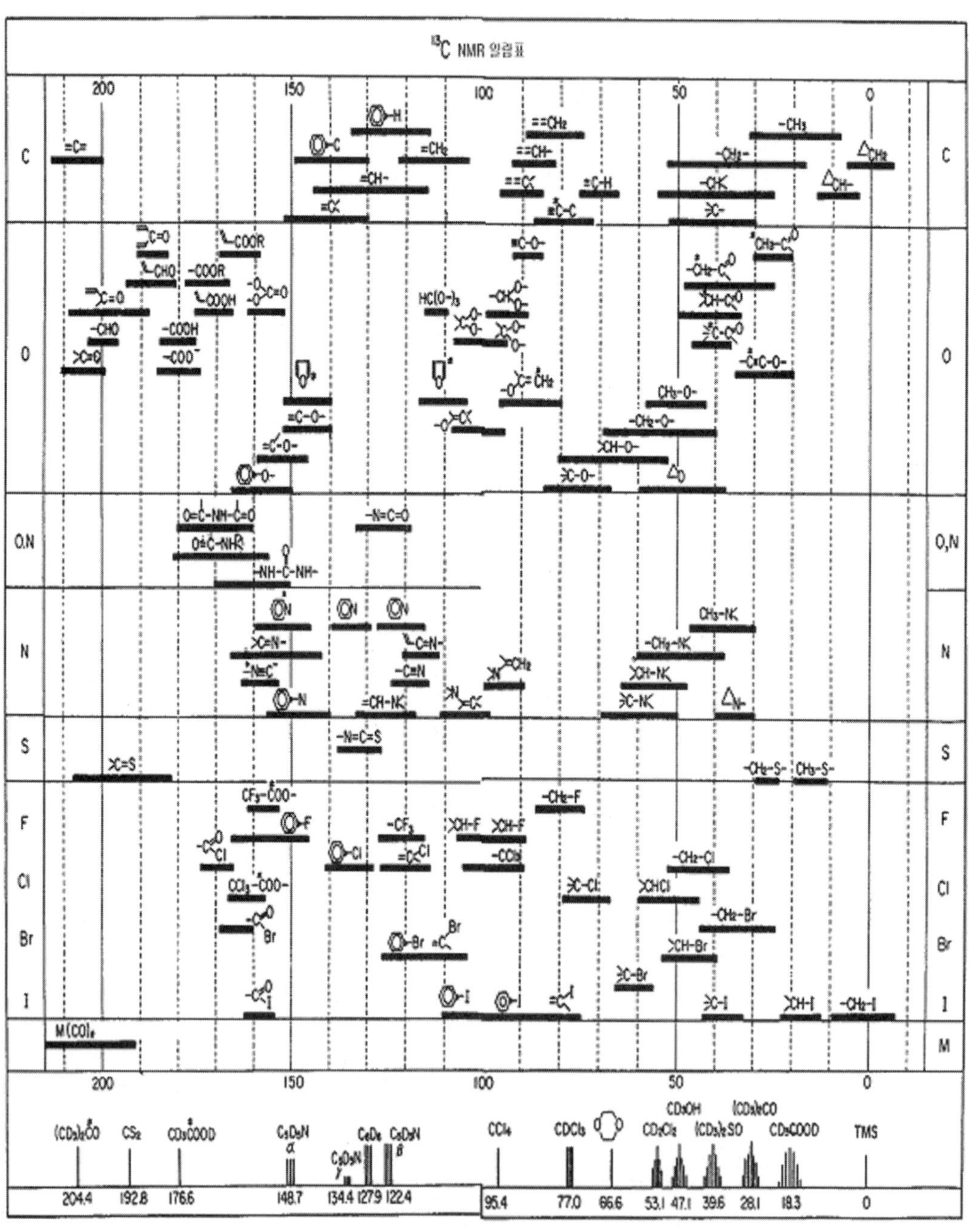

그림 4-5. ^{13}C NMR의 주요 일람표

4. 2차원 핵자기 공명 스펙트럼과 구조

일반적으로 미지의 천연물이나 복잡한 화합물의 분자구조는 1차원 NMR 스펙트럼만으로 구조를 결정하기가 어려워 2차원 NMR 스펙트럼의 결과와 병행하여야만 그 구조를 파악할 수 있다. 2차원 NMR의 기법은 나날이 발전되어 다양한 방법으로 발전되어 왔으나, 여기에서는 대표적인 몇 가지의 방법에 대해서 간단히 그림 예로써 설명하도록 하겠다.

4-1. COSY(correlation spectroscopy)

COSY는 proton과 proton 또는 proton과 carbon 간의 분석이 가능한 것으로 열평형 상태에 있는 proton을 90° 펄스에 의해 y 축에 옮겨놓고 시간 경과 후 다시 한 번 90° 펄스를 가하여 생성된 정보를 포함한 자화의 z축 성분을 생성시킨다. 이렇게 하여 스핀결합한 스펙트럼이 얻어진다. 이것은 상관 피크(cross 피크)로 수소 상호간 및 수소와 탄소 상호간의 스핀-스핀 결합상태를 판별할 수 있다.

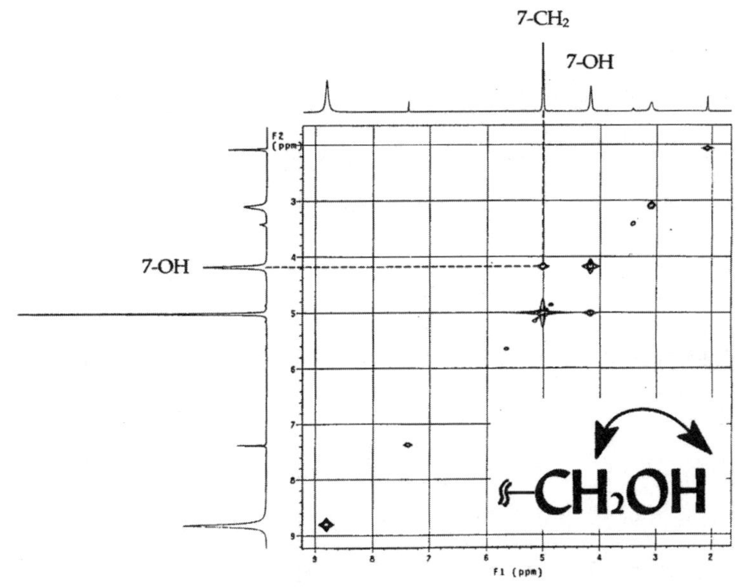

그림 4-6. COSY 스펙트럼

스펙트럼에서 가로축, 세로축 양쪽 모두 동일한 피크의 교차점에서 나타나는 것으로 이와 같은 피크를 대각피크(digonal peak)라 하고, 스펙트럼 중에는 다른 두 개의 a, a'가 있는데 이들은 상관피크(cross peak ; correlation peak)로 수소와 수소 및 수소와 탄소 상호간에 스핀-스핀 결합을 하고 있음을 나타낸다. 상관피크는 반드시 대각선에 대하여 대칭의 위치에 두 개(a, a')가 나타나야만 한다(그림 4-6).

4-2. NOESY(nuclear overhauser enhanced spectroscopy)

두 개의 수소가 공간적으로 가까이 있을 때 한쪽 수소를 조사시켜 포화시키면 다른 쪽 수소의 피크가 증가한다(NOE, nuclear overhauser effect). NOE를 이차원적으로 관측하기 위하여 개발된 것이 NOESY 스펙트럼이다. NOESY는 COSY 스펙트럼과 같이 가로축, 세로축 모두 proton 스펙트럼을 그린 것인데, 나타난 상관피크로 공간적으로 가까운 수소들 간의 NOE를 관찰할 수 있으므로 분자의 입체구조 해석에 유용하다(그림 4-7).

아래의 그림은 해면에서 추출한 천연화합물인 Flakortis F의 NOESY 스펙트럼의 예를 나타낸 것이다.

NOESY도 COSY와 마찬가지로 대각피크로 Flakortis F에서 5.06 ppm에서의 proton signal과 5.36 ppm에서의 signal이 서로 coupling하는 것으로 보아 입체적인 공간에서 서로 밀접하게 위치하고 있다는 것을 알 수 있다.

4-3. HMQC(heteronuclear multiple quantum correlation)

탄소피크와 그 탄소에 직접 결합 되어 있는 수소에 대한 정보를 얻을 수 있는 기법이다(그림 4-8).

그림은 해조류에서 분리한 2,3,6-tribromo-4,5- dihydroxbenzyl alcohol로 7번 탄소에 직접 결합하고 있는 methylene proton과 8번 탄소에 직접 결합하고 있는 methoxyl proton과의 결합상태를 확인할 수 있다.

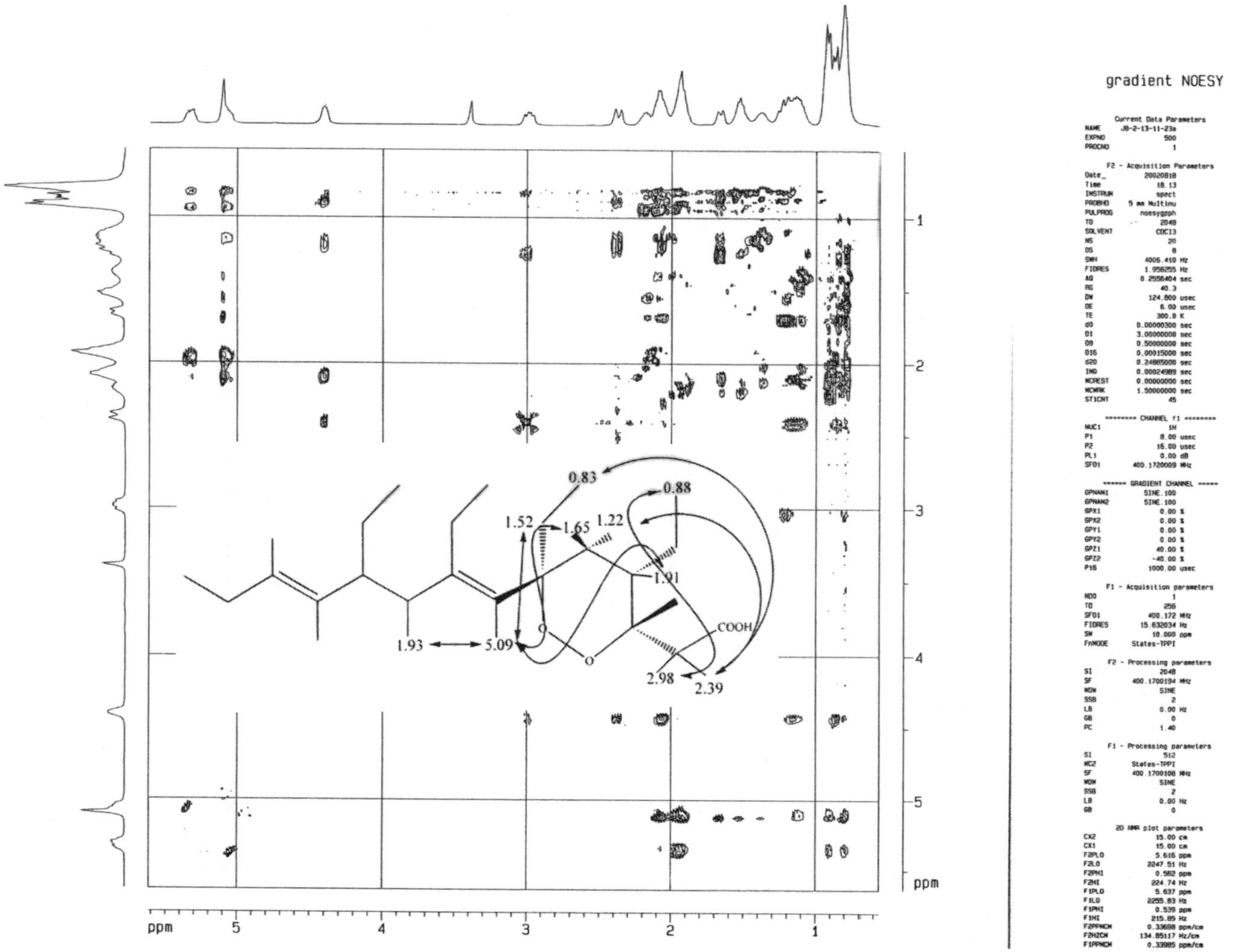

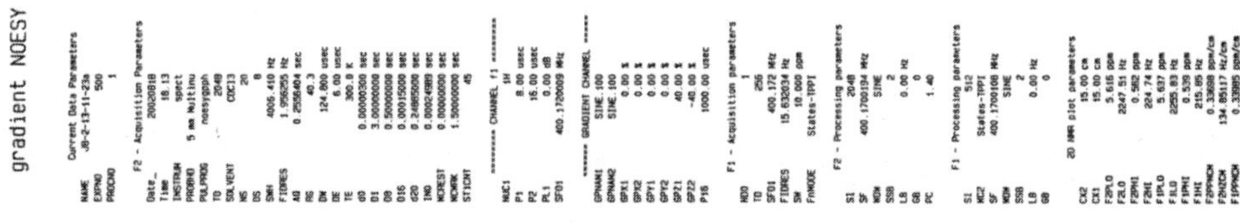

그림 4-7. Flakortis F의 NOESY의 분석 스펙트럼

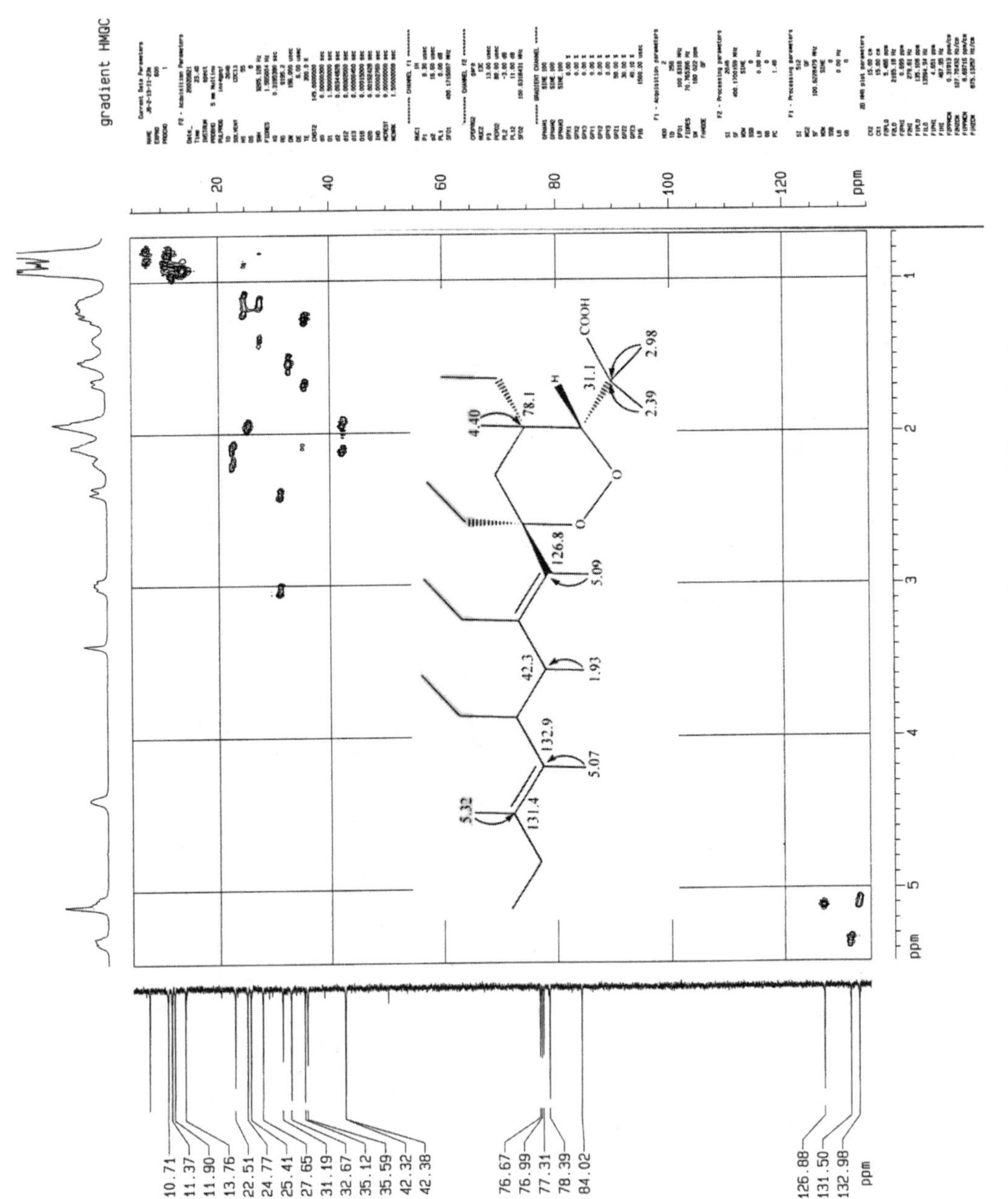

그림 4-8. Compound 1의 HMQC 분석 스펙트럼

4-4. HMBC(heteronuclear multiple bond correlation)

C-H 스핀 결합이 두 개 이상의 결합을 통한 경우 원거리 스핀결합이라고 한
다. 원거리 스핀결합을 이용하면 수소 수가 적고 불포화도가 높은 방향족 화합
물뿐만 아니라 CO기와 같은 4급 탄소를 갖는 화합물에 대해서도 구조해석에
중요한 정보를 얻을 수 있다(그림 4-9). 그림에서 methylene proton이 1번, 2번
및 6번 탄소와 coupling 하는 것을 알 수 있다.

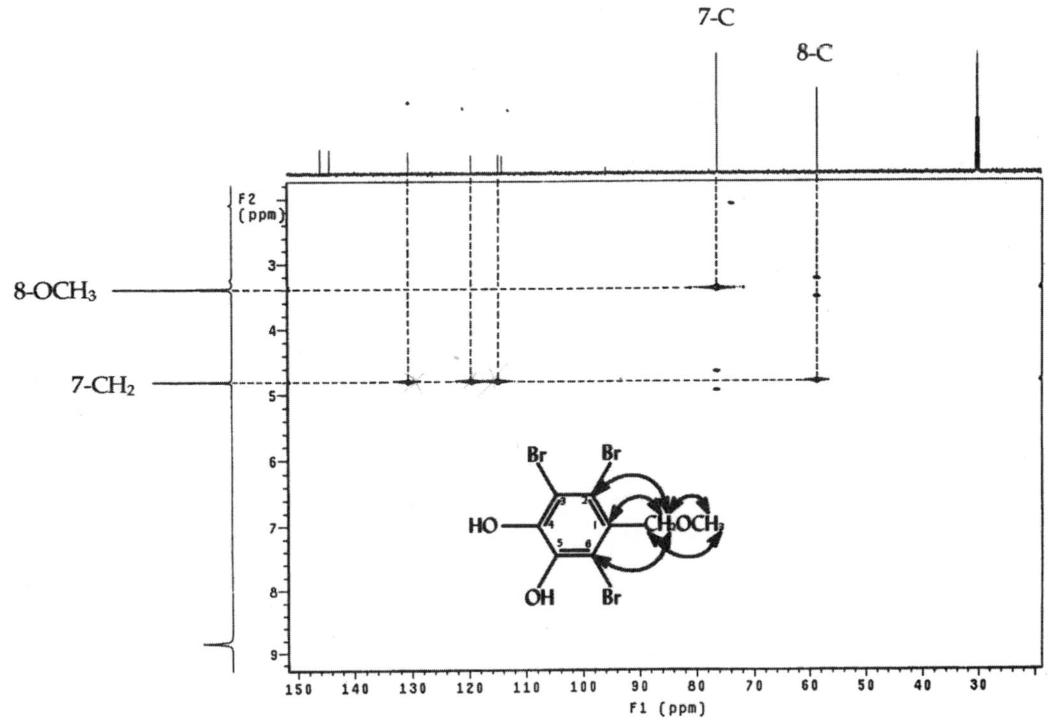

그림 4-9. 2,3,6-tribromo-4,5-dihydroxbenzyl alcohol의 HMBC의 분석 스펙트럼

제 5 장 천연물의 질량 분석과 구조

1. 질량 분석의 원리와 종류

이제까지는 전자파의 흡수에 의한 분석이었으나 이와는 전혀 다른 형태의 분석이 질량분석이다. 이것은 분자를 이온으로 만들어 질량별로 분리하여 기록하는 것으로 분자량에 관한 여러 가지 정보와 구조를 추정할 수 있다.

질량분석법(Mass Spectrometry, MS)의 원리를 간단히 말하자면, 분자를 이온화시켜 질량대 전하의 비(m/z)로 분리, 측정하여 분자량을 알아내는 것이다. 따라서 이온화를 어떻게 하느냐, 분리를 어떻게 하느냐 등의 조합에 따라서 여러 가지 종류가 있다. 이와 같은 질량 분석을 통하여 분자의 정확한 질량과 조성식을 알 수 있으며, 이온화 시에 부수적으로 생겨나는 분자의 조각 이온(fragment ion)들에 의해 결합되어 있는 관능기나 부분구조를 추정할 수 있다. 또 Cl이나 Br 등 특정한 이온의 갯수는 동위체의 피크에 의해 쉽게 알 수 있다. 분석에 필요한 시료의 양은 물질의 종류에 따라 다르나 최근에는 최소 수십 μg 정도만 있어도 가능하며 시간도 수분 내에 완료된다. 그러나 시료의 회수는 불가하다.

1-1. 자장형 단수속 질량분석기(저 분해능)

시료를 앰플이나 루프를 통하여 주입 후 분자의 이온화를 쉽게 하기 위하여 기화실에서 고온으로 기화시켜서 molecular leak를 통해 이온화실로 보낸다. 시료 분자의 흐름에 직각방향으로 전자류를 때려 분자를 이온화시킨다(전자충격법 : EI법). 생성된 이온을 강한 전장(가속전압 : V 볼트)의 focus slit로 가속시키면 퍼지지 않은 ion beam으로서 출구 slit으로부터 발사되어 강하고 균일한 자장(B gauss)을 가진 분리실에 들어간다. 서로 다른 질량을 갖는 각 이온은 여기서 $m/z = 4.82 \times 10^{-5}(r^2B^2/V)$를 만족시키는 반지름(r cm)으로 휘어 collector slit을 통해 검출부에 들어간다. 여기에서 전자증폭관에 의하여 증폭되어 이온량에 비례한 길이를 갖는 선상의 피크로 기록된다. 자장의 강도 B를 연속시켜 변화시키면 질량수가 서로 다른 이온이 차례차례 collector slit을 통해 결국 다수의 선으로 이루어지는 스펙트럼이 얻어진다(그림 5-1). 이것은 분자량 1 단위의 저분해능 질량분석에 쓰인다.

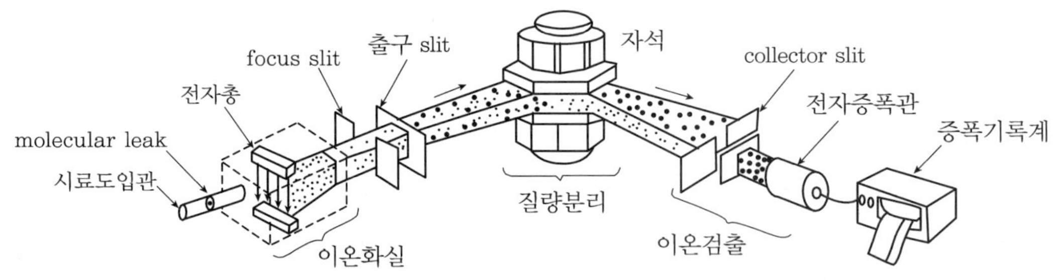

그림 5-1. 질량분석기의 모형

1-2. 2중 수속 질량분석기(고 분해능)

단수속 질량분석기에서는 이온화된 분자가 slit을 통하여 가속된 이온이 동일한 질량을 가진다 하여도 속도의 차이에 의해 에너지가 달라 질량을 m/z =1의 차이까지밖에 구분하지 못하였다. 이 장치에서는 자장 앞 부분에 적당한 전장을 작용시켜 속도차이를 적게 하고 collector 앞에도 폭이 좁은 slit을 두어 분리를 보다 정밀하게 한 것이다. 즉 전장에서 속도 수속과 자장에서 방향수속을 하므로 탄소의 원자량을 12.000000으로 하여, 질량이 1/1,000(milli mass) 단위까지 정확하게 측정된다. 이와 같은 고분해능 질량분석을 통하여 분자량 20,000±3 milli mass의 오차까지 정확한 분자량 측정이 가능하고, m/z 1~4,000까지 광범위에 걸쳐 스펙트럼이 검출되므로 분자이온과 모든 개열 이온의 조성을 결정할 수 있어 미지 화합물의 구조 확인이 훨씬 쉬워진다.

1-3. 4중극형 질량분석기

이 장치는 이온의 비행거리와 같은 10~30 cm의 길이로 된 4개의 막대모양의 전극(4중극, quadropole)을 사용한다. 이온은 일정속도로 전극과 같은 방향으로 진행하며, 직류와 라디오파를 가진 교류전압을 전극에 가하면 이온은 복잡한 진동을 하며 진행한다. 이때 특정한 m/z를 가진 이온만 분리, 검출하여 스펙트럼을 얻을 수 있다.

따라서 자장을 사용하지 않으므로 고속주사가 가능하다. 다만, 자장형에 비하여 질량 범위, 분해능은 떨어지나 소형으로 조작이 간단하다. 여기에는 m/z 650 이하의 소형 분자들의 특정한 이온만 모아서 분리할 수 있는 이온 trap형과 비교적 고분자 단백질 등의 비행시간(time of flight, TOF)에 따라 분리하는 비행시간형 질량분석기가 있다.

1-4. 크로마토그래피와 질량분석기의 조합

크로마토그래피에 주로 4중극형 질량분석기의 강력한 분석 능력을 결합시킨 것으로 GC/MS와 LC/MS가 있다. 크로마토그래피에서 연속적으로 흐르는 이동상의 제거와 고진공이 필요한 질량분석기에 연결하는 interface가 필수적으로 요구된다.

GC/MS에서는 jet separator가 쓰이고, 이동상으로 액체를 사용하는 LC에서는 주행 벨트 interface가 사용되며, 다양한 이온화 방법이 채용되고 있다.

1-5. Tendam 질량분석기(MS/MS)

복수의 질량분석기를 직접 연결하여 질량 분석과 질량 동정을 동시에 하도록 한 장치로서, 사용하는 전장이나 자장의 수에 따라 여러 가지가 있다. 이중수속도 일종의 이 장치라 할 수 있으며, 최초에 분리된 이온에서 나온 개열 이온들을 제2의 질량분석기에서 측정하든가 이온에 중성 원자를 충돌시켜 새로운 이온을 생성하여 다른 질량분석기로 검출하기도 한다.

2. 각종 이온화법

실제로 천연물의 질량 분석에 있어서 저분자량의 각종 fragment 이온피크가 스펙트럼 상에서 간혹 관찰되지 않거나 전혀 나타나지 않을 수도 있다. 이는 분석하고자 하는 천연물이 매우 불안정하거나 난휘발성인 경우 등의 이유로 나타나게 된다. 이러한 경우 시료의 분자량을 확인하기 위하여 여러 가지 방법을 사용하게 되는데, 분석하는 방법으로는 시료를 기화시키지 않고 이온화하거나 고체시료를 직접 분석하는 방법 등 여러 가지 기법이 있다.

2-1. 전자충격이온화법(electron impact, EI)

EI/MS는 시료를 기화시켜 전자가 시료분자의 전자 한 개를 튀어 나오게 할 때 아래와 같이 전자 하나가 분자량은 같으나 전자 1개가 부족한 이온화가 일어난다.

$$\text{전자류}$$
$$M \quad \rightarrow (M)+ \cdot + e^-$$

이것은 조작이 간단하고 재현성도 좋아 일반적으로 가장 많이 쓰이는 방법으로, 분자이온이 $10\sim20eV$라는 높은 내부에너지를 갖고 있기 때문에 여러 가지

fragment 이온이 나타난다. Fragment 이온의 분열방식으로부터 구조를 추정할 수 있는 장점이 있지만, 극성관능기를 가진 시료분자의 경우 분자량 결정을 하기 곤란하고 기화시킬 수 없는 시료는 분석하기 어려운 단점이 있다(그림 5-2).

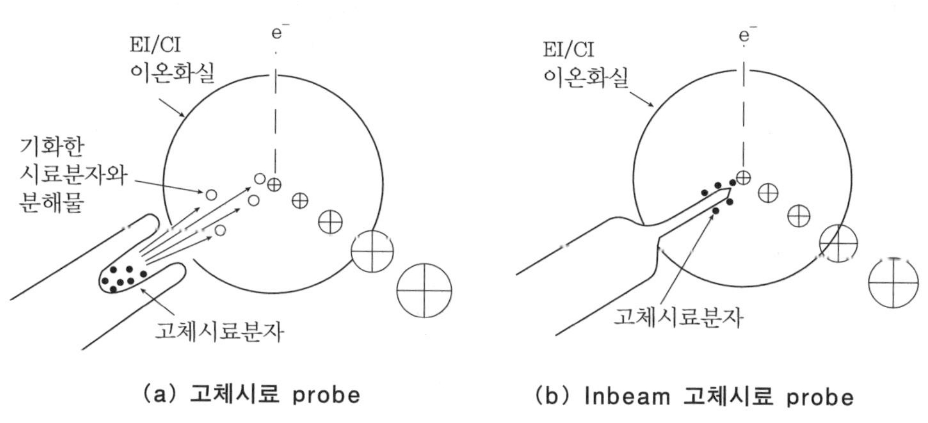

(a) 고체시료 probe   (b) Inbeam 고체시료 probe

그림 5-2. 전자충격이온화법

1) 화학이온화 질량분석법(chemical ionization, CI)

EI로 분석할 때 생성하는 분자이온(molecular ion, M^+)은 기수개의 전자로 구성되어 있어 음이온 라디칼로 에너지를 유지하는 데에 불안정한 요인을 가지고 있고, 시료가 기화하기 어려운 화합물이나 특히 극성관능기를 가진 시료분자의 분자량 결정에 불리한 단점을 보안하기 위하여 반응가스와 시료가스 이온과의 이온·분자반응으로 proton화 분자이온(protonated molecule, MH^+)을 생성하는 화학이온화(CI)로 개발하였다. 여기에서 생성되는 분자이온종(MH^+)은 서수개의 전자를 가진 진정 음이온이고, EI의 M^+에 비교하여 확실히 안정하다.

이것은 전자류에 의하여 반응하는 가스(예들 들면, methane, isobuthane 등)를 분석기기에 같이 주입함으로써 반응기체를 이온화(CH_5^+, $(CH_3)_3C^+$ 등) 시키고 반응체 이온과 시료분자와 충돌하여 proton화 분자이온을 생성하는 것이다. CI에서 열전자가 발생하는데 이것이 분자에 이온포착되어 음이온이 형성된다. 그러므로 음이온의 화학이온화 분자량을 측정할 수 있다(그림 5-3).

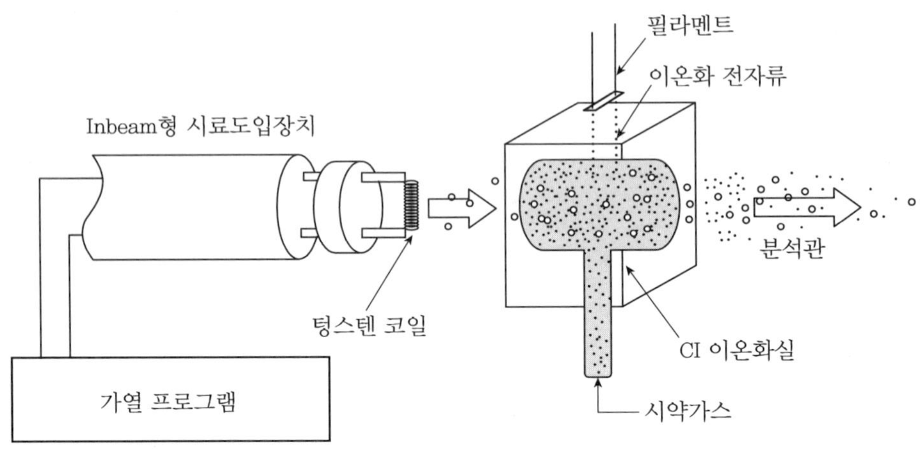

그림 5-3. 화학이온화 질량분석법

$$M = CH_5 \rightarrow [MH]^+ + CH_4$$
$$M^+ (CH_3)_3C^+ \rightarrow [MH]^+ + (CH_3)_2C = CH_2$$

이 방법의 특징은 1% 정도의 시료가 들어있는 반응가스를 이온원으로 도입하므로 시료분자의 농도가 낮아져 전자충돌 이온화가 일어나지 않고, EI법에 비해 생성되는 분자이온의 내부에너지가 수 eV 정도로 작기 때문에 fragment 피크가 적으며, EI법의 100배 정도의 감도를 나타내는 특징이 있다. 그러나 시료분자에 포함되어 있는 극성관능기의 수가 증가하여 분자량이 증가하여도 화학수식을 가하지 않는 시료분자, 원체(intactmolecule)에서는 스펙트럼 상에서 명확한 MH^+가 출현하는 비율이 극단적으로 저하한다. 그 이유는 생성하는 분자 이온종은 안정요인을 가지고 있어도 CI는 EI와 마찬가지로 이온화하여 시료의 기화를 필요로 하므로 많은 극성 관능기를 가지는 시료분자에서는 시료 기화에의 예비 가열 시에 탈수 외의 분해반응이 선행하여 정상적인 상태에서의 이온화 반응을 하지 않게 되기 때문이다.

시료의 기화는 EI/CI에서는 불가결의 조건이다. 효율적인 기화조건이 출현하면 질 좋은 스펙트럼의 측정이 가능하다. 스펙트럼 상에 명확한 분자이온종의 출현을 원하면 급속한 시료가열이 필요한데, 그 이유는 급속가열은 분자의 병진운동(translation)을 촉진하여 기화, 탈착에 유리하게 작용하지만 연속가열은 시료분자 내 화학결합의 진동여기를 활발하게 하여 열분해반응을 유도하는 것에 기초를 두고 있기 때문이다. 이 같은 실험결과로부터 생체관련물질을 시작하면 난휘발성-열불안정물질의 이온화에는 급속가열이 필수의 조건으로 되고 inbeam법과 조합하여 EI/CI의 다양한 개량연구가 행해졌다.

생화학적으로 중요한 화합물, 펩타이드, 헥산, 올리고당을 예로 들면, 미지시료에 대하여 우선 바람직한 것은 분자량에 관한 정보이다. 이것은 CI 조건 하에서 일반적으로 시약 가스로서 메탄, iso buthane을 사용했을 때 MH^+, 암모니아를 사용하면 $MH^+/M \cdot NH_4^+$의 형태로 나타난 분자 이온종의 질량수(m/z)로부터 얻는 것이 가능하여 정밀질량을 측정하면 정확한 분자식이 결정 가능하다. 이것이 "structure characterization"이고, 펩타이드에서는 구성 아미노산의 종류와 배열양식, 헥산에서는 염기와 당의 종류, 올리고당에서도 구성 당의 종류와 배열양식에 관한 정보가 그것이다.

이 경우 스펙트럼 상에서 많은 fragment 이온이 있는 쪽이 유리할까? 통상 EI 스펙트럼이 나타나는 것과 같이 탄소-탄소 결합의 분열을 포함한 활발한 fragmentation이 일어나 M^+로부터 생성한 다수의 fragment 이온이 나타나면 구조정보의 양은 그것보다도 많아지게 된다.

그러나 structure characterization의 단계에서 바람직한 것은 시료분자의 구성인자에 관한 정보이고, 펩타이드, 헥산에서는 탄소-질소(C-N), 올리고당에서는 탄소-산소(C-O) 결합분열이 우선이며, 생성하는 배열이온(sequence ion)이 명확하게 스펙트럼 상에 출현하는 것의 쪽이 중요하다. 이와 같은 관점으로 보면 안정한 분자이온종과 한정된 fragment ion을 주는 CIMS의 특성이 어떠한 생체관련물질의 MS chromatography에서 중요시되는 것이다.

2) 필드탈착 이온화법(field desorption, FD)

FD법은 이온화에 시료분자의 기화가 필수의 조건인 종래의 상식을 파괴한 획기적인 것으로, 여태까지 난휘발성-열불안정물질(예를 들면, 생체관련 화합물, 고분자량 화합물, 유기산의 염) 등의 측정에 적용되었다. 전술의 EI/CIMS

에서도 측정은 가능하지만 질량수가 m/z 700을 넘으면 좋은 스펙트럼을 얻지 못한다. 그러나 이 FD MS는 분자량 1,000 이상의 난휘발성 물질, 유기착체, 염류 등의 측정도 가능하다.

기화시료를 채운 이온화실 내의 예리한 침의 양극과 대향전극간에 수 kV 이상의 전압을 가하여 이온화를 행하는 전계이온화(FI, field ionization)를 기반으로 하여 난휘발성물질의 이온화용으로 개발한 방법이다. 즉, 양극에 직접 도포한 시료분자는 국부적으로 높은 전장 때문에 전자를 양극에 뺏겨 이온화되고, 이 이온과 양극 사이의 정전하 반발에 의하여 이탈한다.

$$M \quad \xrightarrow{\text{높은 전장}} \quad (M)^+ \cdot, \ [(MH)^+]$$

(고상 또는 액상)

이 방법의 특징은 시료용액 또는 현탁액을 양극상에 도포하고 용매를 제거하여 이온화하는 데 사용하며, 분자이온의 내부 에너지가 0.1 eV 이하로 낮기 때문에 fragment 피크가 매우 적고 극성이 큰 시료는 흡착에 사용한 용매로부터의 proton 이동으로 $(MH)^+$ 이온을 생성하기 쉬운 장점이 있는 반면 이온화의 절대량이 적고 시간적 변화가 심하기 때문에 정량이 어려운 단점이 있다 (그림 5-4).

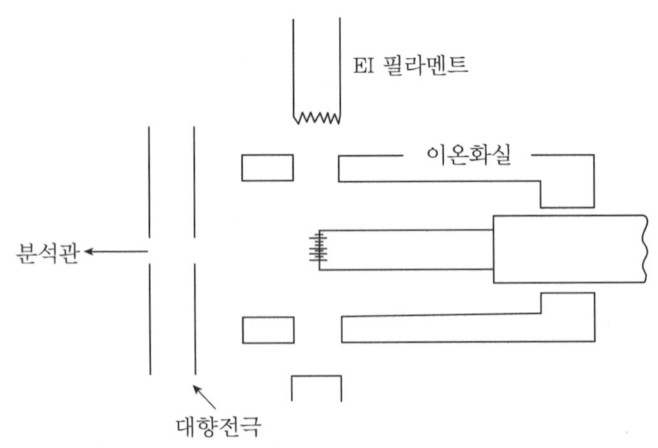

그림 5-4. 필드탈착 이온화법

보통 분자 이온종이 가장 강하게 출현하는 가열상태를 최적온도조건(BAT, best anode temperature)이라 하는데, 이 시점에서 분자량 결정을 행한 후 가열온도를 상승시켜 스펙트럼의 연속측정을 행하여 특성적인 fragment ion을 검색하는 것이 보통이다. 이 FD spectro는 BAT 조건의 전형적인 패턴을 가지고 있고, 분자 이온종으로서 휘발성이 있는 저분자량의 물질에서는 M^+, 난휘발성의 분자량이 큰 화합물은 MH^+, 시료 중에 Na^+를 포함한다든가 NaI 등의 Na^+ source를 첨가한 경우에는 $M \cdot Na^+$가 스펙트럼 상에 나타난다.

이 같은 FD MS에 나타나는 뚜렷한 분자 이온종의 출현은 EI/CI에서 측정 불가능한 준분자량 영역의 생체관련물질 분자량 표정에 유용하고, BAT 이상의 가열조건 하에서 생성되는 특징적인 fragmention도 중요한 구조정보를 제공하므로 구조해석의 응용연구는 급속히 진전된다. 그림 5-6에 나타난 steroid · oligo 배당체, F-gitonin의 FD MS에 있어서도 분자이온종($M \cdot Na^+$, m/z 1073)과 함께 구성당의 단계적인 이탈로 생성되는 fragment ion과 당의 배열 이온이 뚜렷이 관찰된다.

그러나 측정 예가 축적됨에 따라서 FD 스펙트럼에 나타나는 분자이온종의 생성량(ion current)이 적고 그 수명이 지극히 짧은 것, 온도의 상승과 함께 출현하는 fragment ion의 재현성이 떨어지는 것이 지적 되었다. 그러나 최근에 FABMS/SIMS는 극성의 녹은 화합물 외 질 좋은 스펙트럼을 제공하지만, 화학수식을 실시하면 특성적인 스펙트럼이 관측 불가능하다는 예가 다수 보고되었다. 이같이 저극성화된 생체관련물질에는 FD MS의 이용이 적합하고, 수명이 짧은 분자이온종의 이온을 얻는 여러 가지 방법, CAD. MIKE. B/Elink 주사법, MS/MS 등의 개발과 FD MS는 중요한 이온화 방법으로서 현재에도 널리 사용되고 있다.

3) 이차이온 정량분석법(secondary ion mass spectroscopy, SIMS)

SIMS법은 시료를 도포한 시료면에 에너지가 큰 1차 이온류(Ar^+, Xe^+ 등)를 음이온의 일차 beam을 사용하여 충격으로 시료분자를 이온화하는 방법이다. 여태까지는 반도체 등의 표면분석에 이용되고 있지만 전류밀도를 낮추어 충격조건을 완화하면 금속표면에 부착하는 유기화합물의 이온화가 용이하게 나타나는 것으로, 최근에는 molecular SIMS라고 하는 명칭이 정착되어 후술하는 FABMS와 같이 glycerin 등의 matrix를 사용하고, 액상시료로서 측정하는 경우에는 liquid SIMS라고도 불리고 있다.

그림 5-5에는 20keV의 Cs^+ beam에서 충격하는 방법이 예시되고 있지만 통상은 3~5keV의 Ar^+, Xe^+가 일차 beam으로서 사용된다. 「실제로는 은, 동, nickel 등의 박판(target) 상에 시료의 박막을 만들고 가속된 일차 이온 beam에서 충격하면 target 표면으로부터 그 금속이온과 함께 시료분자가 튀어나와 (sputting) 주로 이온·분자반응에 의해 금속부가 이온을 생성하고 이어서 fragmentation이 진행된다.」 이 이온화 현상도 일차이온 beam의 충격에 의한 sputting 형성으로 순간적으로 6,000 K에 달하는 급속가열 효과도 빠짐없이 얻을 수는 없다. 또 알칼리 금속염의 첨가로 $M·Na^+$, $M·K^+$ 등의 음이온 cluster를 생성하는 것도 FD MS와 유사하다.

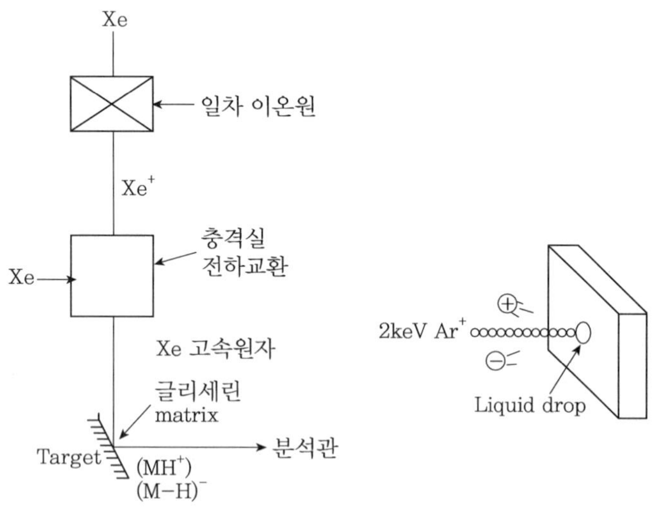

그림 5-5. 이차이온 정량분석법

Glycerin과 같은 액체 matrix를 사용하여 소위 liquid drop으로써 시료를 target상으로 도포한 경우(liquid SIMS)에는 MH^+의 생성이 앞서고 FABMS

와 동일의 스펙트럼을 나타내지만, matrix를 사용하지 않고 직접 은 target상의 시료박막을 충격한 경우에는 분자이온종으로서 $M \cdot Ag^+$가 생성하여 은 동위체(107, 109)에 근거하여 약간 동 강도의 doubled peak로서 스펙트럼의 최고 질량영역에 출현한다. 이 측정법은 시료용액을 은판 등의 시료면에 얇게 발라 이온화하는 데 사용하며, FD법에 비해 fragment 이온이 많고, 분자구조에 관한 중요한 정보를 얻을 수 있는 장점이 있다. 그러나 시료층이 대류하는 경향이 있어 이온화하기 어려운 단점이 있다.

4) 고속원자 충격법(fast atom bonbardment, FABMS)

Molecular SIMS와 아주 유사한 기구에 근거한 이온화법이지만 $Ar°$, $Xe°$ 등의 고속중성 beam(fast atom beam, 3~8keV)을 일차 beam으로 한 점이 다르다.

$$\text{고속 } Ar° \text{ 또는 } Xe°$$
$$M \quad \rightarrow \quad (M)^+, \ [(MH)^+]$$

가장 큰 특징은 일반적으로 시료의 글리세린 matrix를 사용하여 분석을 행하는 것으로 Ar^+, Xe^+의 음이온 beam에서 시료를 충격하는 molecular SIMS도 액체 matrix를 사용하는 한 거의 동일의 재현성이 양호한 정, 부의 스펙트럼을 가지는 것이다. FABMS은 극성관능기를 가진 중분자량 영역의 생체 내 관련물질, 착체를 포함한 유기금속 화합물 등의 시료분석이 용이하다.

FABMS/liquid SIMS에 나타나는 matrix는 분석에 큰 영향을 준다. 질 좋은 결과를 얻기 위해서는 시료가 matrix 소재에 완전히 용해하고 있을 필요가 있고, 또 사용하는 matrix 소재의 전자 친화력, 첨가물의 물성 등에 크게 의존한다. 스펙트럼에는 시료분자에 유래하는 분자이온종, fragment ion 외에 matrix 유래의 cluster 이온이 나타나서 background를 형성한다.

따라서 분자이온종의 fragment ion(양이온)만을 스펙트럼 상에 출현시키는 방법이 중요하다. 이러한 방법은 FABMS/liquid SIMS의 스펙트럼 지속시간은 길게 하고, 분자 이온종은 수분으로부터 20분 정도의 수명을 가지고 있다. FABMS의 이온화 과정은 liquid SIMS와 마찬가지로 sputtering 기구에서 설명

가능하다. 그래서 시료 자신이 이미 전하를 가지고 있는 사급 암모늄염, carbonic acid염 등에 있어서는 분자 음이온($\equiv$N±), 분자 음이온(-COO-)이 아주 선명하게 스펙트럼상에 나타난다. FABMS/liquid SIMS의 또 한가지 큰 특징은 극성이 큰 시료 분자 이온종(MH=, (M-H)-)의 측정이 용이하다는 것이다. 따라서 화학수식을 한 유도체 혹은 휘발성이 높은 물질에서는 좋은 스펙트럼을 얻는 것이 어렵다(그림 5-6).

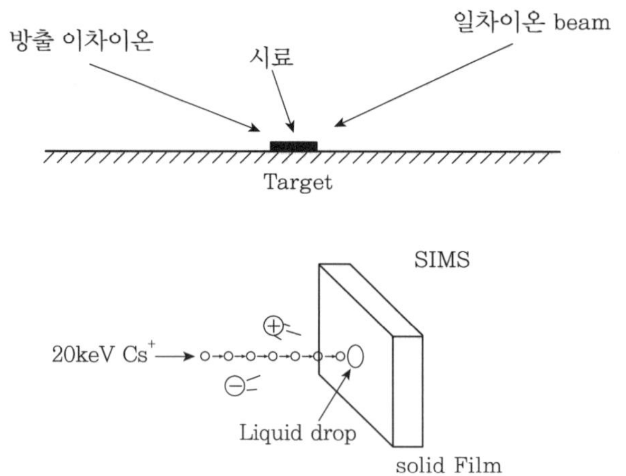

일차이온 : Xe>Ar, 3~5keV
Target : Ag>Al, Cu, Ni
일차이온 조사각도 : 15°~20°

그림 5-6. 고속원자 충격법

5) Electrospray 이온화법

단백질과 같은 고분자 물질을 통상의 조건에서 기화하거나 이온화 하려면 분해하여 버린다. Electrospray 이온화법(ESI)은 시료용액을 약 4 kV의 전위를 걸은 모세관 끝 부분을 통하여 분사시킴으로써 분자를 용액 상태에서 이온화한 기체상태로 직접 변화시킨다. 시료용액은 이러한 분사에 의해 액체 방울에서 안개상태로 되어 용매인 액체가 순간적으로 증발하여 양자화한 시료의 airosol이 남게 된다. 이 airosol은 interface를 거쳐 진공 중에서 질량분석이 진행된다. 이러한 온화한 조건에서는 fragment가 거의 관측되지 않으며, 단백질의 3차원 구조조차도 그대로 유지되므로 150 kDa까지도 분석이 가능하다. 분자에 의해 부가된 양자수가 각각 다르고 m/z가 마치 머리빗모양으로 되므로 컴퓨터에 의해 해석되며 고분자의 분자량은 0.01% 이하의 정확도로 결정된다.

3. 질량 분석 스펙트럼과 구조

3-1. 이온의 종류와 특징

질량 스펙트럼에서는 가로축이 질량과 이온 전하의 비(m/z)를 나타내며 세로축은 이온의 상대 강도를 %로 나타낸다. 나타나는 피크 중에서 가장 중요한 것은 분자이온(molecular ion 또는 mother ion, M^+)으로서 스펙트럼에서 가장 질량이 큰 곳에 있는 것이 분자이온 피크일 경우가 많으나, 이온화법의 종류에 따라 분자이온 피크가 작거나 나타나지 않는 경우도 있다. 또는 분자이온이 M^+-Na나 M^+-H, M^+-NH$_4$로 관측되기도 한다. 분자가 개열하여 나타나는 분자량보다 저질량의 피크들은 모두 fragment 이온(fragment ion 또는 daughter ion)이라 하며, 이 중 가장 강한 피크를 기준 피크(base peak)라고 한다. 따라서 보통 기준피크를 100%로 한 상대적인 크기로 피크를 나타낸다. 또, 분자량보다 m/z 1이나 2 많은 것은 동위체 이온(isotope ion)이 많으며, 전하가 2인 경우는 분자이온의 1/2에 2가 이온 피크가 나타나기도 한다.

3-2. 분자량 결정

분자량을 알기 위해서는 다음과 같은 일반적인 과정을 거치게 된다.

① 일반적으로 스펙트럼에서 최고질량을 나타내는 피크를 분자량(M)으로 가정해 본다.

② 물질에 따라 스펙트럼에 분자이온의 피크가 나타나지 않을 수도 있다. 화합물에 따라서 적절한 분석방법이 달라지므로 이때는 다른 여러 가지 MS(EI, CI, FI, FD, SIMS, FAB 또는 HRMS)를 사용하여 분석을 행한다.

③ 최고 피크가 진정한 질량피크인지 동위체 피크인지 고려해 본다.

④ 분자의 분열로 생성된 fragment ion들이 예상 가능한 fragment ion인지를 확인해 본다. 예를 들면, M-18의 fragment는 분자 중에서 물분자(H_2O) 한 개가 떨어져 나간 것을 의미하고, M-19는 F가 떨어져 나간 것을 의미하므로 각각의 fragment들에 대한 가능성을 추정해 본다.

⑤ 분자 중에 N원자가 없거나 또는 짝수 개 함유할 때 분자량은 짝수이고, 홀수 개를 함유할 때는 홀수가 된다(nitrogen rule).

⑥ 홀수의 분자량이 나타날 경우 dimer인지를 가정해 본다.

⑦ 분자 중에 Cl과 Br 원자를 가지고 있는가를 고려해 본다. 이들 원소는 천연물에서 많은 비율의 동위원소를 함유하고 있기 때문이다. Cl 중 질량 35의 존재비는 75.77%이고, 37의 존재비는 24.33%의 동위원소를 가지고 있으며, Br은 질량 70의 존재비가 50.5%이고 질량 81의 존재비가 49.5%의 동위원소 함유비율을 갖고 있다. 그림 5-7에서 보는 바와 같이 이들 원자들이 포함되는 수에 따라 동위체 이온피크강도의 비율이 일정하게 달라지는 것을 알 수 있다. 그러나 일반적으로 수소나 탄소 등의 원소에 대한 동위체비율은 별로 고려할 필요가 없다. 수소의 경우 자연계에서 중수소(^2H) 존재비는 0.015%, 탄소는 1.108%, 질소는 0.365%, 산소는 0.241%로, 천연유기화합물에서 주로 이루는 원소가 C, H, O, N이라는 것을 생각하면 이들이 차지하는 비율은 거의 무시할 정도이다. 그림 5-8은 실제로 해조류인 참보라색우무에서 항균물질인 4,5-dibromobenzylalcohol에서의 브롬원자가 두 개 포함되어 있을 때의 EI분석 예를 나타내었다. 스펙트럼상에서 m/z 374(M), 376(M+2), 378(M+4), 380(M+6)에 각각 동위체 이온들의 피크가 13 : 37 : 38 : 12의 비로 존재하는 것을 확인할 수 있다. 표 5-1은 원소의 종류에 따른 동위체의 실제 존재비를 나타내었다.

⑧ 최고피크의 분자량이 실제의 분자량보다 많게 되는 경우도 고려해 본다. 알코올의 경우 쉽게 탈수되므로 분자이온이 물분자(mass 18) 한 개를 잃

은 물질의 분자량이 최고피크로 스펙트럼 상에 나타날 수도 있다.

⑨ 이상의 결과를 종합하여 fragment ion 피크의 질량으로부터 여러 가지 가능한 분열상태를 원래대로 조립함으로써 분자구조를 재구성해 본다. 여러 가지 화합물의 분자 중에서 나타나는 분열방식에 대해서는 전문서적을 참고하기 바란다.

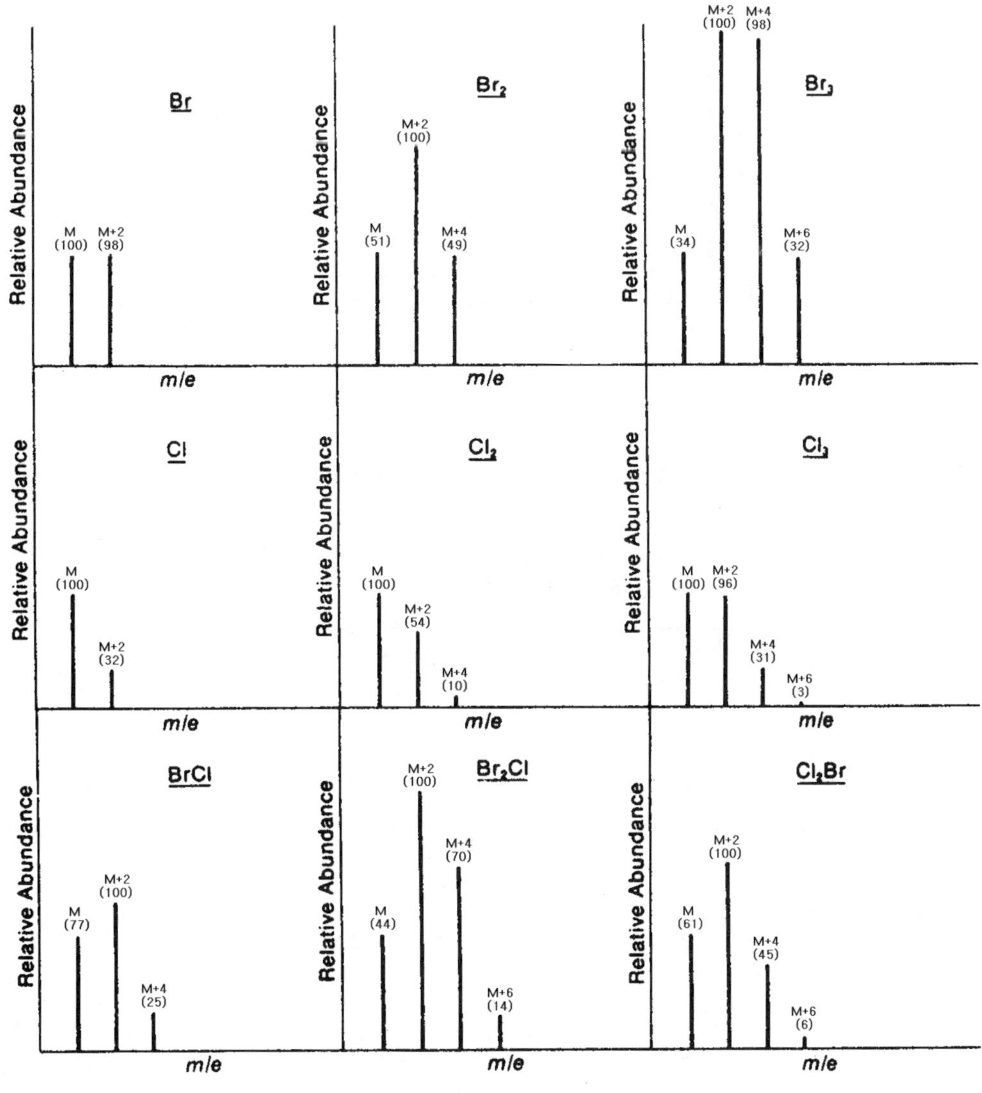

그림 5-7. 염소와 브롬을 함유한 동위체 피크

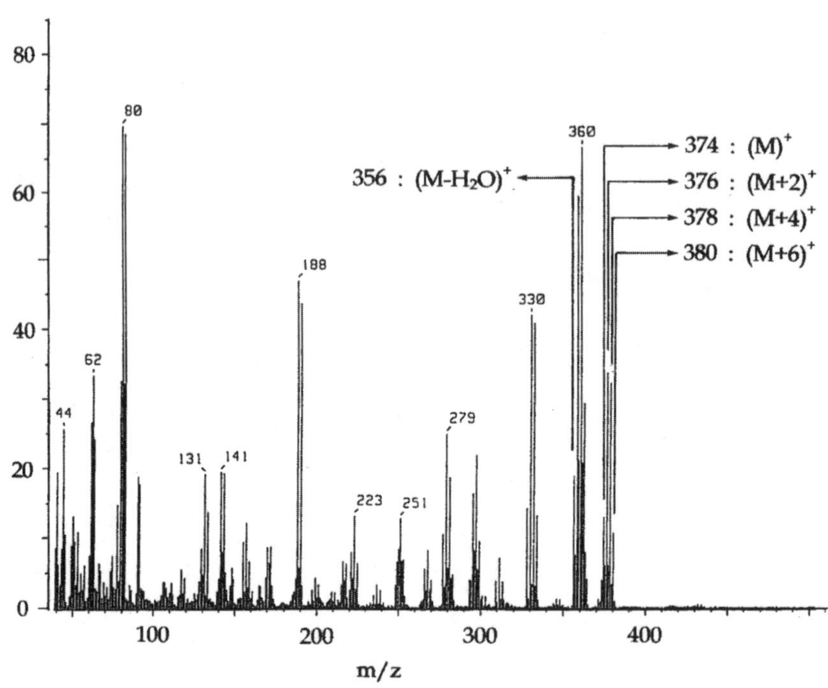

그림 5-8. 두 개의 브롬 동위체를 가진 화합물
(4,5-dibromobenzylalcohol)의 MS 스펙트럼

표 5-1. 원소 종류에 따른 동위체의 존재비

원소	동위체 (M+)	존재비 (%)	M+1	존재비 (%)	M+2	존재비 (%)
H	^{1}H	99.985	^{2}H	0.015		
C	^{12}C	98.892	^{13}C	1.108		
N	^{14}N	99.635	^{15}N	0.365		
O	^{16}O	99.759	^{17}O	0.037	^{18}O	0.204
F	^{19}F	100				
Si	^{28}Si	92.18	^{29}Si	4.71	^{30}Si	3.12
P	^{31}P					
S	^{32}S	95.0	^{33}S	0.76	^{34}S	4.22
Cl	^{35}Cl	75.53			^{37}Cl	24.47
Br	^{79}Br	50.02			^{81}Br	49.48
I	^{127}I	100				

3-3. 주요한 관능기와 개열 이온

분자이온(M^+)이 개열할 때에는 아무렇게나 분해되는 것이 아니라 특정한 양식에 따라 분해한다. 이 양식은 분자 내에 존재하는 관능기에 의해 지배된다. 따라서 분자구조를 안다면 어떠한 fragment가 생겨나는지 알 수 있으며, 반대로 어떤 fragment 이온이 생성되었는지를 잘 조사하면 분자구조에 관한 중요한 정보를 얻을 수가 있다(표 5-2).

1) 포화 탄화수소

직쇄상 포화 탄화수소 화합물에서는 보통 m/z 43이 기준 피크가 되고, M^+가 작으며, 이 M^+ 바로 아래에는 methyl기가 탈리된 피크 M-15가 있으고, 이하에 14 mass unit 간격으로 methylene(CH_2)의 fragment가 규칙적으로 나타난다. 가지가 있는 경우는 가지가 있는 부분에서 쉽게 탈리된 피크가 관측된다. 환상구조에서는 환에서 가지가 생성된 부분이 쉽게 탈리한다.

2) 불포화 탄화수소

C_nH_{2n-1}로부터 순서대로 CH_2가 떨어져 나간 fragment가 주요 피크를 이루며, 피크가 점차 olefine 화합물($CH_2=CH-CH-CH_2-CH_3$)에서는 2와 3번 사이가 절단된 fragment $CH_2=CH-CH_2$가 공명 안정화 한다. 이 때문에 이중결합의 이웃이 절단된 fragment가 강하게 나타난다.

그러나 $=CH$와 $-CH$가 끊어진 $CH_2=CH$와 같은 이중결합 탄소상에 $+$ 전하를 갖는 fragment는 불안정하여 거의 관측되지 않는다. 환상 화합물에서는 diel alder 개열($M-CH_2=CH_2-)^+$이 생겨난다.

3) 방향족 탄화수소

분자이온 피크가 강하게 나타나는 경향이 있고 지방족, 지환식 화합물보다 단순하다. 방향환의 β 위치에 개열꾀($M-C_2H_2)^+$가 나타나기도 한다.

표 5-2. 주요 Mass fragment 이온

m/e	이온	m/e	이온	m/e	이온	m/e	이온
14	CH_2, N^+, CO_2^+	36	$HCl+$	56	C_4H_5	79	$C_6H_5 + 2H$ Br
15	CH_3	39	C_3H_3	57	C_4H_9 $C_2H_5C=O$	80	$CH_3SS + H$
16	O, NH_2	40	$CH_2C=N$, $Ar+$	58	$C_2H_5CHNH_2$ $(CH_3)_2NHCH_2$ $C_2H_5NHCH_2$ C_2H_2S	81	C_6H_9
17	OH, NH_3	41	C_3H_5 C_2H_2NH	59	$(CH_3)_2COH$ $CH_2OC_2H_5$ CH_3CHCH_2OH	82	$CH_2CH_2CH_2CH_2C\equiv N$ CCl_2 C_6H10
18	H_2O NH_4	42	C_3H_6, C_2H_4N	60	CH_2ONO	83	C_6H11 $CHCl_2$
19	F	43	C_3H_7 $CH_3C=O$ C_2H_2NH	61	CH_2CH_2SH CH_2SCH_3	85	C_6H13 $C_4H_9C=O$ $CClF_2$
26	$C\equiv N$, C_2H_2+	44	$CH_2CH=O+H$ CH_3CHNH_2 CO_2 $NH_2C=O$ $(CH_3)_2N$	67	C_5H_7	86	$C_4H_9CHNH_2$ and isomers
27	C_2H_3, HCN	45	CH_3CHOH CH_2CH_2OH CH_2OCH_3 $COOH$ $CH_3CH-O + H$	68	$CH_2CH_2CH_2C\equiv N$	87	Homologs of 73
28	C_2H_4 CO $N_2(air)$ $CH=NH$	46	NO_2, CH_2S	69	C_5H_9 CF_3- $CH_3CH=CHC=O$ $CH_2=C(CH_3)C=O$	90	CH_3CHONO_2
29	C_2H_5 CHO	47	CH_2SH CH_3S	70	C_5H10	93	CH_2Br C_7H_9
30	CH_2NH_2 NO, C_2H_6	48	$CH_3S + H$	71	C_5H11 $C_3H_7C=O$	96	$CH_2CH_2CH_2CH_2CH_2C\equiv N$
31	CH_2OH OCH_3	49	CH_2Cl	72	$C_3H_7CHNH_2$ $(CH_3)_2N=C=O$ $C_2H_5NHCHCH_3$ and isomers	97	C_7H13
32	$O_2(air)$, $S+$	51	CHF_2, C_4H_3, CH_2Cl	73	Homologs of 59	99	C_7H15 C_6H11O
33	SH CH_2F	53	C_4H_5	75	$CH_2SC_2H_5$ $(CH_3)_2CSH$ $(CH_3O)_2CH$	100	$C_5H11CHNH_2$
34	H_2S	54	$CH_2CH_2C\equiv N$	77	C_6H_5		
35	$Cl+$	55	C_4H_7 $CH_2=CHC=O$	78	$C_6H_5 + H$		

4) 알코올, 페놀, 티올화합물

지방족 알코올은 α 위치가 개열하여 CH$_2$-OH(m/z 31)가 나타나고, 물분자 (m/z 18)도 쉽게 탈리하며, 1급, 2급, 3급 순으로 피크 강도가 증가하고, 3급 알코올이나 allyl의 경우 M$^+$가 나타나지 않기도 한다. 치올은 알코올과 같으며 페놀에서는 탈 CO(M-28)와 탈 CHO(M-29) 피크가 관측된다.

5) 에테르, 케톤, 알데히드

주로 α 위치가 개열하여 R-O, RC=O 또는 RCH=O가 생성되며, 수소 전위를 동반하는 β개열에서는 McLafferty 진위기 일어난다.

6) carboxylic acid, ester, amide

Carboxylic acid에서는 COOH의 M-45가 나타나고, ester에서는 RCO, RCOO, amide에서는 CONH$_2$나 RCO 등이 주로 관측된다.

7) 할로겐화물

할로겐화물에서는 할로겐 원소가 떨어져 나가거나 α 위치가 개열(CH$_2$-X) 한다.

제 6 장 각종 스펙트럼에 의한 해양
천연물의 구조 결정

1. 구조 결정의 방법

이미 구조를 알고 있는 물질의 경우는 각종 스펙트럼을 측정하여 그것과 비교하거나 각종 문헌 자료와 대조함으로써 손쉽게 동정할 수 있다. 그러나 미지 물질의 경우는 여러 가지를 종합적으로 검토하여야 한다.

다음은 그 방법에 대하여 설명한다.

① 물질의 유래나 이력, 물리·화학적 성질 등 스펙트럼 이외의 자료를 검토한다.

② MS 스펙트럼으로부터 분자량과 고분해능 MS로부터 분자식을 결정한다.

③ IR 흡수로부터 관능기와 불포화 결합의 존재를 추정한다.

④ MS의 fragment ion으로부터 관능기나 부분구조 등이 추정된다.

⑤ 일차원 ^{1}H-NMR 스펙트럼에서 화학적 이동값이나 면적 적분값 등으로부터 예상한 구조의 범위를 정한다.

⑥ 참고로 하는 물질의 NMR 스펙트럼 정보를 얻어 구조결정하는 시료와의 비교를 행한다. 예를 들면, 분리한 물질의 원래 시료에 대한 논문이나 자료를 찾아 스펙트럼과의 비교로부터 달라진 부분을 찾아본다. 또한 데이터집 등도 유효하게 이용한다.

⑦ ^{1}H NMR 스펙트럼만으로 구조결정이 불가능 할 때에는 천연물의 한가지의 중요한 구성원소의 ^{13}C-NMR 측정을 행한다. 이 측정에서 ^{13}C 핵은 감도가 낮고 천연물 존재비도 적기 때문에 많은 시료를 필요로 하지만 신호의 분리가 상당히 좋은 구조결정에는 유효하게 된다.

⑧ Spin-spin 결합에 의한 수소간의 연결을 확인하여 구조를 구축하기 위해 spin decoupling인 COSY 등의 이차원 NMR 측정을 행한다. 근접한 proton 대의 동정이나 입체구조를 결정할 때는 NOE 측정도 행한다.

⑨ Proton decoupling에 의해 결합한 수소수의 차이로 탄소 분류를 행한다.

⑩ ^{13}C-^{1}H의 COSY, 특히 가능하면 HMQC(Heteronuclear Multiple Quantum Connectivity), HMBC(Heteronuclear Multiple Bond Connectivity)* 등의 측정을 행하고 ^{1}H의 신호와 ^{13}C의 신호의 연결을 행한다. 이것에 의해 수소간의 연결에서는 불명료한 부분(특히 ^{1}H-NMR 스펙트럼의 중첩이 큰 부분이나 4급 탄소에서 ^{1}H간의 J 연결이 차단된 부분)의 구조를 결정한다.

⑪ 이상에서도 우선 구조에 불확정의 부분이 있어 필요하면 분자 중에 질소, 인을 포함한 경우 ^{15}N, ^{31}P 등의 측정을 행한다.

⑫ 그것에서도 구조결정이 어려울 때는 선택적인 동위체 치환이 가능하면 효과적이다.

⑬ UV 스펙트럼이나 최대 흡수 파장으로부터 공역계나 방향족계를 추정한다.

⑭ 각 스펙트럼 요소로부터 가능한 분자구조를 추정한다.

---

* ^{13}C-^{1}H간의 원거리 spin 결합($2J$ C-H나 $3J$ C-H)에 의한 상관의 검출에 유효하게 되는 새로운 방법

⑮ 추정 구조가 모순되지 않는지 검토한다.

⑯ 필요할 경우는 부분 구조를 합성하여 측정한다.

2. 구조해석의 예

다음은 저자들이 미더덕(*Styela clava*)에서 항균 물질로써 분리한 4,8-dimethyl-3-nonene sodium sulfate의 구조 결정 예를 설명하고자 한다.

1) 정색 반응 및 UV, IR spectrum

이 물질은 disodium rhodizonate 시약에 의하여 핑크색으로 발색되어 sulfate의 존재가 추정되었으며, UV에서는 메탄올 용액에서 측정 시 215 nm에 최대 흡광도를 나타내었다. 한편, IR에서는 $1,210\,cm^{-1}$에 강한 흡수를 나타내어 sulfate의 존재가 시사되었다.

2) FAB/MS 분석에 의한 분자량의 추정

Positive mode에서 측정한 FAB MS spectrum에서는 m/z 295에 $[M+Na]^+$ 이온이 관측되었고, m/z 311 mass unit에 $[M+K]^+$ 이온 peak가 관측되어 항균성 물질은 분자량 272인 물질로 추정되었으며, 고분해능 MS에서는 m/z 295.0960 mass unit가 관측되어 sodium sulfate기($-OSO_3Na$)를 가지는 $C_{11}H_{21}SO_4Na$의 분자식을 가진 것으로 추정되었다(그림 6-1).

3) ^1H NMR 스펙트럼의 측정

항균성 물질의 ^1H NMR을 측정하여 그림 6-2에 나타내었다. 용매와 불순물의 signal을 제외한 각 proton의 signal을 저자장 측에서부터 순차적으로 영어 alphabet의 인쇄체 소문자로 나타내었다.

Proton signal은 총 10개의 signal이 나타났는데, 적분 값으로부터 계산한 결과 methyl proton(-CH$_3$)이 1.63 ppm(s)에 1개, 0.89 ppm에 2개(doublet)로 총 3개(e, i, j)가 나타났고, methylene proton(-CH$_2$-)이 3.94 ppm(t), 2.38 ppm(q), 1.98 ppm(t), 1.41 ppm(q), 1.15 ppm(q) 등 총 5개(b, c, d, f, g, h), methine(-CH=) proton은 5.19 ppm(t), 1.54 ppm(m) 등 2개(a, f)가 되었다. 탄소의 수가 11개인 점을 고려하면, 불포화도가 2로서 2중 결합이 1개 포함되어 있는 것으로 추정되었다.

한편, 고분해능 MS에서 총 21개의 수소가 들어 있는 것과 proton NMR 스펙트럼에서 나타난 proton들을 합하면 총 21개가 되어 이 결과들이 잘 일치하였다.

4) ^{13}C NMR 스펙트럼의 측정

항균성 물질의 ^{13}C NMR을 측정한 스펙트럼은 그림 6-3에 나타내었다.

탄소는 용매의 탄소를 제외하고 methyl 탄소 영역, methyl기 탄소 영역, methine 탄소 등 총 11개의 탄소가 관측되었으며, 저자장 측에서부터 알파벳의 대문자로 스펙트럼에 표시하였다.

DEPT 스펙트럼을 측정하여 각 탄소의 결합 상태를 조사한 결과(그림 6-4), 윗 부분의 양의 방향으로 나타난 methine 탄소에 상당하는 signal이 3개가 관측되었으나 이 중 항균물질과 관련한 signal은 120.4 ppm과 29 ppm에 나타난 2개의 signal 이었다(B, G).

또한 4급 탄소에 상당하는 signal이 139.2 ppm에 1개가 관측되었으며(A), methylene 탄소에 상당하는 음의 방향으로 나타난 signal은 총 5개(69.0, 41.0, 39.7, 29.3, 26.9 ppm, C, D, E, F, H)이었다.

한편, methyl 탄소에 상당하는 signal은 23 ppm에 2개, 16.1 ppm에 1개 등 총 3개(K, I, J)의 signal이 관측되었다. 이들 결과는 고분해능 MS에서 11개의 탄소로 되어 있는 것과 잘 일치하였다.

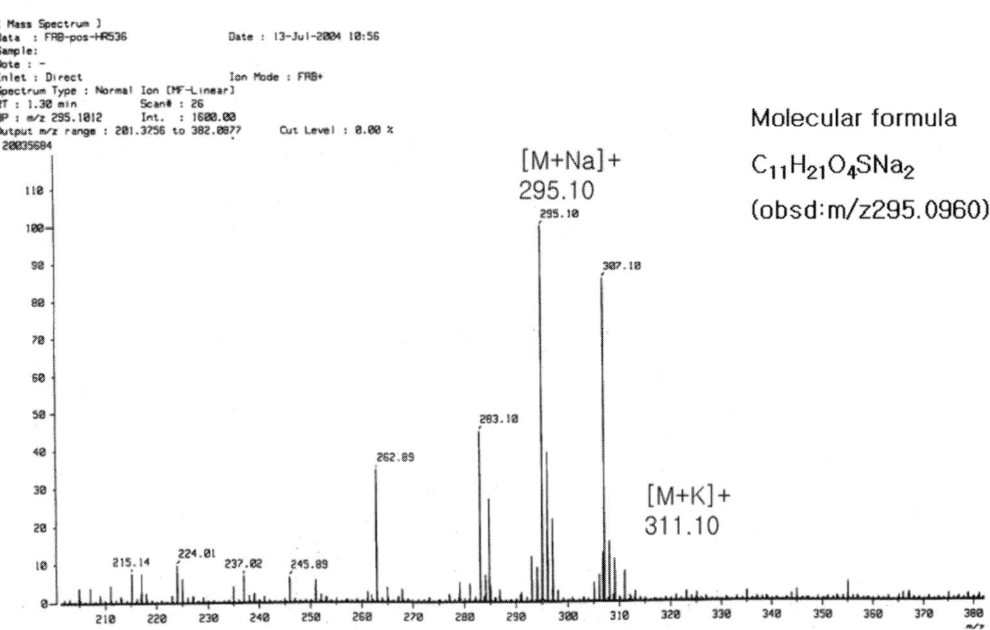

그림 6-1. 항균물질의 FAB-MS 스펙트럼의 고자장 영역

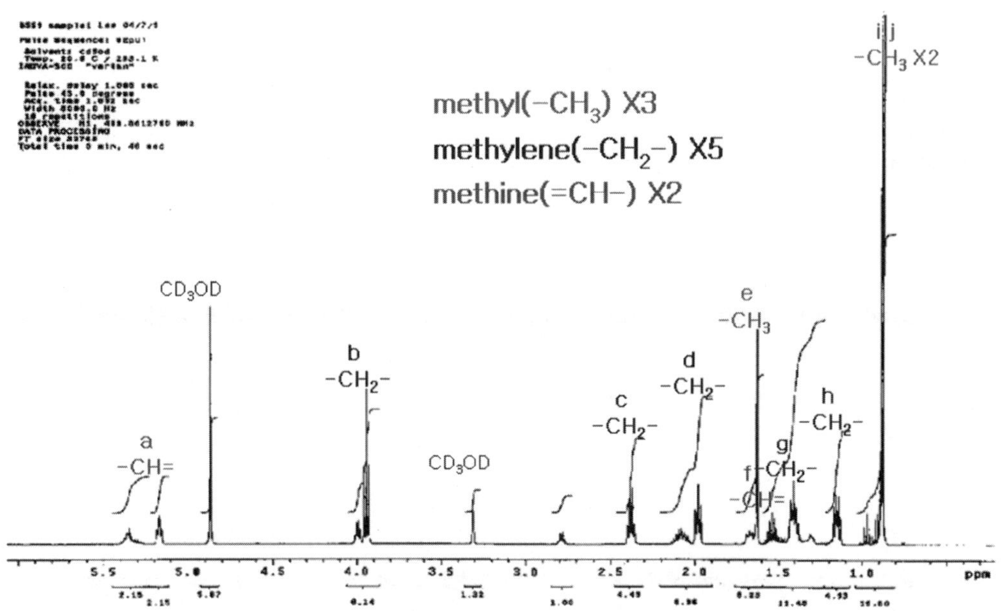

그림 6-2. 항균물질의 proton NMR 스펙트럼(CD₃OD, 500 MHz)

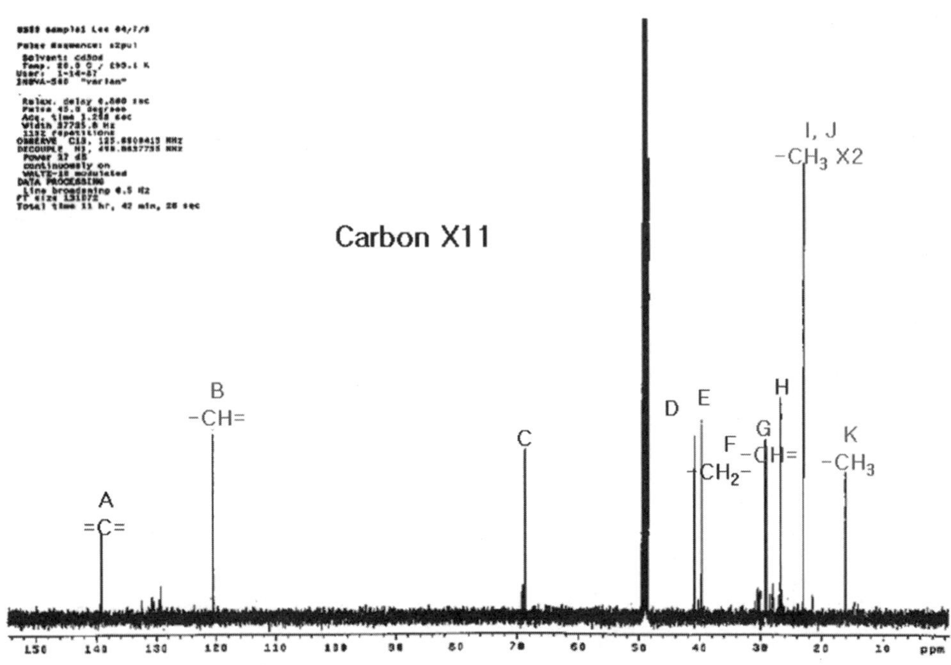

그림 6-3. 항균물질의 ^{13}C NMR 스펙트럼

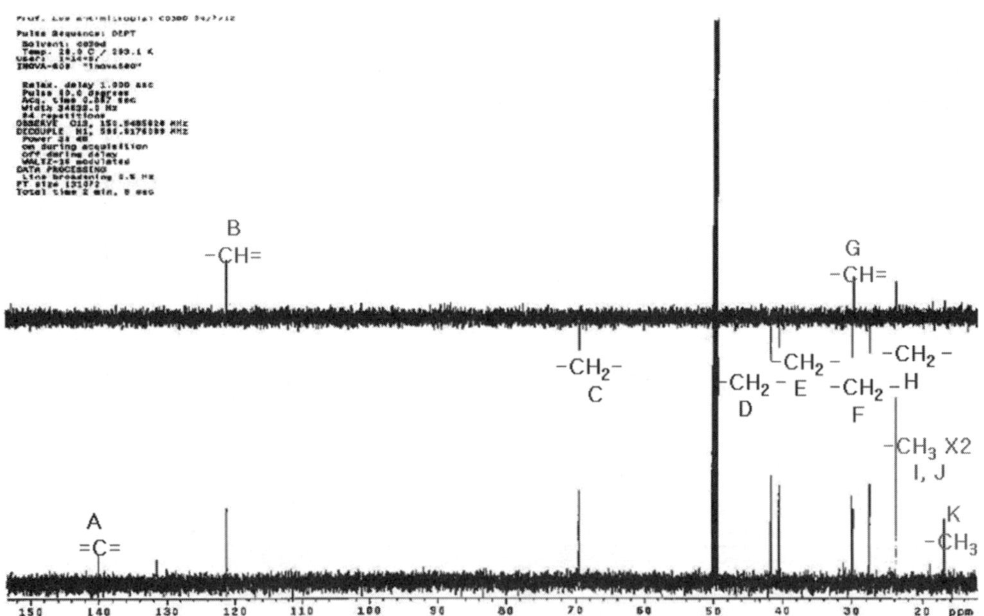

그림 6-4. 항균물질의 DEPT NMR 스펙트럼

5) ^{1}H Detected Single Quantum Coherence(HSQC) 스펙트럼의 측정

Proton과 탄소의 결합 상관관계를 알아보기 위하여 proton-carbon COSY 스펙트럼(HSQC)을 측정하여 고자장 영역의 일부를 그림 6-5에 나타내었다.

세로축에 나타낸 a에서 j까지의 각 methine, methylene, methyl 기의 proton signal들은 가로축에 나타낸 A에서 K까지의 methine, methylene, methyl기의 탄소 signal들과 잘 assignment 되었다.

즉, D, E, F, H 탄소들은 각각 d, h, c, g의 methylene proton들과 contour가 나타났으며, G의 탄소는 이에 상당하는 f의 methine proton과 contour가 관측되었다. 또한, I, J 및 K의 탄수들은 각각 이에 결합한 I, j, e의 methyl기 proton과 contour가 관측되어 이들 탄소와 proton들이 결합되어 있음을 확인하였다.

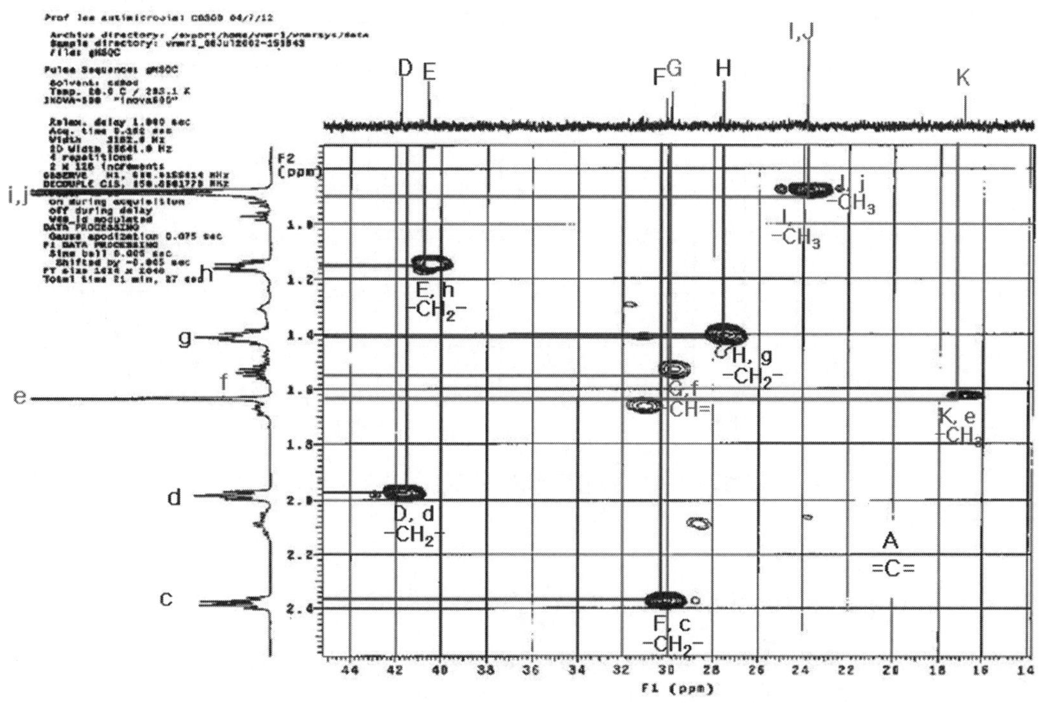

그림 6-5. 항균물질 HSQC 스펙트럼의 고자장 영역의 일부분

한편, 120.4 ppm의 methine 탄소 signal은 5.19 ppm의 methine proton과 contour가 관측되어 이 탄소가 methine 탄소임을 확인하였다. 또한, 4급 탄소인 139.2 ppm의 signal은 이와 결합된 proton이 없어 proton NMR의 signal이 없으며, contour도 나타나지 않고 있다.

이와 같이 항균물질의 HSQC 스펙트럼에 의하여 10개의 각 proton들이 11개의 각 탄소들과 결합한 구조임을 확인하였다(그림 6-6).

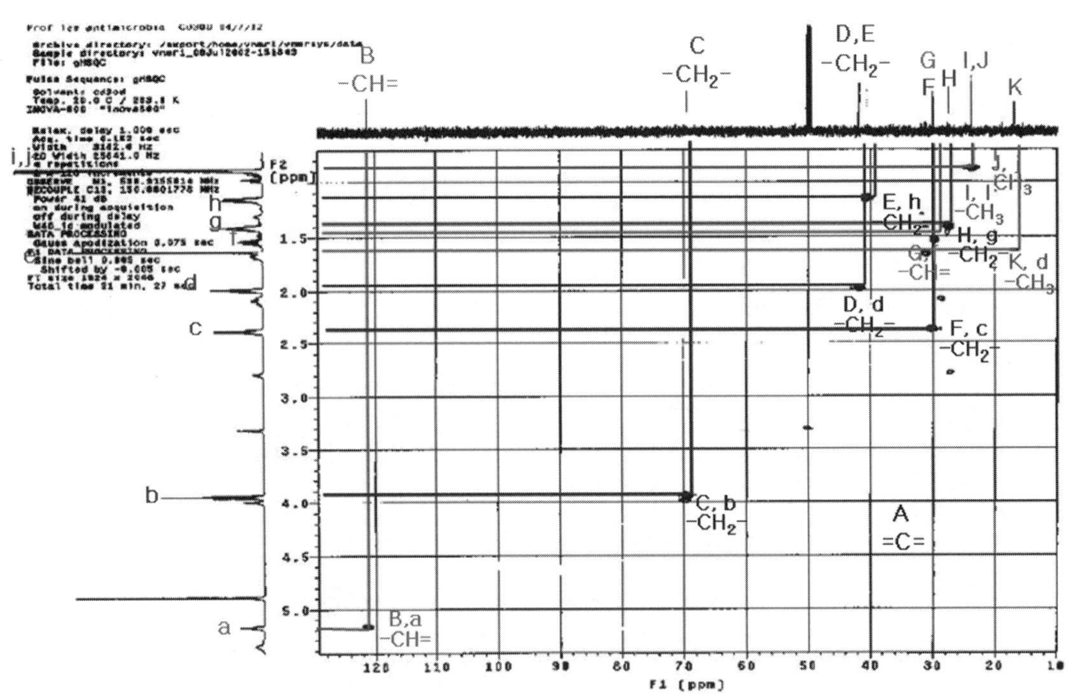

그림 6-6. 항균물질의 HSQC 스펙트럼

6) ^{1}H–^{1}H(Corelation spectroscopy, COSY) 스펙트럼의 측정

Proton 및 ^{13}C, HSQC NMR 스펙트럼에서 확인된 각 proton들의 연결 상태를 알아보기 위하여 ^{1}H-^{1}H COSY 스펙트럼을 측정하였다.

그림 6-7에 나타낸 바와 같이 a에서 j까지의 각 proton signal들이 나타낸 contour들로써

연결 상태를 조사하면, a-c-b로 연결되는 =CH - CH₂ - CH₂-의 부분구조와 e의 독립된 methyl구조 그리고 d-g-h-f-i, j로 연결되는 -CH₂ -CH₂- CH₂-CH-(CH₃)₂ 등 3개의 부분구조로 되어 있음을 알 수 있었다.

따라서 남아 있는 139.2 ppm의 4급 탄소 A는 이들의 중간에 끼인 탄소로서 추정되어, 총 11개의 탄소와 21개의 proton의 구조는 -a-c-b-A-d(e) -g-h- f-(i, j)로 연결되어 있는 구조로 추정되었다.

이 구조로 보아 sodium sulfate기는 a에 결합한 것임을 알 수 있다.

이들 결과를 토대로 각 proton과 탄소의 NMR 스펙트럼 결과를 요약하여 표 6-1과 같이 귀속하였으며, 그림 6-8에 이들 구조식을 나타내었다. 즉, 탄소는 -C-F-B-A(K)-D-H-E-G-(I, J)로 연결된 구조임을 알 수 있다.

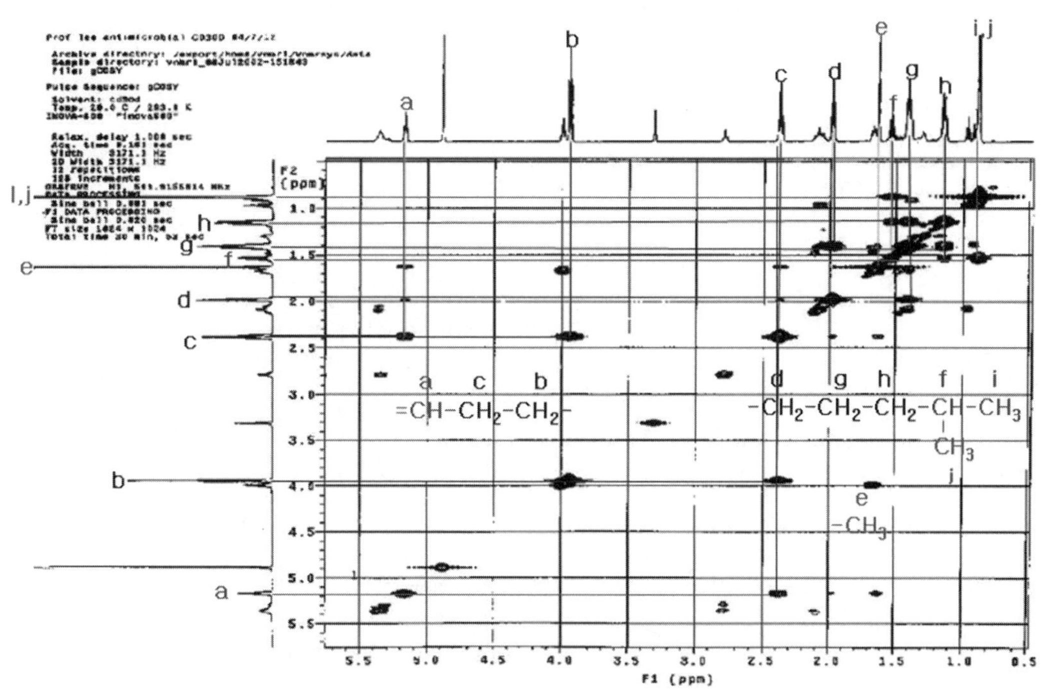

그림 6-7. 항균물질의 ¹H-¹H COSY 스펙트럼

표 6-1. ^1H 및 ^{13}C NMR 스펙트럼에 의한 각 수소와 탄소의 귀속(CD$_3$OD, 500 MHz)

Position	Chemical shift(δ :ppm)	
	^1H	^{13}C
1 $- CH_2 -$	3.94(2H, t.t, J = 6.9)	69.0(t)
2 $- CH_2 -$	2.38(2H, q.q,J = 8.4)	29.3(t)
3 $- CH -$	5.19(H, t, J = 9.8)	120.4(d)
4 $= C =$	-	139.2(s)
5 $- CH_2 -$	1.98(2H, t.t, J = 7.0)	41.0(t)
6 $- CH_2 -$	1.41(2H, q.q, J = 10.50)	26.9(t)
7 $- CH_2$	1.15(2H, q.q, J = 12.2)	39.7(t)
8 $- CH -$	1.54(H, m, J = 7.0)	29.0(d)
9 $- CH_3$	0.89(3H, d, J = 6.3)	23.0(s)
10 $- CH_3$	1.63(3H, s)	16.1(s)
11 $- CH_3$	0.89(3H, d, J = 6.3)	23.0(s)

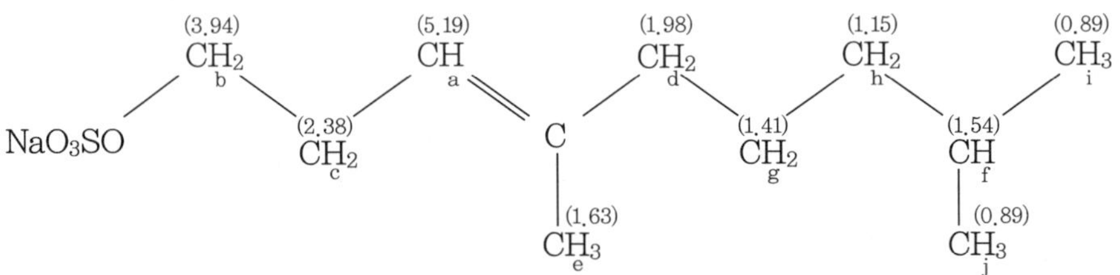

^1H chemical shift(δ =ppm)

^{13}C chemical shift(δ =ppm)

그림 6-8. 항균물질의 각 proton과 탄소를 귀속한 구조

7) 항균물질의 ^{1}H Detected Multiple Bond Connectivity (HMBC) 스펙트럼의 측정

지금까지 각종 NMR과 MS data로부터 추정한 구조가 맞는지를 확인하기 위하여 HMBC 스펙트럼을 측정하여 이웃하는 각 proton들과 탄소의 연결 상태를 조사하였다.

그림 6-9에는 저자장 영역의 proton들과 carbon의 연결 상태를, 그리고 그림 6-10에는 고자장 영역의 각 proton과 탄소의 연결 상태를 각각 나타내었다. 각 contour들을 조사한 결과 이들 proton과 탄소들은 서로 모순되지 않고 연결되어 있음을 확인하였다(그림 6-11).

이상의 각종 NMR과 MS spectrum으로부터 이 물질은 이제까지 알려지지 않았던 4,8-dimethyl-3-nonene sodium sulfate의 구조를 가진 새로운 물질로 추정되었다(그림 6-12).

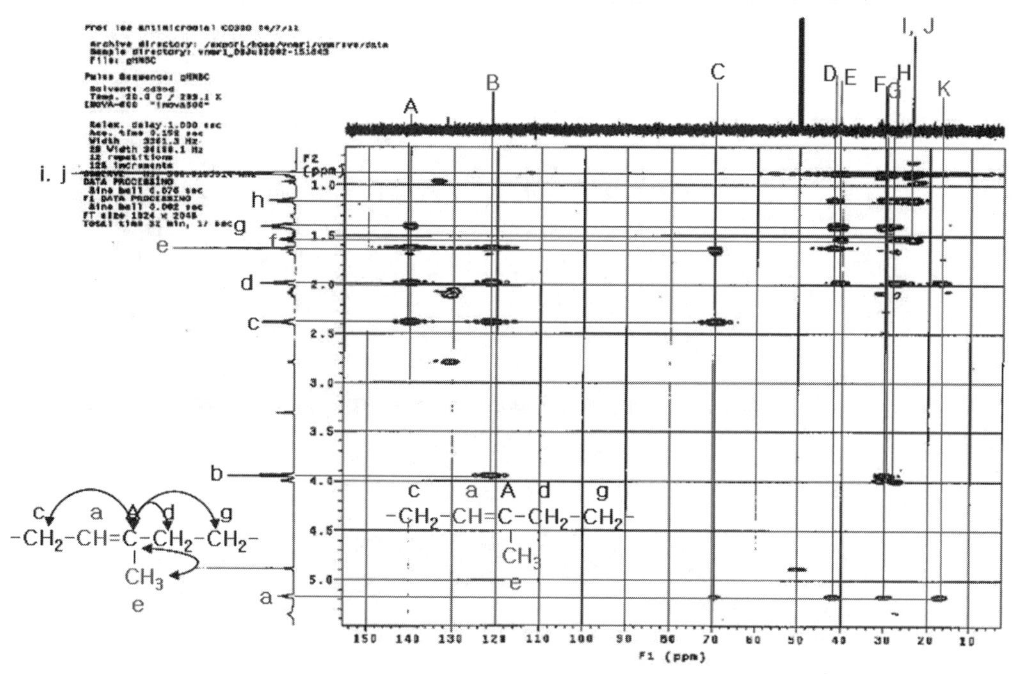

그림 6-9. 항균물질의 HMBC 스펙트럼

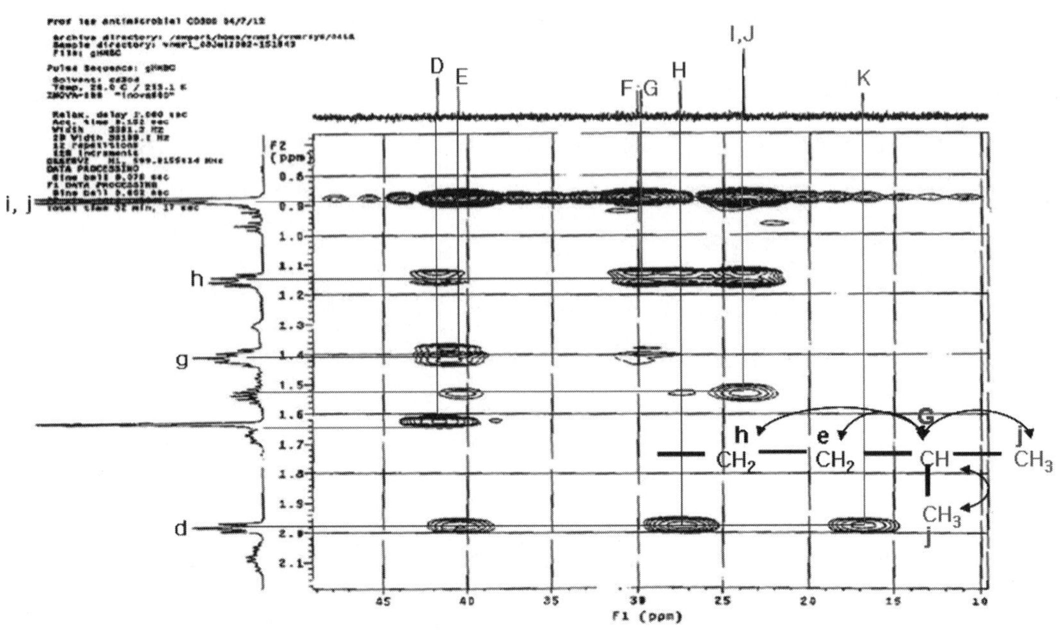

그림 6-10. 항균물질의 HMBC 스펙트럼의 고자장 영역

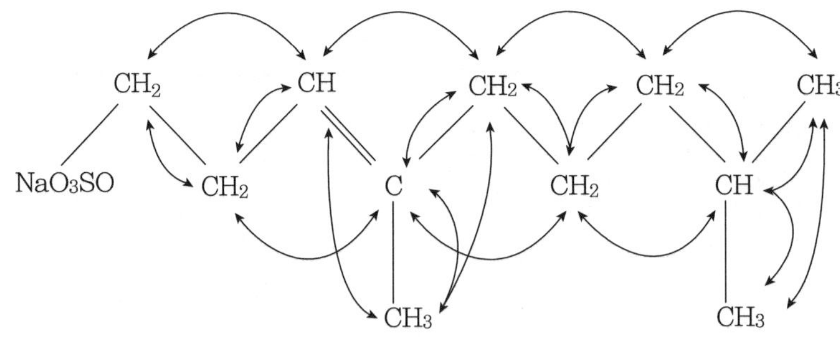

그림 6-11. HMBC 스펙트럼에 의한 각 proton과 탄소의 연결

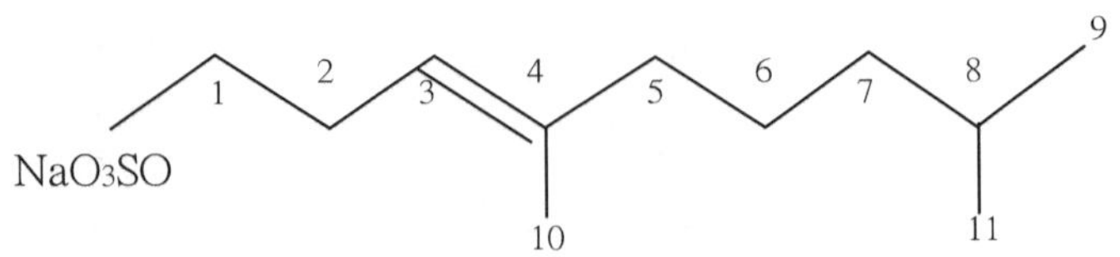

그림 6-12. 4,8-dimethyl-3-nonene sodium sulfate의 구조

제 7 장 X 선 결정 해석

구조를 결정한다는 일은 분자 내에 있는 각 원자의 결합 위치와 배열을 알아내는 것이다. 앞 장에서 말한 바와 같이 분광법은 UV/Vis 스펙트럼에서는 전자준위를, IR에서는 진동준위를, NMR에서는 핵자기 스핀의 배열에 의해 각각의 부분구조를 추정하여 배열 위치를 결정하는 것이다. 특히, 2차원 NMR은 보다 많은 정보들을 제공하며, MS는 분자량에 관한 결정적인 정보와 fragment에 의한 부분구조의 확인에도 매우 유효하다. 그러나 복잡한 구조의 화합물인 경우는 이와 같은 간접적인 정보들만 가지고 모든 구조를 결정하는 것이 곤란한 경우도 있다.

이에 비하여 분자구조를 사진을 보듯이 직접 들여다 볼 수 있다면 구조결정은 매우 간단하고 정확하게 할 수 있을 것이다. 이와 같은 방법의 해결점이 바로 X선 결정 해석이다.

1. X선과 회절 X선

X선은 0.1~100 Å의 파장을 가진 고에너지 전자파로서 Cu나 Mo과 같은 금속원소로부터 얻어지는 CuKα, MoKα 선이 X선 회절실험에 사용되고 있다. X선이 물질에 입사하면 투과하는 이외에 주로 핵외전자에 의해 산란 X선이 생겨난다. 회절은 산란광이 간섭에 의해 방향에 따라 강도가 변하는 현상이다.

X선이 물질계에 의해 산란되어 간섭의 결과 생기는 합성파 X선이 회절 X선인 것이다. 이 회절 X선의 강도를 측정하여 전자분포 밀도를 알 수 있으며, 원자의 종류와 위치, 즉 공간좌표를 결정하게 되어 구조해석이 가능하게 되는 것이다. 현재 X선 결정 해석은 전자동화된 4축 회절장치를 사용하여 이루어지는데, 4축이라는 것은 회전축이 4개 있는 것으로 그 중 3축을 결정의 회전에, 1축은 X선 강도 측정에 이용된다.

2. 결정계의 종류

결정이라는 것은 분자, 원자 또는 이온이 단독 또는 집단으로 주기성을 가진 배열을 한 것이다. 이 배열 단위 중 최소부피의 평행 6면체를 단위격자 또는 단위포라 하고 8개의 정점을 격자점이라 하는데, 원자 집단의 대표점으로 생각하면 된다.

따라서 단위격자를 구성하는 원자의 배치가 결정되면 결정 전체의 구조가 결정된다. 단위격자의 평행 6면체의 3변을 vector a, b, c, 변의 길이를 a, b, c, vector간의 각도를 α, β, γ 로 나타내고, 단위격자의 종류는 7종류가 있으며 이를 결정계라고 한다(표 7-1).

격자점은 어떤 규칙성을 가지고 주기적으로 결정 내에 배열하는데 이를 대칭이라고 한다. 여기에는 회전대칭, 점대칭, 경면대칭이 있으며, 대칭축과 대칭심을 중심으로 격자의 공간을 형성한다.

표 7-1. 결정계의 종류

결정계	변의 길이	각도	격자
입방정계	$a = b = c$	$\alpha = \beta = \gamma = 90°$	단순격자, 체심격자, 면심격자
정방정계	$a = b$	$\alpha = \beta = \gamma = 90°$	단순격자, 체심격자
6방정계	$a = b$	$\alpha = \beta = 90°,\ \gamma = 120°$	단순격자
3방정계	$a = b = c$	$\alpha = \beta = \gamma$	단순격자
사방정계	$a \neq b \neq c$	$\alpha = \beta = \gamma = 90°$	단순격자, 체심격자, 면심격자, 저심격자
단사정계	$a \neq b \neq c$	$\alpha = \gamma = 90°$	단순격자, 저심격자
3사정계	$a \neq b \neq c$	$\alpha \neq \beta \neq \gamma$	단순격자

3. van der waals 반경

전하를 갖지 않는 중성의 분자 사이에 작용하는 인력과 척력을 van der waals 힘이라고 하며, 이 때문에 결합하고 있지 않은 원자들 간에는 일정한 거리 이내에 서로 접근하지 않는다. 이와 같이 다른 원자가 접근하지 않는 최소의 반경을 van der waals 반경이라고 하며, 결정 내에서 분자가 차지하는 공간은 각각 이 반경으로 이루어진다.

4. X선 회절 분석에 의한 물질의 구조

X선 결정 해석 결과에 의해 분자 내, 분자 간에 있어서 임의의 원자 간 거리나 각도가 얻어지며, 이를 근거로 구조해석이 가능한 것이다.

4-1. 결합거리(bond length)와 결합각(bond angle)

X선 해석에 의해 얻어진 각 원자의 결정격자 내에서의 좌표로부터 원자들

간의 결합거리, 원자 간의 각도가 얻어지며, 이것이 타당한 결합거리인가, 가도인가로부터 원자 간 결합관계를 알 수 있다. 표 7-2에 각 원자의 결합거리를 나타내었다.

표 7-2. 원자간 결합거리(Å)

원자	거리	원자	거리	원자	거리
C-H	1.08~1.09	C=N	1.16	C-Cl(지방족)	1.77
C-C	1.54~1.56	C-O	1.36~1.43	C-Cl(방향족)	1.70
C=C(방향족)	1.39	C=O	1.23	C-Br(지방족)	1.94
C=C	1.33~1.34	N-N	1.42	C-Br(방향족)	1.85
CC	1.20	N-H	1.00	C-I(지방족)	2.14
C-N	1.43~1.49	O-H	0.96	C-I(방향족)	2.05

4-2. 2면각(dihedral angle) 또는 비틀림 각(torsional angle)

보통 결합거리와 결합각 이외에 입체적인 구조에서 볼 때 평면 내에서의 각이 아니라 면과 면 사이의 각도를 말하며, 원자의 위치는 이 결합거리, 결합각, 이면각에 의하여 결정되고 이들 변수에 의하여 결정된 좌표계를 내부좌표 또는 Z-matrix라고 한다.

4-3. 열진동 타원체

결정 내에 있어서 각 원자는 열진동을 하고 있다. X선 결정해석에 사용되는 타원 표시용 프로그램은 ORTEP로 나타내는 것이 보통이다. 특히, 수소원자의 열진동은 다른 원자보다도 크기 때문에 표시할 때는 너무 커지므로 그 중심만 나타낸다.

유기 분자의 구조 해석은 이 외에도 결합의 유무, 수소결합과 수소결합의 방향성, 입체배치 결정에도 매우 유용하게 사용되고 있다.

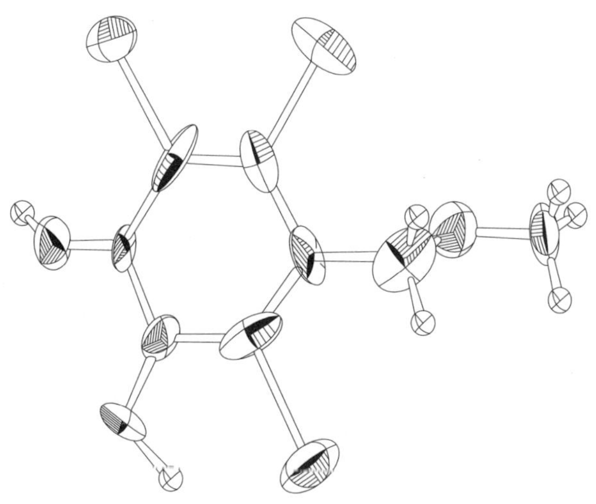

그림 7-1. 결정해석으로 나타낸 2,3,6-tribromo-4,5-dihydroxbenzyl
methyl ether의 ORTEP도

5. 맺는 말

이상과 같이 필자들이 실제로 해양생물로부터 유용한 천연물의 분리, 정제를 하면서 겪었던 경험과 여러 가지 자료들을 참고로 하여 누구라도 쉽게 이들에 접근할 수 있도록 우선 해양생물로부터 물질을 분리, 정제하는 과정과 방법에 대해서 설명하였다. 그러나 여기에 소개한 것이 완벽하다거나 절대적인 방법은 아니다. 실제로 물질의 분리, 정제를 해보지 않으면 터득 할 수 없는 많은 노하우가 숨겨져 있으며, 이러한 과정을 통하여 좀 더 새로운 것을 찾아내는 노력이 필요한 것이다. 이것이 우리가 도전해야 할 자연의 신비가 아닐까?

좀 더 자세한 내용이나 새로운 기술들은 관련 문헌이나 전문 서적을 통해서 참고하기를 바라며, 이러한 여러 가지 방법들을 통하여 힘겹게 얻어진 물질들은 그러한 과정 중에서 미지의 물질에 대한 각종 화학적 및 물리적인 특성에 대한 정보를 수집하고 종합적으로 검토하여 자료를 축적함으로써 다음 단계에서 행해지는 분광학적 기기분석이나 질량분석을 통해서 화학구조를 해명하게 되는 것이다. 이렇게 분리된 물질이 새로운 의약품이나 고부가가치의 물질로 되기를 기대한다.

해양생물로부터 물질의 분리, 정제의 예

1. 해조류로부터 항균성 물질의 분리, 정제

♨ 참보라색우무(*Symphyocladia latiuscula*)로부터 항균성 물질의 분리, 정제 (*Bacillus subtilis*에 대한 항균성을 paper disc법으로 monitoring)

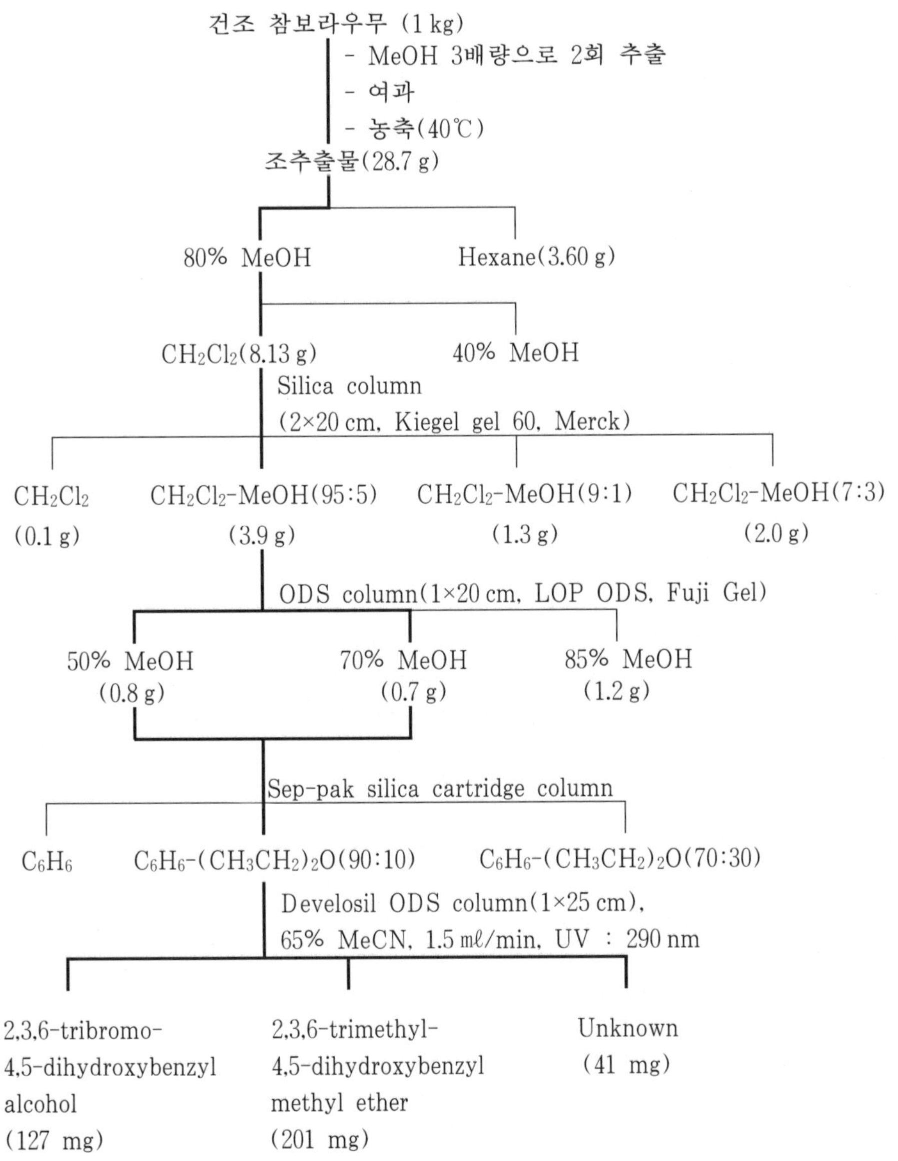

2. 미생물로부터 항균성 물질의 분리, 정제

㉿ 방선균(*Actinomycetes sp.*)으로부터 항균성 물질의 분리, 정제
(*Bacillus subtilis*와 *Aspergillus oryzae*에 대한 항균성을 paper disc법으로 monitoring)

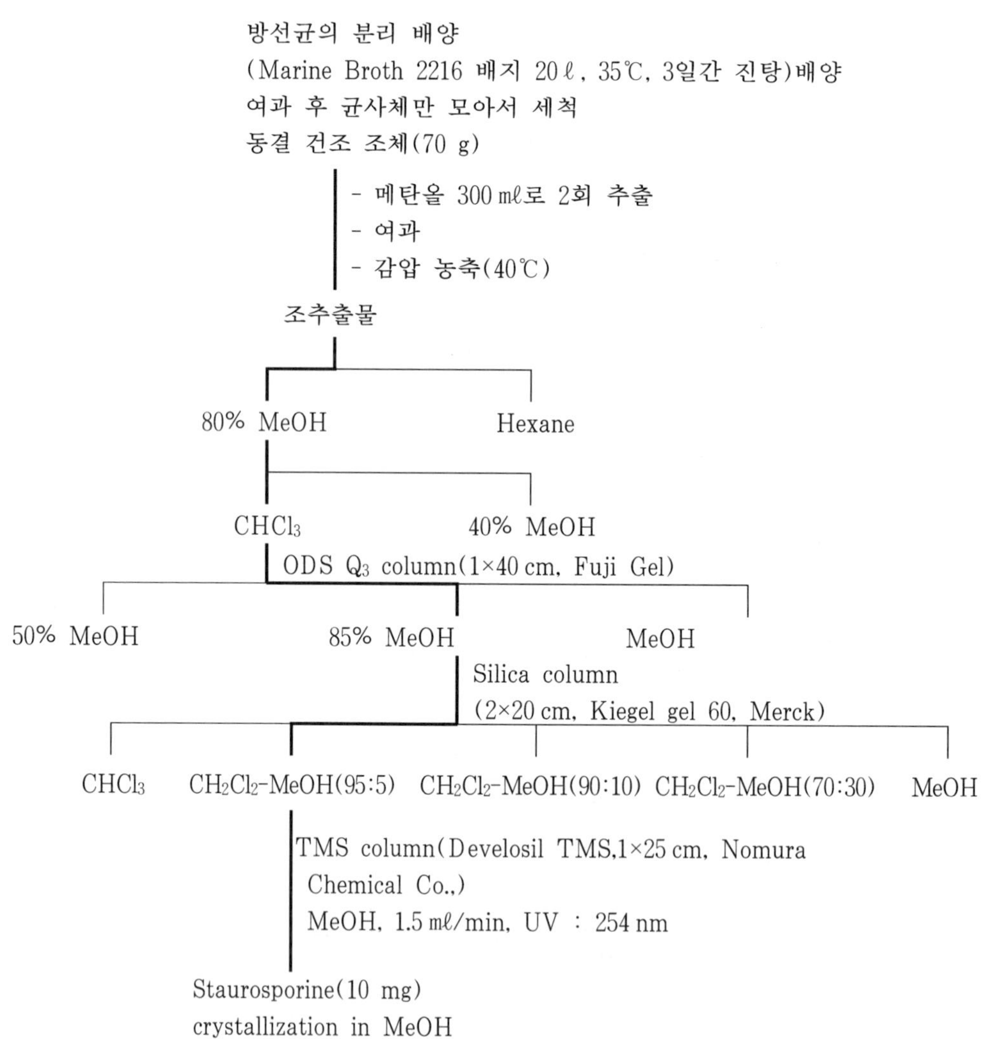

3. 무척추동물로부터 항균성 물질의 분리, 정제

⊛ 검정해면(*Halichondria okadaii*)으로부터 항균성 물질의 분리, 정제
(*Bacillus subtilis*와 *Aspergillus oryzae*에 대한 항균성을 paper disc법으로
monitoring)

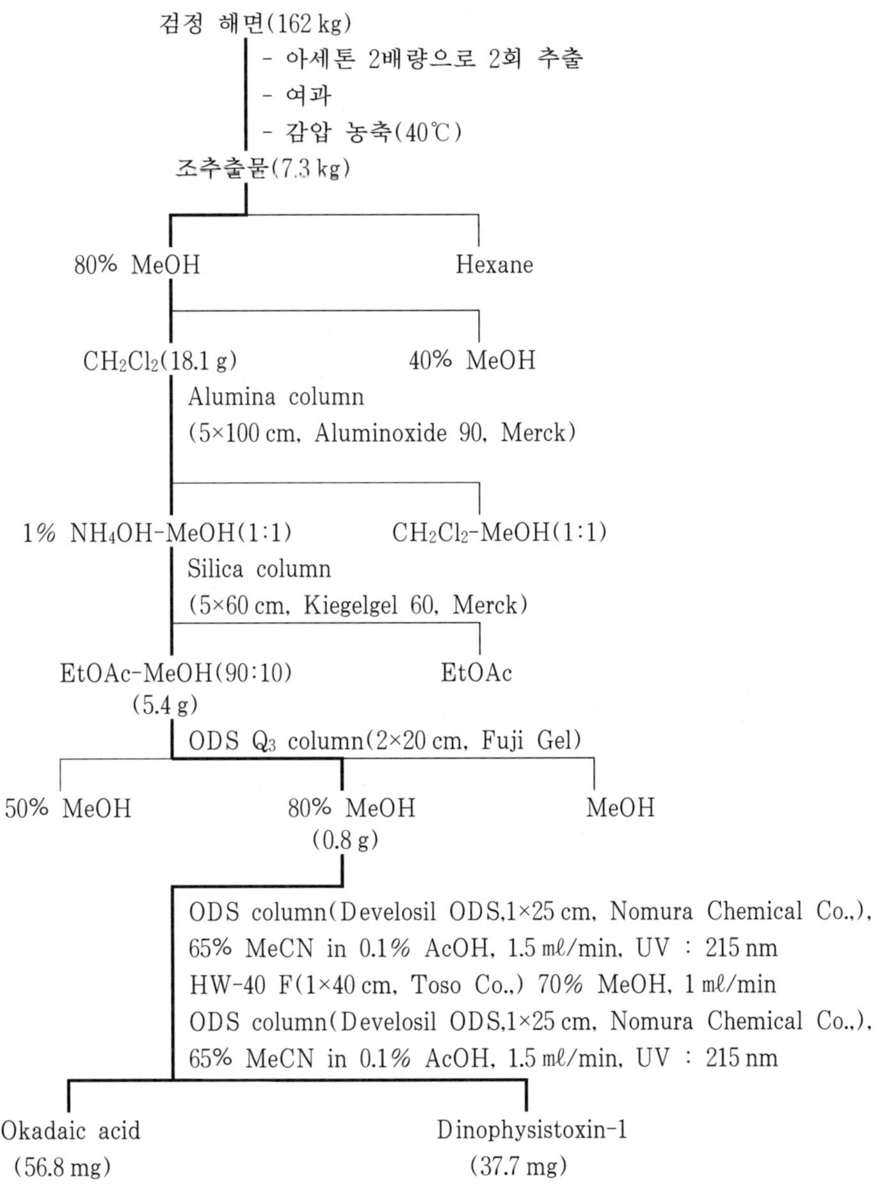

참고문헌

권순경, 유기분광학. 자유아카데미, 1989.

박만기, 분광학적 분석입문. 자유아카데미, 1987.

유병설 외, 기기분석. 동명사, 1995.

한국생화학회, 신물질 창출을 위한 생리활성 연구법, 1990.

構造解析學, 唐津孝, 加藤明良, 杉山邦夫, 長谷川正, 幸本重男, 小中原猛雄 共著, 朝倉書店, 東京, 日本, 1998.

大岳望, 物質の 單離と 精製. 東京大學出版會, 東京, 日本, 1986.

續医藥品の開發, 第10卷 海洋資源と医藥品 I, II, 矢島治朗 監修, 廣泉書店, 東京, 日本, 1993.

續医藥品の開發, 第5卷 生理活性物質の分離と精製, 寺田 弘, 古川宏 編輯, 廣泉書店, 東京, 日本, 1994.

新基礎生化學實驗法, 抽出・精製・分析. 丸善株式會社, 東京, 日本, 1988.

第2版器機分析の手引き(全4冊), 泉 美治, 小川雅彌, 塩川二朗, 加藤俊二, 芝哲夫 監修, 化學同仁, 東京, 日本, 1996.

池川信夫, 丸茂晋吾, 星元記 編, 生理活性物質のバイオアッセイ, 講談社, 東京, 日本, 1989.

志村憲助, ゲル濾過法, 學會出版センター, 東京, 日本, 1990.

海洋生物資源の探索と利用, 內藤敦, シーエムシー, 東京, 日本, 1988.

찾아보기

fraction collector　138
fragement 이온　277
fragment ion　265
fragment ion 또는 daughter ion　277
Fresnel형　153
fume hood　183

G

gas chromatography, GC　70
gas-liquid chromatography　89
gel permeation chromatography　70
gel permeation chromatography, GPC　180
ghost peak　153
glass capillary　94
gradient elution　88
gradient 용출법　170
Griess　206, 211
guard column　151

H

halichondrin　14
Hantzsh　209
Hexagonal System　197
Hexose　219
HHL(Hippuril-L-Histidine-L-Leucine)　27
high performance liquid chromatography, HPLC　70
high pressure slurry packing method　92
Histamine　205
Histidine　216
HMBC　202

HMBC(heteronuclear multiple bond correlation)　263
HMQC　202
HMQC(heteronuclear multiple quantum correlation)　260
homologous series　163
HPLC　27
Hydrokisam　206
hydrophobic interaction chromatography, HIC　178
Hyperchromic effect　229

I

image detector　155
in vitro　26
Indole　220
infrared absorption spectroscopy, IR　233
intactmolecule　270
internal standard method　177
ion chromatography, IC　178
ion exchange chromatography, IEC　178
isocratic elution　88
isocratic 용출법　170
isotope ion　277

J

Journal of Natural Products, Journal of Americal Chemical Society　15